22 개정 새 교육과정

개념＋_{PLUS}유형

개념책

- 한눈에 쉽게 이해하는 **개념학습**
- 수준별 다양한 **유형학습**
- 한 번 더 풀어 실력을 완성하는 **응용학습**

KB070134

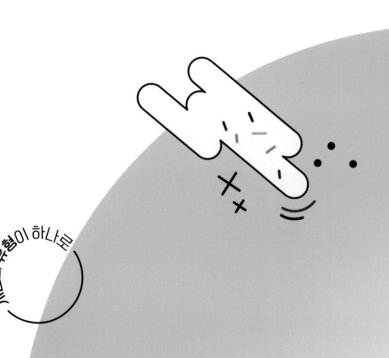

개념부터 유형이 하나로

초등 수학

2·2

visang

개발 김수연, 박웅, 이하나, 황은지
디자인 정세연, 차민진, 박광순, 안상현

발행일 2024년 1월 1일
펴낸날 2024년 1월 1일
제조국 대한민국
펴낸곳 (주)비상교육
펴낸이 양태회
신고번호 제2002-000048호
출판사업총괄 최대찬
개발총괄 채진희
개발책임 최진형
디자인책임 김재훈
영업책임 이지웅
품질책임 석진안
마케팅책임 이은진
대표전화 1544-0554
주소 경기도 과천시 과천대로2길 54

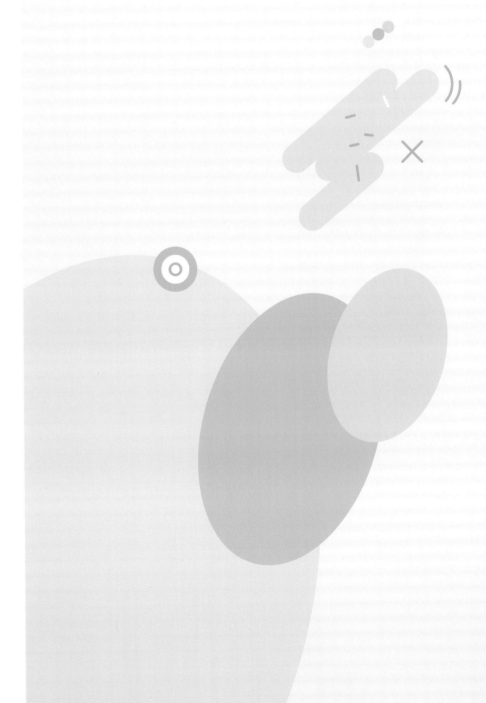

세상이 변해도
배움의 즐거움은
변함없도록

시대는 빠르게 변해도
배움의 즐거움은
변함없어야 하기에

어제의 비상은
남다른 교재부터
결이 다른 콘텐츠
전에 없던 교육 플랫폼까지

변함없는 혁신으로
교육 문화 환경의 새로운 전형을
실현해왔습니다.

비상은 오늘, 다시 한번
새로운 교육 문화 환경을 실현하기 위한
또 하나의 혁신을 시작합니다.

오늘의 내가 어제의 나를 초월하고
오늘의 교육이 어제의 교육을 초월하여
배움의 즐거움을 지속하는 혁신,

바로, 메타인지 기반 완전 학습을.

상상을 실현하는 교육 문화 기업 비상

메타인지 기반 완전 학습
초월을 뜻하는 meta와 생각을 뜻하는 인지가 결합한 메타인지는
자신이 알고 모르는 것을 스스로 구분하고 학습계획을 세우도록 하는
궁극의 학습 능력입니다. 비상의 메타인지 기반 완전 학습 시스템은
잠들어 있는 메타인지를 깨워 공부를 100% 내 것으로 만들도록 합니다.

개념+유형 공부 계획표

2-2
12주 완성

1주 — 1. 네 자리 수

개념책 6~11쪽	개념책 12~15쪽	개념책 16~19쪽	개념책 20~23쪽	개념책 24~29쪽
월 일	월 일	월 일	월 일	월 일

2주 — 1. 네 자리 수

복습책 3~6쪽	복습책 7~10쪽	복습책 11~14쪽	평가책 2~4쪽	평가책 5~9쪽
월 일	월 일	월 일	월 일	월 일

3주 — 2. 곱셈구구

개념책 30~37쪽	개념책 38~41쪽	개념책 42~47쪽	개념책 48~51쪽	개념책 52~57쪽
월 일	월 일	월 일	월 일	월 일

4주 — 2. 곱셈구구

개념책 58~61쪽	개념책 62~67쪽	복습책 15~18쪽	복습책 19~21쪽	복습책 22~25쪽
월 일	월 일	월 일	월 일	월 일

5주 — 2. 곱셈구구 / 3. 길이 재기

복습책 26~29쪽	복습책 30~34쪽	평가책 10~12쪽	평가책 13~17쪽	개념책 68~73쪽
월 일	월 일	월 일	월 일	월 일

6주 — 3. 길이 재기

개념책 74~77쪽	개념책 78~81쪽	개념책 82~87쪽	복습책 35~38쪽	복습책 39~44쪽
월 일	월 일	월 일	월 일	월 일

공부 계획표 12주 완성에 맞추어 공부하면
단원별로 **개념책, 복습책, 평가책**을 번갈아 공부하며
기본 실력을 완성할 수 있어요!

7주

3. 길이 재기		4. 시각과 시간		
평가책 18~20쪽	평가책 21~25쪽	개념책 88~93쪽	개념책 94~97쪽	개념책 98~103쪽
월 일	월 일	월 일	월 일	월 일

8주

4. 시각과 시간				
개념책 104~107쪽	개념책 108~109쪽	개념책 110~115쪽	복습책 45~48쪽	복습책 49~54쪽
월 일	월 일	월 일	월 일	월 일

9주

4. 시각과 시간			5. 표와 그래프	
복습책 55~58쪽	평가책 26~28쪽	평가책 29~33쪽	개념책 116~121쪽	개념책 122~125쪽
월 일	월 일	월 일	월 일	월 일

10주

5. 표와 그래프				6. 규칙 찾기
개념책 126~131쪽	복습책 59~66쪽	평가책 34~36쪽	평가책 37~41쪽	개념책 132~135쪽
월 일	월 일	월 일	월 일	월 일

11주

6. 규칙 찾기				
개념책 136~139쪽	개념책 140~143쪽	개념책 144~147쪽	개념책 148~149쪽	개념책 150~155쪽
월 일	월 일	월 일	월 일	월 일

12주

6. 규칙 찾기				
복습책 67~71쪽	복습책 72~75쪽	복습책 76~80쪽	평가책 42~44쪽	평가책 45~49쪽
월 일	월 일	월 일	월 일	월 일

곱셈구구

2단

2 × 1 = 2
2 × 2 = 4
2 × 3 = 6
2 × 4 = 8
2 × 5 = 10
2 × 6 = 12
2 × 7 = 14
2 × 8 = 16
2 × 9 = 18

3단

3 × 1 = 3
3 × 2 = 6
3 × 3 = 9
3 × 4 = 12
3 × 5 = 15
3 × 6 = 18
3 × 7 = 21
3 × 8 = 24
3 × 9 = 27

4단

4 × 1 = 4
4 × 2 = 8
4 × 3 = 12
4 × 4 = 16
4 × 5 = 20
4 × 6 = 24
4 × 7 = 28
4 × 8 = 32
4 × 9 = 36

5단

5 × 1 = 5
5 × 2 = 10
5 × 3 = 15
5 × 4 = 20
5 × 5 = 25
5 × 6 = 30
5 × 7 = 35
5 × 8 = 40
5 × 9 = 45

6단

6 × 1 = 6
6 × 2 = 12
6 × 3 = 18
6 × 4 = 24
6 × 5 = 30
6 × 6 = 36
6 × 7 = 42
6 × 8 = 48
6 × 9 = 54

7단

7 × 1 = 7
7 × 2 = 14
7 × 3 = 21
7 × 4 = 28
7 × 5 = 35
7 × 6 = 42
7 × 7 = 49
7 × 8 = 56
7 × 9 = 63

8단

8 × 1 = 8
8 × 2 = 16
8 × 3 = 24
8 × 4 = 32
8 × 5 = 40
8 × 6 = 48
8 × 7 = 56
8 × 8 = 64
8 × 9 = 72

9단

9 × 1 = 9
9 × 2 = 18
9 × 3 = 27
9 × 4 = 36
9 × 5 = 45
9 × 6 = 54
9 × 7 = 63
9 × 8 = 72
9 × 9 = 81

개념＋유형

개념책

초등 수학

2·2

구성과 특징

개념학습 **개념 정리**

개념책

개념 1 5분 단위까지 몇 시 몇 분 읽기

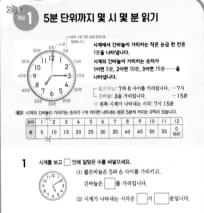

시계에서 긴바늘이 가리키는 작은 눈금 한 칸은 1분을 나타냅니다.

시계의 긴바늘이 가리키는 숫자가 1이면 5분, 2이면 10분, 3이면 15분……을 나타냅니다.

짧은바늘: 7과 8 사이를 가리킵니다. → 7시
긴바늘: 3을 가리킵니다. → 15분
⇨ 왼쪽 시계가 나타내는 시각: 7시 15분

참고 시계의 긴바늘이 가리키는 숫자가 1씩 커지면 나타내는 분은 5분씩 커지는 규칙이 있습니다.

숫자	1	2	3	4	5	6	7	8	9	10	11	12
분	5	10	15	20	25	30	35	40	45	50	55	0 (60)

1 시계를 보고 □ 안에 알맞은 수를 써넣으세요.

(1) 짧은바늘은 5와 6 사이를 가리키고, 긴바늘은 □를 가리킵니다.

(2) 시계가 나타내는 시각은 □시 □분입니다.

2 시계에 시각을 나타내 보세요.

6시 5분

수준별 유형학습 STEP1 **기본유형**

복습책 49쪽 │ 정답 17쪽

STEP 1 기본유형 익히기

1 시계를 보고 몇 분을 나타내는지 빈칸에 알맞게 써넣으세요.

2 시계를 보고 몇 시 몇 분인지 써 보세요.

(1) □시 □분 (2) □시 □분

3 같은 시각을 나타낸 것끼리 선으로 이어 보세요.

개념복습 →

기본유형복습 →

복습책

개념복습 기초력 기르기

❶ 5분 단위까지 몇 시 몇 분 읽기

(1-2) 시계를 보고 몇 시 몇 분인지 써 보세요.

1 □시 □분

2 □시 □분

❷ 1분 단위까지 몇 시 몇 분 읽기

(1-2) 시계를 보고 몇 시 몇 분인지 써 보세요.

1 □시 □분

2

❸ 여러 가지 방법으로 시각 읽기

(1-2) 시각을 읽어 보세요.

1 7시 □분 / □시 □분 전

2 □시 □분 / □시 □분 전

(3-4) 시계에 시각을 나타내 보세요.

3 9시 5분 전

4 4시 10분 전

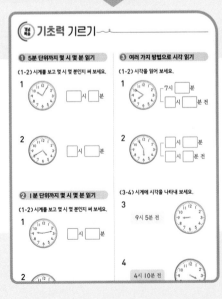

유형복습 기본유형 익히기

개념책 91~93쪽 │ 정답 42쪽

❶ 5분 단위까지 몇 시 몇 분 읽기

1 시계를 보고 몇 분을 나타내는지 빈칸에 알맞게 써넣으세요.

2 시계를 보고 몇 시 몇 분인지 써 보세요. □시 □분

3 같은 시각을 나타낸 것끼리 선으로 이어 보세요.
· 1:20
· 5:05

❷ 1분 단위까지 몇 시 몇 분 읽기

4 시계를 보고 몇 분을 나타내는지 빈칸에 알맞게 써넣으세요.

5 시계를 보고 몇 시 몇 분인지 써 보세요. □시 □분

6 같은 시각을 나타낸 것끼리 선으로 이어 보세요.
· 3:42
· 10:19

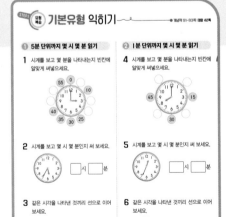

개념책의 문제를
복습책에서 1:1로 복습하여 기본을 완성해요!

STEP 2
실전유형

STEP 3
응용유형

실력
확인
단원 마무리

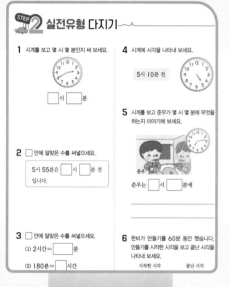

실전 유형 복습

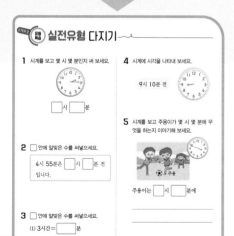

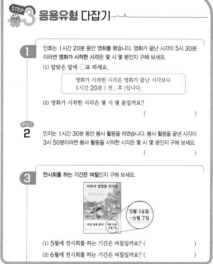

응용 유형 복습

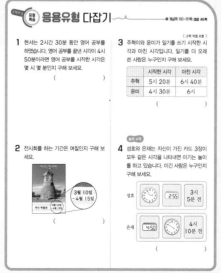

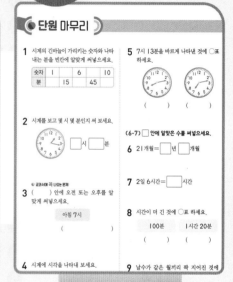

실력 평가

평가책

- 단원 평가
- 서술형 평가
- 학업 성취도 평가

차례

기념품 판매점

1000원

100 100
100 100
100 100
100 100
100 100

1

네 자리 수

재미있게 색칠하며
박물관을 완성해 보세요

이 단원에서는

- 네 자리 수를 알아볼까요
- 각 자리의 숫자는 얼마를 나타낼까요
- 뛰어 세어 볼까요
- 수의 크기를 비교해 볼까요

● 천 알아보기

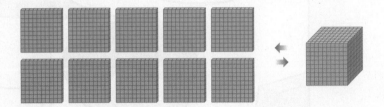

100이 10개인 수 → 쓰기 1000 읽기 천

● **1000을 여러 가지 방법으로 나타내기**

610	620	630	640	650	660	670	680	690	700
710	720	730	740	750	760	770	780	790	800
810	820	830	840	850	860	870	880	890	900
910	920	930	940	950	960	970	980	990	1000

⬇ 방향
: 100씩
커집니다.

➡ 방향
: 10씩 커집니다.

· 1000은 900보다 100만큼 더 큰 수입니다.
900에서 ⬇ 방향으로 1칸 간 수

· 1000은 980보다 20만큼 더 큰 수입니다.
980에서 ➡ 방향으로 2칸 간 수

1 1000을 수 모형으로 나타낸 것입니다. ☐ 안에 알맞은 수를 써넣고, 알맞은 말에 ◯표 하세요.

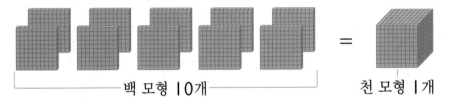

└─────── 백 모형 10개 ───────┘　　천 모형 1개

100이 10개이면 ☐ 이고, (백 , 천)이라고 읽습니다.

2 그림을 보고 ☐ 안에 알맞은 수를 써넣으세요.

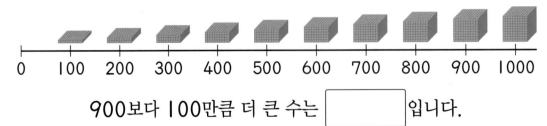

900보다 100만큼 더 큰 수는 ☐ 입니다.

STEP 1 기본유형 익히기

1 그림을 보고 □ 안에 알맞은 수를 써넣으세요.

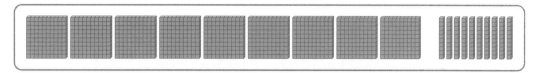

100이 9개, 10이 10개이면 □ 입니다.

2 □ 안에 알맞은 수를 써넣으세요.

(1)

995 □ 997 998 999 □

(2)

950 960 □ □ 990 □

3 그림을 보고 □ 안에 알맞은 수를 써넣으세요.

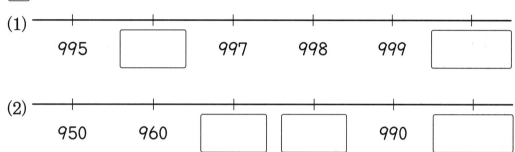

0 100 200 300 400 500 600 700 800 900 1000

700보다 □ 만큼 더 큰 수는 1000입니다.

4 1000이 되도록 ⑩⑩ 을 그려 보세요.

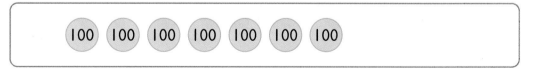

● 몇천 알아보기

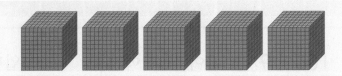

1000이 5개인 수 → 쓰기 **5000** 읽기 **오천**

● 몇천 쓰고 읽기

1000이 1개	1000이 2개	1000이 3개	1000이 4개	1000이 5개	1000이 6개	1000이 7개	1000이 8개	1000이 9개
쓰기 1000	2000	3000	4000	5000	6000	7000	8000	9000
읽기 천	이천	삼천	사천	오천	육천	칠천	팔천	구천

참고 5000을 여러 가지 방법으로 나타내기

5000 ⇨ 1000이 3개이고 10이 200개인 수, 100이 50개인 수

1 수 모형을 보고 ☐ 안에 알맞은 수를 써넣으세요.

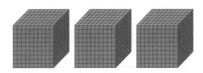

1000이 3개이면 ☐ 입니다.

2 수 모형이 나타내는 수를 ☐ 안에 알맞게 써넣고, 바르게 읽은 것에 ◯표 하세요.

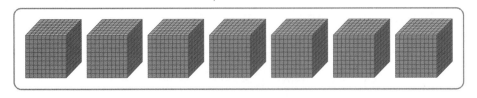

☐

(육천 , 칠천)

1 4000만큼 색칠해 보세요.

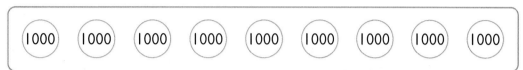

2 그림을 보고 ☐ 안에 알맞은 수를 써넣으세요.

100이 10개이면 1000이에요.

3 관계있는 것끼리 선으로 이어 보세요.

천 모형 **9**개 ·   · 2000 ·   · 구천

백 모형 **20**개 ·   · 5000 ·   · 이천

천 모형 **4**개,
백 모형 **10**개 ·   · 9000 ·   · 오천

네 자리 수

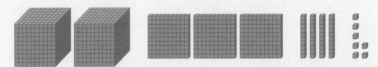

1000이 **2**개, 100이 **3**개, 10이 **4**개, 1이 **7**개인 수

→ 쓰기 **2347**　읽기 **이천삼백사십칠**

참고 • 자리의 숫자가 1이면 자릿값만 읽습니다.

3614 ⇨ 삼천육백십사

• 자리의 숫자가 0이면 읽지 않습니다.

9082 ⇨ 구천팔십이

1 수 모형이 나타내는 수를 알아보세요.

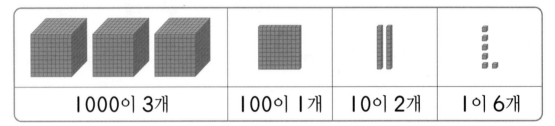			
1000이 3개	100이 1개	10이 2개	1이 6개

수 모형이 나타내는 수는 [   ] 입니다.

2 수 모형이 나타내는 수를 [ ] 안에 알맞게 써넣고, 바르게 읽은 것에 ◯표 하세요.

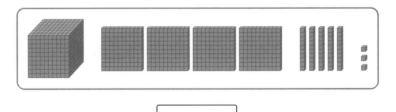

[   ]

(천사백오십삼 , 천오백사십삼)

1 ☐ 안에 알맞은 수를 써넣고, 그림이 나타내는 수와 말을 써넣으세요.

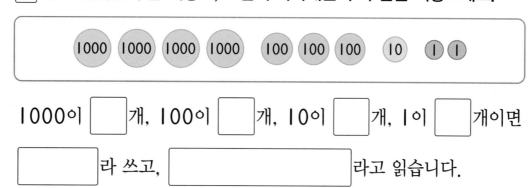

1000이 ☐ 개, 100이 ☐ 개, 10이 ☐ 개, 1이 ☐ 개이면

☐ 라 쓰고, ☐ 라고 읽습니다.

2 그림을 보고 ☐ 안에 알맞은 수를 써넣으세요.

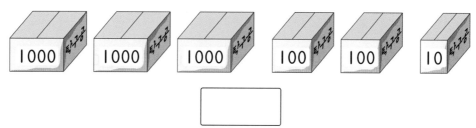

☐

3 ☐ 안에 알맞은 수를 써넣으세요.

(1) 1000이 6개 ⌐
   100이 1개 ⊢ ⇨ ☐
    10이 3개 ⊢
     1이 9개 ⌐

(2) 1000이 5개 ⌐
   100이 0개 ⊢ ⇨ ☐
    10이 4개 ⊢
     1이 2개 ⌐

개념 4 각 자리의 숫자가 나타내는 값

● **1254의 각 자리의 숫자가 나타내는 값 알아보기**

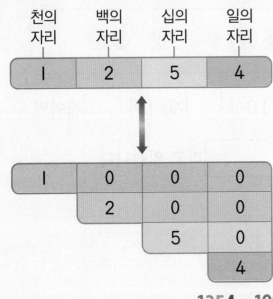

천의 자리	백의 자리	십의 자리	일의 자리
1	2	5	4

1	0	0	0
	2	0	0
		5	0
			4

1은 천의 자리 숫자이고, 1000을 나타냅니다.

2는 백의 자리 숫자이고, 200을 나타냅니다.

5는 십의 자리 숫자이고, 50을 나타냅니다.

4는 일의 자리 숫자이고, 4를 나타냅니다.

$$1254 = 1000 + 200 + 50 + 4$$

1 2685에서 각 자리의 숫자는 얼마를 나타내는지 알아보세요.

(1) ☐ 안에 알맞은 수를 써넣으세요.

	천의 자리	백의 자리	십의 자리	일의 자리
각 자리의 숫자	2	6	8	5
나타내는 수	1000이 2개 ⇩ 2000	100이 6개 ⇩ ☐	10이 ☐개 ⇩ 80	1이 5개 ⇩ ☐

(2) 위 (1)을 보고 2685를 몇천 + 몇백 + 몇십 + 몇 으로 나타내 보세요.

2685 = ☐ + ☐ + ☐ + ☐

1 수를 보고 ☐ 안에 알맞은 수를 써넣으세요.

6718

(1) 천의 자리 숫자: ☐ ⇨ ☐ 을 나타냅니다.

(2) 백의 자리 숫자: ☐ ⇨ ☐ 을 나타냅니다.

(3) 십의 자리 숫자: ☐ ⇨ ☐ 을 나타냅니다.

(4) 일의 자리 숫자: ☐ ⇨ ☐ 을 나타냅니다.

2 백의 자리 숫자가 0인 수를 찾아 ◯표 하세요.

1084   2903   5490

( )   ( )   ( )

3 밑줄 친 숫자가 나타내는 수만큼 색칠해 보세요.

33<u>3</u>3

1 ◻ 안에 알맞은 수를 써넣으세요.

> 1000은 800보다 ◻ 만큼 더 큰 수입니다.

2 수 모형이 나타내는 수를 바르게 읽은 것에 ◯표 하세요.

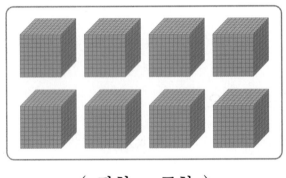

(팔천 , 구천)

3 다음이 나타내는 수를 써 보세요.

> 1000이 4개, 100이 9개,
> 10이 8개, 1이 2개인 수

(   )

4 (보기)와 같이 ◻ 안에 알맞은 수를 써넣으세요.

> (보기)
> $6218 = 6000 + 200 + 10 + 8$

7106

$= 7000 + \boxed{} + \boxed{} + 6$

5 3021을 1000, 100, 10, 1을 이용하여 그림으로 나타내 보세요.

6 왼쪽과 오른쪽을 연결하여 1000이 되도록 선으로 이어 보세요.

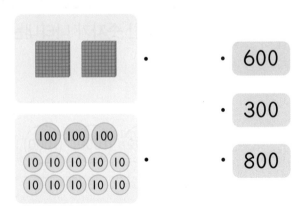

· 600

· 300

· 800

7 십의 자리 숫자가 0인 수를 모두 찾아 기호를 써 보세요.

> ㉠ 2950 ㉡ 삼천육
> ㉢ 8034 ㉣ 사천백이

( )

10 숫자 6이 나타내는 값이 더 큰 수에 ○표 하세요.

> 7680   9163

( ) ( )

(수학 익힘 유형)

8 수지가 고른 수 카드를 찾아 ○표 하세요.

내가 고른 수 카드의 수를 읽으면 '팔천'으로 시작하고 '팔'로 끝나.

수지

2880 8084 8268

11 효진이는 1000원짜리 지폐 3장, 10원 짜리 동전 9개를 가지고 있습니다. 효진 이가 가진 돈은 모두 얼마일까요?

( )

(서술형)

9 색종이 7000장을 상자에 담으려고 합 니다. 한 상자에 1000장씩 담는다면 몇 상자에 담을 수 있는지 풀이 과정을 쓰고 답을 구해 보세요.

❶ 7000은 1000이 몇 개인 수인지 구하기

풀이 _____

❷ 색종이를 몇 상자에 담을 수 있는지 구하기

풀이 _____

답 _____

(수학 익힘 유형)

12 수 카드 4장을 한 번씩만 사용하여 백의 자리 숫자가 2이고, 십의 자리 숫자가 70을 나타내는 네 자리 수를 2개 만들 어 보세요.

4 5 2 7

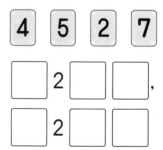

뛰어 세기

- **1000씩 뛰어 세기**

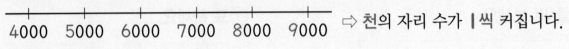
4000 5000 6000 7000 8000 9000 ⇨ 천의 자리 수가 1씩 커집니다.

- **100씩 뛰어 세기**

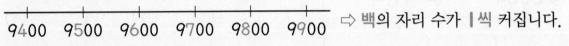
9400 9500 9600 9700 9800 9900 ⇨ 백의 자리 수가 1씩 커집니다.

- **10씩 뛰어 세기**

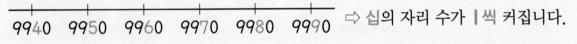
9940 9950 9960 9970 9980 9990 ⇨ 십의 자리 수가 1씩 커집니다.

- **1씩 뛰어 세기**

9994 9995 9996 9997 9998 9999 ⇨ 일의 자리 수가 1씩 커집니다.

1 빈칸에 알맞은 수를 써넣으세요.

(1) 1000씩 뛰어 세어 보세요.

4100 5100 6100 ☐ ☐ ☐

(2) 100씩 뛰어 세어 보세요.

3250 3350 ☐ 3550 ☐ ☐

(3) 10씩 뛰어 세어 보세요.

1030 1040 ☐ ☐ 1070 ☐

(4) 1씩 뛰어 세어 보세요.

8391 ☐ ☐ 8394 ☐ 8396

1 뛰어 센 것을 보고 ☐ 안에 알맞은 수를 써넣으세요.

(1) 4872 — 4873 — 4874 — 4875 — 4876 — 4877

⇨ ☐ 씩 뛰어 세었습니다.

(2) 6329 — 6429 — 6529 — 6629 — 6729 — 6829

⇨ ☐ 씩 뛰어 세었습니다.

2 2106부터 1000씩 뛰어 세면서 선으로 이어 보세요.

3 뛰어 세어 보세요.

(1) 5187　5287　5387　5487　☐　☐

(2) 9241　9251　☐　☐　9281　9291

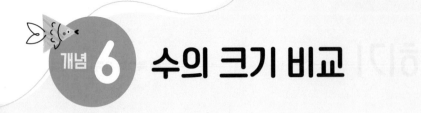

개념 6 수의 크기 비교

● 네 자리 수의 크기 비교

네 자리 수의 크기를 비교할 때에는 천의 자리부터 차례대로 비교합니다.

천의 자리 수가 다르면 **천의 자리 수를 비교**합니다.	$2917 < 3042$ ⌞2<3⌟
천의 자리 수가 같으면 **백의 자리 수를 비교**합니다.	$5740 > 5183$ ⌞7>1⌟
천, 백의 자리 수가 각각 같으면 **십의 자리 수를 비교**합니다.	$4163 < 4197$ ⌞6<9⌟
천, 백, 십의 자리 수가 각각 같으면 **일의 자리 수를 비교**합니다.	$8218 > 8215$ ⌞8>5⌟

1 빈칸에 알맞은 수를 써넣고, 두 수의 크기를 비교하여 ◯ 안에 > 또는 < 를 알맞게 써넣으세요.

	천의 자리	백의 자리	십의 자리	일의 자리
2154 ⇨	2	1		4
2148 ⇨	2	1		8

2154 ◯ 2148

2 빈칸에 알맞은 수를 써넣고, 세 수의 크기를 비교하여 알맞은 수에 ◯표 하세요.

	천의 자리	백의 자리	십의 자리	일의 자리
3631 ⇨	3	6	3	1
4372 ⇨		3	7	2
3504 ⇨	3		0	4

(1) 가장 큰 수 ⇨ (3631 , 4372 , 3504)

(2) 가장 작은 수 ⇨ (3631 , 4372 , 3504)

1 그림을 보고 두 수의 크기를 비교하여 더 작은 수에 ◯표 하세요.

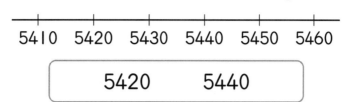

| 5410 | 5420 | 5430 | 5440 | 5450 | 5460 |

5420   5440

2 두 수의 크기를 비교하여 ◯ 안에 > 또는 <를 알맞게 써넣으세요.

(1) 6120 ◯ 4970

(2) 9013 ◯ 9085

3 세 수의 크기를 비교하여 가장 큰 수에 ◯표 하세요.

6348   5735   5812

(   )   (   )   (   )

4 수의 크기를 비교하는 방법을 바르게 말한 사람에 ◯표 하세요.

네 자리 수의 크기 비교는
일의 자리부터 차례대로
해야 돼.

네 자리 수의 크기 비교는
천의 자리부터 차례대로
해야 돼.

(   )   (   )

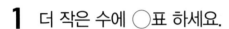

STEP 2 실전유형 다지기

1 더 작은 수에 ◯표 하세요.

| 9165 | 7294 |

2 뛰어 세어 보세요.

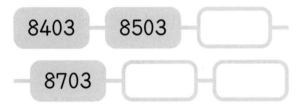

3 1000씩 거꾸로 뛰어 세어 보세요.

| 9360 | 8360 | |
| | 5360 | |

4 5320보다 더 큰 수를 찾아 ◯표 하세요.

| 4927 | 5080 | 5411 |

5 2717부터 1씩 커지는 수 카드입니다. 빈칸에 알맞은 수를 써넣으세요.

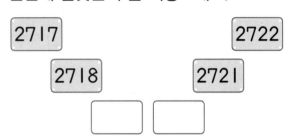

6 동물원에 어른은 4236명, 어린이는 4508명 입장했습니다. 어른과 어린이 중에서 누가 더 많이 입장했을까요?

( )

7 두 사람의 대화를 읽고 물음에 답하세요.

- 민지: 3960에서 출발하여 10씩 뛰어 세었어.
- 하니: 3960에서 출발하여 100씩 거꾸로 뛰어 세었어.

(1) 민지의 방법으로 뛰어 세어 보세요.

(2) 하니의 방법으로 뛰어 세어 보세요.

| 3960 | | |
| | | |

8 다음이 나타내는 수는 얼마일까요?

> 6047에서 10씩 4번 뛰어 센 수

( )

10 가장 큰 수에 ○표, 가장 작은 수에 △표 하세요.

> 4740　　3834　　4738

(수학 유형)

9 더 큰 수를 말한 사람은 누구인지 풀이 과정을 쓰고 답을 구해 보세요.

> • 채은: 7063
> • 인후: 1000이 7개, 100이 3개, 1이 8개인 수

❶ 1000이 7개, 100이 3개, 1이 8개인 수 구하기

풀이

❷ 더 큰 수를 말한 사람 구하기

풀이

답

11 명우의 통장에는 8월에 4240원이 있습니다. 9월부터 한 달에 1000원씩 계속 저금한다면 9월, 10월, 11월에는 각각 얼마가 될까요?

9월 ( )
10월 ( )
11월 ( )

(수학 익힘 유형)

12 수 카드 4장을 한 번씩만 사용하여 만들 수 있는 네 자리 수 중에서 가장 작은 수는 얼마일까요?

> 1　0　8　5

( )

1 구슬이 한 상자에 100개씩 들어 있습니다. 80상자에 들어 있는 **구슬은 모두 몇 개**인지 구해 보세요.

(1) 100이 10개인 수는 얼마일까요?　　　　　(　　　　　　　)

(2) 구슬은 모두 몇 개일까요?　　　　　　　　(　　　　　　　)

한번더 2 지우개가 한 상자에 100개씩 들어 있습니다. 60상자에 들어 있는 지우개는 모두 몇 개인지 구해 보세요.

(　　　　　　　)

(수학 익힘 유형)

3 세호가 오렌지주스와 포도주스를 각각 한 개씩 사고 오른쪽 그림과 같이 돈을 냈습니다. **포도주스는 얼마**인지 구해 보세요.

오렌지주스	포도주스
1400원	▓▓ 원

(1) 세호가 낸 돈에서 오렌지주스 한 개의 가격만큼 묶어 보세요.

(2) 포도주스는 얼마일까요?　　　　　　　　(　　　　　　　)

한번더 4 은이가 빵과 삼각김밥을 각각 한 개씩 사고 오른쪽 그림과 같이 돈을 냈습니다. 은이가 낸 돈에서 빵 한 개의 가격만큼 묶어 보고, 삼각김밥은 얼마인지 구해 보세요.

빵	삼각김밥
1600원	▓▓ 원

(　　　　　　　)

5 1부터 9까지의 수 중에서 ☐ 안에 들어갈 수 있는 가장 큰 수를 구해 보세요.

$$4509 > □750$$

(1) ☐ 안에 들어갈 수 있는 수를 모두 찾아 ◯표 하세요.

(1 , 2 , 3 , 4 , 5 , 6 , 7 , 8 , 9)

(2) ☐ 안에 들어갈 수 있는 가장 큰 수는 얼마일까요?

(   )

한번더
6 1부터 9까지의 수 중에서 ☐ 안에 들어갈 수 있는 가장 작은 수를 구해 보세요.

$$6□89 > 6701$$

(   )

놀이 수학

(수학 익힘 유형)

7 뛰어 세어 각 수에 해당하는 글자를 찾아 **숨겨진 낱말**을 완성해 보세요.

| 1000씩 뛰어 세기 ⇨ | 2380 | 3380 | 터 | 하 | 이 | 카 |

| 10씩 뛰어 세기 ⇨ | 7420 | 7430 | 모 | 자 | 늘 | 니 |

5380	7440	7470	7380
⇩	⇩	⇩	⇩

1 그림을 보고 □ 안에 알맞은 수를 써넣으세요.

900보다 [　] 만큼
더 큰 수는 1000입니다.

2 □ 안에 알맞은 수를 써넣으세요.

2000은 1000이 [　] 개입니다.

3 수 모형이 나타내는 수를 써 보세요.

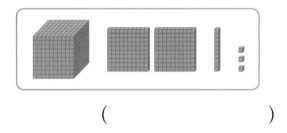

(　　　　　　　)

4 수를 바르게 읽은 것에 ○표 하세요.

2057

(이천오백칠 , 이천오십칠)

5 나머지와 다른 수를 찾아 ○표 하세요.

90보다 10만큼 더 큰 수	999보다 1만큼 더 큰 수	10이 100개인 수

(　　　) (　　　) (　　　)

6 숫자 7이 7000을 나타내는 수에 ○표 하세요.

1579　　　　　7200

(　　　)　　　(　　　)

● 교과서에 꼭 나오는 문제

7 백의 자리 숫자가 0인 수에 ○표 하세요.

1508　　　　　8029

(　　　)　　　(　　　)

8 1000씩 뛰어 세어 보세요.

3176			5176	

| | | | | 8176 |

9 포크가 한 상자에 1000개씩 들어 있습니다. 6상자에 들어 있는 포크는 모두 몇 개일까요?

(   )

10 두 수의 크기를 비교하여 ◯ 안에 > 또는 <를 알맞게 써넣으세요.

9128 ◯ 9135

11 뛰어 세어 보세요.

5681		5701

| 5711 | | |

● 교과서에 꼭 나오는 문제

12 왼쪽과 오른쪽을 연결하여 1000이 되도록 선으로 이어 보세요.

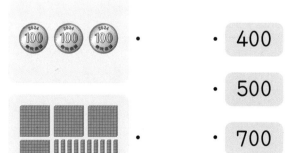

· 400

· 500

· 700

● 잘 틀리는 문제

13 100씩 거꾸로 뛰어 센 것입니다. ㉠에 알맞은 수를 구해 보세요.

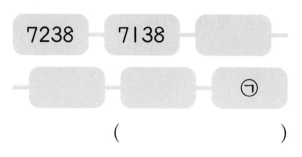

(   )

14 더 큰 수에 ◯표 하세요.

1000이 7개, 100이 8개, 10이 1개인 수	육천구백팔
( )	( )

15 숫자 5가 나타내는 값이 가장 작은 수를 찾아 기호를 써 보세요.

㉠ 3504	㉡ 1852
㉢ 9605	㉣ 5318

(   )

16 사탕이 한 상자에 100개씩 들어 있습니다. 50상자에 들어 있는 사탕은 모두 몇 개일까요?

( )

17 수 카드 4장을 한 번씩만 사용하여 천의 자리 숫자가 3이고, 십의 자리 숫자가 80을 나타내는 네 자리 수를 2개 만들어 보세요.

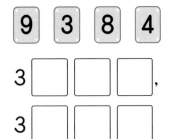

3 ☐ ☐ ☐ ,

3 ☐ ☐ ☐

● 잘 틀리는 문제

18 1부터 9까지의 수 중에서 ☐ 안에 들어갈 수 있는 가장 큰 수는 얼마일까요?

5647 > ☐491

( )

● 서술형 문제

19 창고에 1000개짜리 종이컵 2상자, 100개짜리 종이컵 6상자, 10개짜리 종이컵 7묶음이 있습니다. 창고에 있는 종이컵은 모두 몇 개인지 풀이 과정을 쓰고 답을 구해 보세요.

풀이

답

20 재우의 저금통에는 5일에 2400원이 있습니다. 6일부터 9일까지 매일 100원씩 저금한다면 9일에는 얼마가 되는지 풀이 과정을 쓰고 답을 구해 보세요.

풀이

답

국자, 종, 망치, 왕관을 찾아요!

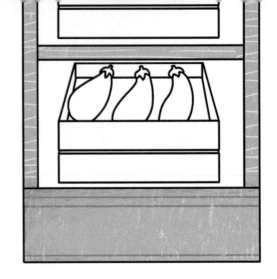

2

재미있게 색칠하며 슈퍼를 완성해 보세요

곱셈구구

이 단원에서는

• 1~9단 곱셈구구를 알아볼까요

• 0의 곱을 알아볼까요

• 곱셈표를 만들어 볼까요

• 곱셈구구를 이용해 문제를 해결해 볼까요

개념 1 2단 곱셈구구

2단 곱셈구구에서 곱하는 수가 1씩 커지면 그 곱은 2씩 커집니다.

$2 \times 1 = 2$

$2 \times 2 = 4$

$2 \times 3 = 6$

$2 \times 4 = 8$

$2 \times 5 = 10$

$2 \times 6 = 12$

$2 \times 7 = 14$

$2 \times 8 = 16$

$2 \times 9 = 18$

1씩 커집니다. 2씩 커집니다.

참고 2×3을 계산하는 여러 가지 방법

- 2씩 3번을 더해서 계산하기

$$2 + 2 + 2 = 6$$
└─3번─┘

- 2×2에 2를 더해서 계산하기

$2 \times 2 = 4$

$2 \times 3 = 6$ $\Big)+2$

---

1 접시 한 개에 빵이 2개씩 있습니다. ☐ 안에 알맞은 수를 써넣으세요.

2×3

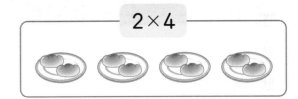

2×4

(1) 2×3은 2씩 3묶음이므로 2의 ☐ 배입니다.

(2) 2×4는 2씩 4묶음이므로 2의 ☐ 배입니다.

(3) 2×4는 2×3보다 ☐ 만큼 더 큽니다.

(4) 접시가 한 개씩 늘어날수록 빵은 ☐ 개씩 많아집니다.

1 그림을 보고 ☐ 안에 알맞은 수를 써넣으세요.

덧셈식 $2+2+2+2+2+2=$ ☐
    └────── 6번 ──────┘

곱셈식 $2 \times$ ☐ $=$ ☐

2 그림을 보고 ☐ 안에 알맞은 수를 써넣으세요.

$2 \times 4 =$ ☐

$2 \times 5 =$ ☐

3 ☐ 안에 알맞은 수를 써넣으세요.

(1) $2 \times 1 =$ ☐

(2) $2 \times 9 =$ ☐

4 2×8을 계산하는 방법을 알아보려고 합니다. ☐ 안에 알맞은 수를 써넣으세요.

방법1	방법2
2를 ☐ 번 더해서 구할 수 있습니다.	2×7에 ☐ 를 더하여 구할 수 있습니다.

개념 2 5단 곱셈구구

5단 곱셈구구에서 곱하는 수가 1씩 커지면 그 곱은 5씩 커집니다.

🌸	$5 \times 1 = 5$
🌸🌸	$5 \times 2 = 10$
🌸🌸🌸	$5 \times 3 = 15$
🌸🌸🌸🌸	$5 \times 4 = 20$
🌸🌸🌸🌸🌸	$5 \times 5 = 25$
🌸🌸🌸🌸🌸🌸	$5 \times 6 = 30$
🌸🌸🌸🌸🌸🌸🌸	$5 \times 7 = 35$
🌸🌸🌸🌸🌸🌸🌸🌸	$5 \times 8 = 40$
🌸🌸🌸🌸🌸🌸🌸🌸🌸	$5 \times 9 = 45$

1씩 커집니다.　　5씩 커집니다.

참고 5×4를 계산하는 여러 가지 방법

• 5씩 4번을 더해서 계산하기

$5 + 5 + 5 + 5 = 20$
└────4번────┘

• 5×3에 5를 더해서 계산하기

$5 \times 3 = 15$
$5 \times 4 = 20$ ↙ $+5$

1 접시 한 개에 딸기를 5개씩 담았습니다. ◯를 그려서 5×3을 완성하고, ▢ 안에 알맞은 수를 써넣으세요.

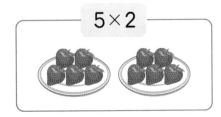

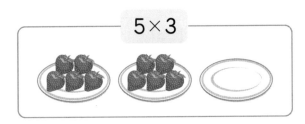

5×3은 5×2보다 ▢ 만큼 더 큽니다.

⇨ 접시가 한 개씩 늘어날수록 딸기는 ▢ 개씩 많아집니다.

1 그림을 보고 곱셈식으로 나타내 보세요.

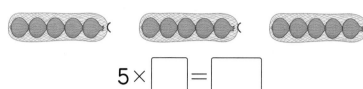

$$5 \times \boxed{} = \boxed{}$$

2 사과를 5개씩 묶고, 곱셈식으로 나타내 보세요.

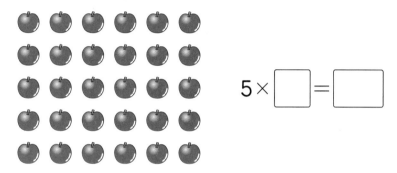

$$5 \times \boxed{} = \boxed{}$$

3 ☐ 안에 알맞은 수를 써넣으세요.

(1) $5 \times 5 = \boxed{}$

(2) $5 \times 7 = \boxed{}$

4 5×9를 계산하는 방법을 알아보려고 합니다. ☐ 안에 알맞은 수를 써넣으세요.

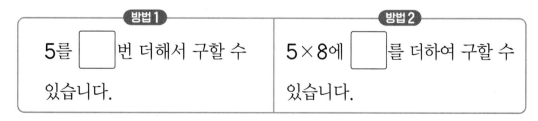

방법 1	방법 2
5를 ☐ 번 더해서 구할 수 있습니다.	5×8에 ☐ 를 더하여 구할 수 있습니다.

개념 3 3단, 6단 곱셈구구

3단 곱셈구구

> **3단 곱셈구구**에서 곱하는 수가
> **|**씩 커지면 그 곱은 **3**씩 커집니다.

$3 \times 1 = 3$
$3 \times 2 = 6$
$3 \times 3 = 9$
$3 \times 4 = 12$
$3 \times 5 = 15$
$3 \times 6 = 18$
$3 \times 7 = 21$
$3 \times 8 = 24$
$3 \times 9 = 27$

| 씩 커집니다.   3씩 커집니다.

6단 곱셈구구

> **6단 곱셈구구**에서 곱하는 수가
> **|**씩 커지면 그 곱은 **6**씩 커집니다.

$6 \times 1 = 6$
$6 \times 2 = 12$
$6 \times 3 = 18$
$6 \times 4 = 24$
$6 \times 5 = 30$
$6 \times 6 = 36$
$6 \times 7 = 42$
$6 \times 8 = 48$
$6 \times 9 = 54$

| 씩 커집니다.   6씩 커집니다.

---

1 봉지 한 개에 당근이 3개씩 있습니다.
☐ 안에 알맞은 수를 써넣으세요.

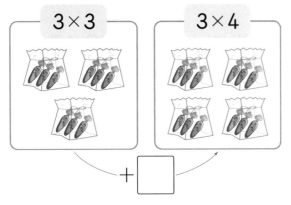

봉지가 한 개씩 늘어날수록 당근이

☐ 개씩 많아집니다.

2 접시 한 개에 귤을 6개씩 담았습니다.
☐ 안에 알맞은 수를 써넣으세요.

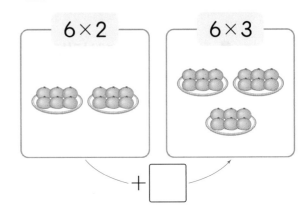

접시가 한 개씩 늘어날수록 귤이

☐ 개씩 많아집니다.

1 그림을 보고 ☐ 안에 알맞은 수를 써넣으세요.

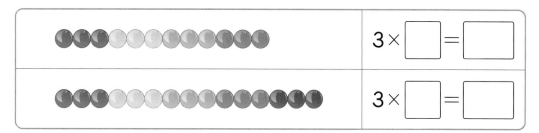

$$3 \times \boxed{} = \boxed{}$$

$$3 \times \boxed{} = \boxed{}$$

2 벌의 다리는 모두 몇 개인지 곱셈식으로 나타내 보세요.

내 다리는 6개야.

$$6 \times \boxed{} = \boxed{}$$

3 그림을 보고 ☐ 안에 알맞은 수를 써넣으세요.

(1) $3 \times 6 = \boxed{}$ (2) $6 \times 3 = \boxed{}$

(3) $3 \times 8 = \boxed{}$ (4) $6 \times 4 = \boxed{}$

4 그림을 보고 ☐ 안에 알맞은 수를 써넣으세요.

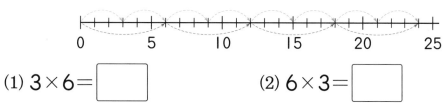

6의 2배

⇨ $6 \times 2 = \boxed{}$

이렇게 묶으면 2의 ☐ 배와 같아.

①~③ 2단, 3단, 5단, 6단 곱셈구구

1 2×2

2 5×3

3 6×4

4 3×2

5 3×1

6 2×5

7 6×3

8 5×1

9 3×3

10 2×1

11 5×2

12 5×5

13 3×6

14 6×2

15 2×4

16 6×5

17 6×1

18 5×6

● 정답 7쪽

19 5×9

20 3×9

21 6×6

22 2×9

23 3×7

24 6×9

25 3×4

26 5×8

27 3×8

28 6×7

29 3×5

30 2×3

31 2×7

32 6×8

33 2×8

34 5×4

35 2×6

36 5×7

1 나무 막대 한 개의 길이는 5 cm입니다. 나무 막대 3개의 길이는 몇 cm일까요?

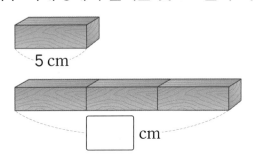

5 cm

☐ cm

2 2단 곱셈구구의 값을 찾아 선으로 이어 보세요.

2×5 ·   · 6

2×6 ·   · 12

2×3 ·   · 10

3 ☐ 안에 알맞은 수를 써넣으세요.

(1) 5 × ☐ = 25

(2) 3 × ☐ = 21

4 6단 곱셈구구의 값을 모두 찾아 ◯표 하세요.

| 14 | 18 | 16 | 36 |

5 곱의 크기를 비교하여 ◯ 안에 >, =, <를 알맞게 써넣으세요.

5×4 ◯ 3×8

서술형

6 사탕이 한 봉지에 3개씩 들어 있습니다. 5봉지에 들어 있는 사탕은 모두 몇 개인지 풀이 과정을 쓰고 답을 구해 보세요.

❶ 문제에 알맞은 식 만들기

풀이 _____

_____

❷ 5봉지에 들어 있는 사탕의 수 구하기

풀이 _____

_____

답 _____

7 바둑돌은 모두 몇 개인지 알아보려고 합니다. 올바른 방법을 모두 찾아 기호를 써 보세요.

┌─────────────────────────────┐
│ ㉠ 3씩 2번 더해서 구합니다. │
│ ㉡ 3×3에 3을 더해서 구합니다. │
│ ㉢ 6×4의 곱으로 구합니다. │
│ ㉣ 6씩 2번 더해서 구합니다. │
└─────────────────────────────┘

(   )

《 수학 익힘 유형 》

8 귤의 수를 구하는 방법을 알아보려고 합니다. ☐ 안에 알맞은 수를 써넣으세요.

5씩 ☐ 번 더하면 구할 수 있어.

5×6에 ☐ 를 더해서 구할 수 있어.

5×☐=☐ 이므로 모두 35개야.

9 이서는 풀을 2묶음, 자를 3묶음 샀습니다. 이서가 산 물건은 각각 몇 개일까요?

| 풀 5개씩 1묶음 | 지우개 3개씩 1묶음 |
| 가위 2개씩 1묶음 | 자 6개씩 1묶음 |

풀 (   )

자 (   )

《 수학 익힘 유형 》

10 2×7은 2×4보다 얼마나 더 큰지 ○를 그려서 나타내고, ☐ 안에 알맞은 수를 써넣으세요.

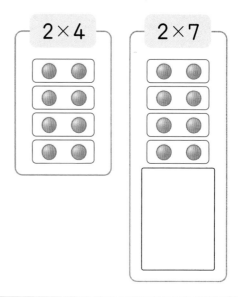

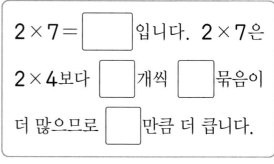

2×7=☐ 입니다. 2×7은

2×4보다 ☐ 개씩 ☐ 묶음이

더 많으므로 ☐ 만큼 더 큽니다.

4단, 8단 곱셈구구

4단 곱셈구구

> **4단** 곱셈구구에서 곱하는 수가
> l씩 커지면 그 **곱**은 **4**씩 커집니다.

✿	$4 \times 1 =$	4
✿ ✿	$4 \times 2 =$	8
✿ ✿ ✿	$4 \times 3 =$	12
✿ ✿ ✿ ✿	$4 \times 4 =$	16
✿ ✿ ✿ ✿ ✿	$4 \times 5 =$	20
✿ ✿ ✿ ✿ ✿ ✿	$4 \times 6 =$	24
✿ ✿ ✿ ✿ ✿ ✿ ✿	$4 \times 7 =$	28
✿ ✿ ✿ ✿ ✿ ✿ ✿ ✿	$4 \times 8 =$	32
✿ ✿ ✿ ✿ ✿ ✿ ✿ ✿ ✿	$4 \times 9 =$	36

l씩 커집니다.   4씩 커집니다.

8단 곱셈구구

> **8단** 곱셈구구에서 곱하는 수가
> l씩 커지면 그 **곱**은 **8**씩 커집니다.

❀	$8 \times 1 =$	8
❀ ❀	$8 \times 2 =$	16
❀ ❀ ❀	$8 \times 3 =$	24
❀ ❀ ❀ ❀	$8 \times 4 =$	32
❀ ❀ ❀ ❀ ❀	$8 \times 5 =$	40
❀ ❀ ❀ ❀ ❀ ❀	$8 \times 6 =$	48
❀ ❀ ❀ ❀ ❀ ❀ ❀	$8 \times 7 =$	56
❀ ❀ ❀ ❀ ❀ ❀ ❀ ❀	$8 \times 8 =$	64
❀ ❀ ❀ ❀ ❀ ❀ ❀ ❀ ❀	$8 \times 9 =$	72

l씩 커집니다.   8씩 커집니다.

1 봉지 한 개에 가지가 4개씩 있습니다.
　안에 알맞은 수를 써넣으세요.

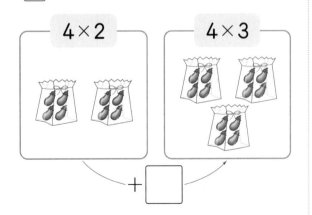

4×2　　4×3

$+$ □

봉지가 한 개씩 늘어날수록
가지가 □개씩 많아집니다.

2 상자 한 개에 물감이 8개씩 있습니다.
　안에 알맞은 수를 써넣으세요.

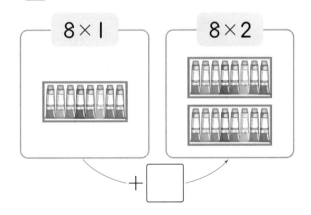

8×1　　8×2

$+$ □

상자가 한 개씩 늘어날수록
물감이 □개씩 많아집니다.

1 곱셈식을 보고 어항에 ○를 그려 보세요.

$$4 \times 5 = 20$$

2 복숭아는 모두 몇 개인지 곱셈식으로 나타내 보세요.

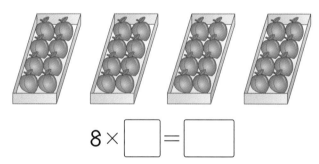

$$8 \times \boxed{} = \boxed{}$$

3 ☐ 안에 알맞은 수를 써넣으세요.

(1) $4 \times 7 = \boxed{}$

(2) $4 \times 9 = \boxed{}$

(3) $8 \times 5 = \boxed{}$

(4) $8 \times 8 = \boxed{}$

4 4단 곱셈구구의 값에는 ○표, 8단 곱셈구구의 값에는 △표 하세요.

1	2	3	4	5	6	7	8	9	10
11	12	13	14	15	16	17	18	19	20

7단 곱셈구구

> **7단 곱셈구구**에서 곱하는 수가 **1**씩 커지면 그 **곱**은 **7**씩 커집니다.

$7 \times 1 = 7$
$7 \times 2 = 14$
$7 \times 3 = 21$
$7 \times 4 = 28$
$7 \times 5 = 35$
$7 \times 6 = 42$
$7 \times 7 = 49$
$7 \times 8 = 56$
$7 \times 9 = 63$

1씩 커집니다. 7씩 커집니다.

참고 7×4를 계산하는 여러 가지 방법

• 7×3에 7을 더해서 계산하기
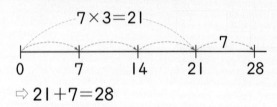
$7 \times 3 = 21$
$\Rightarrow 21 + 7 = 28$

• 4씩 7묶음으로 계산하기
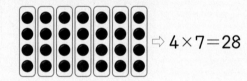
$\Rightarrow 4 \times 7 = 28$

1 상자 한 개에 구슬이 7개씩 있습니다. ☐ 안에 알맞은 수를 써넣으세요.

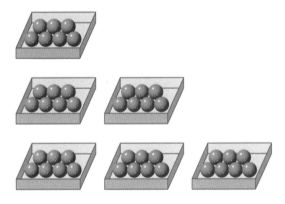

$7 \times 1 = 7$
$+ \boxed{}$
$7 \times 2 = 14$
$+ \boxed{}$
$7 \times 3 = \boxed{}$

상자가 한 개씩 늘어날수록 구슬은 ☐개씩 늘어납니다.

1 그림을 보고 ☐ 안에 알맞은 수를 써넣으세요.

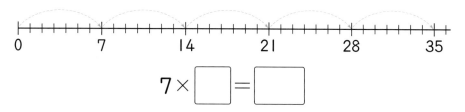

$$7 \times \boxed{} = \boxed{}$$

2 7단 곱셈구구의 값을 찾아 선으로 이어 보세요.

7×7 ·   · 63

7×8 ·   · 56

7×9 ·   · 49

3 달팽이가 이동한 거리는 몇 cm인지 곱셈식으로 나타내 보세요.

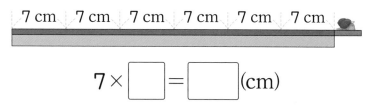

$$7 \times \boxed{} = \boxed{} \text{(cm)}$$

4 7×2를 계산하는 방법을 알아보려고 합니다. ☐ 안에 알맞은 수를 써넣으세요.

2개씩 ☐ 줄 있으므로

$$2 \times \boxed{} = \boxed{} \text{입니다.}$$

9단 곱셈구구

9단 곱셈구구에서 곱하는 수가 1씩 커지면 그 곱은 9씩 커집니다.

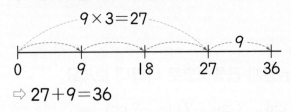

✿	$9 \times 1 = 9$
✿ ✿	$9 \times 2 = 18$
✿ ✿ ✿	$9 \times 3 = 27$
✿ ✿ ✿ ✿	$9 \times 4 = 36$
✿ ✿ ✿ ✿ ✿	$9 \times 5 = 45$
✿ ✿ ✿ ✿ ✿ ✿	$9 \times 6 = 54$
✿ ✿ ✿ ✿ ✿ ✿ ✿	$9 \times 7 = 63$
✿ ✿ ✿ ✿ ✿ ✿ ✿ ✿	$9 \times 8 = 72$
✿ ✿ ✿ ✿ ✿ ✿ ✿ ✿ ✿	$9 \times 9 = 81$

1씩 커집니다.   9씩 커집니다.

참고 9×4를 계산하는 여러 가지 방법

• 9×3에 9를 더해서 계산하기

$$9 \times 3 = 27$$

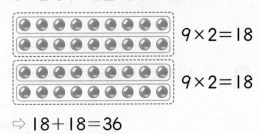

⇨ $27 + 9 = 36$

• 9×2와 9×2를 더해서 계산하기

$9 \times 2 = 18$

$9 \times 2 = 18$

⇨ $18 + 18 = 36$

1 상자 한 개에 배가 9개씩 들어 있습니다. ☐ 안에 알맞은 수를 써넣으세요.

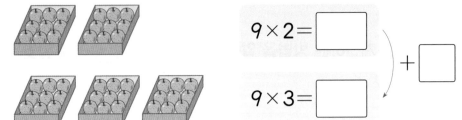

$9 \times 2 = $ ☐

$9 \times 3 = $ ☐

$+$ ☐

상자가 한 개씩 늘어날수록 배는 ☐ 개씩 늘어납니다.

1 연필은 모두 몇 자루인지 곱셈식으로 나타내 보세요.

$$9 \times \boxed{} = \boxed{}$$

2 ☐ 안에 알맞은 수를 써넣으세요.

(1) $9 \times 1 = \boxed{}$ (2) $9 \times 9 = \boxed{}$

3 9단 곱셈구구의 값을 모두 찾아 ◯표 하세요.

45	32	72
( )	( )	( )

4 9×6을 계산하는 방법을 알아보려고 합니다. ☐ 안에 알맞은 수를 써넣으세요.

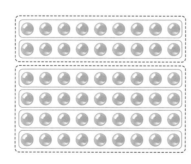

$9 \times 2 = \boxed{}$

$9 \times 4 = \boxed{}$

⇨ 9×2와 9×4를 더해서 계산하면 $9 \times 6 = \boxed{}$ 입니다.

④ ~ ⑥ 4단, 7단, 8단, 9단 곱셈구구

1 9 × 2

2 4 × 1

3 7 × 3

4 8 × 1

5 9 × 1

6 8 × 5

7 8 × 3

8 4 × 7

9 4 × 4

10 9 × 4

11 8 × 2

12 7 × 5

13 4 × 3

14 8 × 4

15 9 × 3

16 4 × 8

17 7 × 4

18 4 × 5

19 8×8

20 9×6

21 7×9

22 7×2

23 4×2

24 8×7

25 8×6

26 7×1

27 9×5

28 4×6

29 9×8

30 7×7

31 4×9

32 7×8

33 9×7

34 8×9

35 9×9

36 7×6

STEP 2 실전유형 다지기

1 로봇이 이동한 거리는 몇 cm인지 곱셈식으로 나타내 보세요.

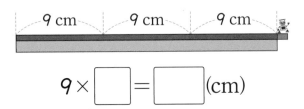

$$9 \times \boxed{} = \boxed{} \, (cm)$$

2 곱셈구구의 값을 찾아 선으로 이어 보세요.

7×7 ·   · 54

9×6 ·   · 49

8×8 ·   · 64

3 그림을 보고 ☐ 안에 알맞은 수를 써넣으세요.

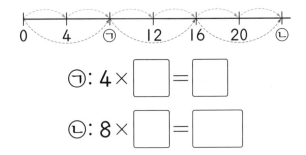

㉠: $4 \times \boxed{} = \boxed{}$

㉡: $8 \times \boxed{} = \boxed{}$

4 ☐ 안에 알맞은 수를 써넣으세요.

(1) $7 \times \boxed{} = 28$

(2) $4 \times \boxed{} = 12$

5 7단 곱셈구구의 값을 찾아 선으로 이어 보세요.

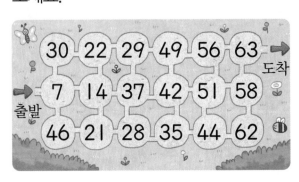

6 지유와 민규가 우유는 모두 몇 개인지 각자의 방법으로 알아보려고 합니다. ☐ 안에 알맞은 수를 써넣으세요.

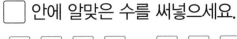

$4 \times \boxed{} = \boxed{}$ 이므로

모두 $\boxed{}$ 개야.

지유

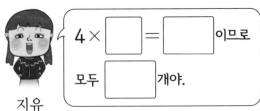

$8 \times \boxed{} = \boxed{}$ 이므로

모두 $\boxed{}$ 개야.

민규

7 9단 곱셈구구의 값을 모두 찾아 색칠해 보세요.

53	9	45	54	5
37	27	2	18	30
12	63	81	36	6
41	8	23	72	64

8 사탕의 수를 구하는 방법을 <u>잘못</u> 설명한 사람을 찾아 이름을 써 보세요.

은희: 7씩 4번 더하면 구할 수 있어.

준호: 7에 7을 더해서 구할 수 있어.

수지: 7×4=28이니까 모두 28개야.

(   )

9 (보기)와 같이 수 카드를 한 번씩만 사용하여 □ 안에 알맞은 수를 써넣으세요.

(보기)

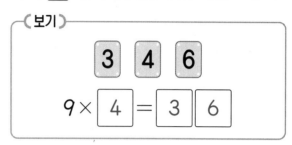

$9 \times \boxed{4} = \boxed{3}\,\boxed{6}$

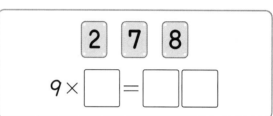

$9 \times \boxed{} = \boxed{}\,\boxed{}$

서술형

10 호두는 모두 몇 개인지 알아보려고 합니다. 2가지 방법으로 설명해 보세요.

방법1 _____

_____

방법2 _____

_____

개념 7 1단 곱셈구구와 0의 곱

● **1단 곱셈구구** ← 곱하는 두 수의 순서를 바꾸어도 곱은 같으므로 (어떤 수)×1=(어떤 수)입니다.

$$1 \times (어떤 수) = (어떤 수)$$

×	1	2	3	4	5	6	7	8	9
1	1	2	3	4	5	6	7	8	9

↑ 곱하는 수와 곱이 서로 같습니다.

● **0의 곱**

$$0 \times (어떤 수) = 0, \ (어떤 수) \times 0 = 0$$

×	1	2	3	4	5	6	7	8	9
0	0	0	0	0	0	0	0	0	0

↑ 0은 여러 번 더해도 항상 0입니다.

1 상자 한 개에 빵이 1개씩 들어 있습니다. ☐ 안에 알맞은 수를 써넣으세요.

(1) 상자 4개에 들어 있는 빵의 수 ⇨ 1 × ☐ = ☐

(2) 상자 5개에 들어 있는 빵의 수 ⇨ 1 × ☐ = ☐

(3) 상자가 한 개씩 늘어날수록 빵은 ☐ 개씩 많아집니다.

2 그림과 같이 서우가 과녁에 화살 5개를 쏘았습니다. 서우가 얻은 점수를 알아보세요.

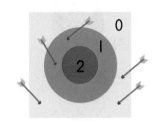

(1) ☐ 안에 알맞은 수를 써넣으세요.

과녁에 적힌 수	0	1	2
맞힌 화살(개)	3	2	0
점수(점)	0×3=☐	1×2=2	2×0=☐

(2) 서우가 얻은 점수는 모두 몇 점일까요? (   )

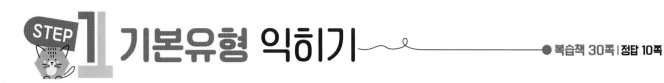
1 케이크는 모두 몇 조각인지 곱셈식으로 나타내 보세요.

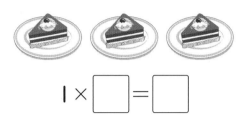

$1 \times \boxed{} = \boxed{}$

2 어항에 있는 물고기는 모두 몇 마리인지 곱셈식으로 나타내 보세요.

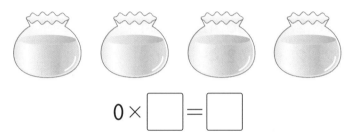

$0 \times \boxed{} = \boxed{}$

3 ☐ 안에 알맞은 수를 써넣으세요.

(1) $1 \times 6 = \boxed{}$

(2) $1 \times 8 = \boxed{}$

(3) $0 \times 5 = \boxed{}$

(4) $7 \times 0 = \boxed{}$

4 수지가 원판을 두 번 돌려서 0점만 2번 나왔습니다. 수지가 얻은 점수를 곱셈식으로 나타내 보세요.

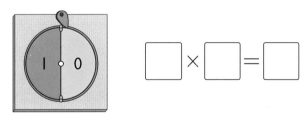

$\boxed{} \times \boxed{} = \boxed{}$

개념 8 곱셈표 만들기

곱셈표에서 곱셈구구 알아보기

곱셈표는 세로줄(↓)과 가로줄(→)의 수가 만나는 칸에 두 수의 곱을 써넣은 표예요.

×	0	1	2	3	4	5	6	7	8	9
0	0	0	0	0	0	0	0	0	0	0
1	0	1	2	3	4	5	6	7	8	9
2	0	2	4	6	8	10	12	14	16	18
3	0	3	6	9	12	15	18	21	24	27
4	0	4	8	12	16	20	24	28	32	36
5	0	5	10	15	20	25	30	35	40	45
6	0	6	12	18	24	30	36	42	48	54
7	0	7	14	21	28	35	42	49	56	63
8	0	8	16	24	32	40	48	56	64	72
9	0	9	18	27	36	45	54	63	72	81

• ■단 곱셈구구: 곱이 ■씩 커집니다.

• 점선(---)을 따라 접었을 때 만나는 곱셈구구의 곱이 같습니다.

$$3 \times 2 = 6 \qquad 2 \times 3 = 6$$

> 곱셈에서 곱하는 두 수의 순서를 바꾸어도 곱은 같습니다.

• 5단 곱셈구구는 곱의 일의 자리 숫자가 5, 0으로 반복됩니다.

---

1 곱셈표를 보고 물음에 답하세요.

×	3	4	5
3	9	12	
4	12	16	20
5		20	25

(1) ☐ 안에 알맞은 수를 써넣으세요.

> 4단 곱셈구구에서는 곱이 ☐씩 커집니다.

(2) 위 곱셈표의 빈칸에 알맞은 수를 써넣고, 알맞은 말에 ○표 하세요.

> 곱셈표를 점선(---)을 따라 접었을 때 만나는 곱셈구구의 곱이 (같습니다 , 다릅니다).

1 빈칸에 알맞은 수를 써넣어 곱셈표를 완성해 보세요.

×	1	3	5	7	9
1		3		7	9
3	3		15		27
5	5		25	35	
7		21	35		63
9	9		45		81

(2~4) 곱셈표를 보고 물음에 답하세요.

×	4	5	6	7	8
4	16	20	24		32
5	20	25	30	35	
6		30	36	42	48
7	28	35		49	56
8	32	40	48		64

2 빈칸에 알맞은 수를 써넣어 곱셈표를 완성해 보세요.

3 위의 곱셈표의 5단에서 곱이 35인 곱셈구구를 찾아 써 보세요.

(   )

4 위의 곱셈표에서 6 × 8과 곱이 같은 곱셈구구를 찾아 써 보세요.

(   )

개념 9 곱셈구구를 이용하여 문제 해결하기

● 곱셈구구를 이용하여 초콜릿은 모두 몇 개인지 구하기

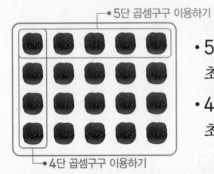

• 5단 곱셈구구를 이용하면 5×4이므로 초콜릿은 모두 20개입니다.
• 4단 곱셈구구를 이용하면 4×5이므로 초콜릿은 모두 20개입니다.

곱셈구구를 이용하면 하나씩 세어 알아보는 것보다 쉽고 빠르고 편리하게 구할 수 있어요.

● 곱셈구구를 이용하여 여러 가지 방법으로 색종이의 수 구하기

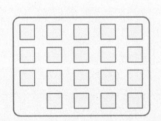

• 두 곱으로 나누어 구하기

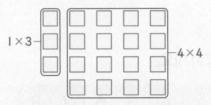

1×3과 4×4를 더하면 모두 3+16=19(장)입니다.

• 부족한 부분을 빼서 구하기

5×4에서 1을 빼면 모두 20−1=19(장)입니다.

---

1 곱셈구구를 이용하여 방석은 모두 몇 개인지 알아보세요.

(1) 방석의 수는 6단 곱셈구구 6× ☐ 으로 구할 수 있습니다.

(2) 방석의 수는 3단 곱셈구구 3× ☐ 으로 구할 수 있습니다.

(3) 방석은 모두 ☐ 개입니다.

1 연필 한 자루의 길이는 8 cm입니다. 연필 3자루의 길이는 몇 cm일까요?

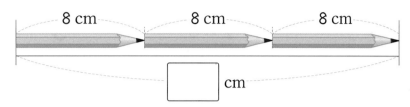

☐ cm

2 삼각형 모양 한 개를 만드는 데 색연필이 3자루 필요합니다. 삼각형 모양 7개를 만드는 데 필요한 색연필은 모두 몇 자루일까요?

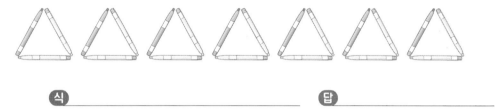

식 _____   답 _____

3 인형의 수를 구하려고 합니다. 물음에 답하세요.

(1) 2단 곱셈구구를 이용하여 인형의 수를 구해 보세요.

식 _____   답 _____

(2) 9단 곱셈구구를 이용하여 인형의 수를 구해 보세요.

식 _____   답 _____

4 의자 한 개에 6명이 앉을 수 있습니다. 의자 4개에 앉을 수 있는 사람은 모두 몇 명일까요?

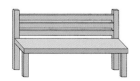

식 _____   답 _____

1 1×1

2 2×0

3 1×9

4 6×0

5 0×4

6 1×5

7 1×0

8 1×7

9 0×6

10 1×3

11 0×5

12 6×1

13 9×0

14 1×8

15 0×1

16 9×1

17 5×1

18 7×0

19 1×6 **20** 4×0 **21** 1×2

22 4×1 **23** 0×8 **24** 2×1

25 0×3 **26** 1×4 **27** 8×0

28 3×1 **29** 7×1 **30** 5×0

31 0×7 **32** 0×2 **33** 1×5

34 3×0 **35** 8×1 **36** 0×9

STEP 2 실전유형 다지기

1 사과는 모두 몇 개인지 곱셈식으로 나타내 보세요.

$$\boxed{} \times \boxed{} = \boxed{}$$

2 곱셈표에서 ★과 곱이 같은 곱셈구구를 찾아 ♥표 하세요.

×	3	4	5	6	7
3				★	
4					
5					
6					
7					

3 ☐ 안에 알맞은 수를 써넣으세요.

(1) $9 \times \boxed{} = 0$

(2) $1 \times \boxed{} = 8$

4 곱셈을 이용하여 빈칸에 알맞은 수를 써넣으세요.

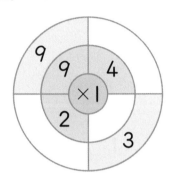

5 농구는 한 팀이 5명의 선수로 구성되어 있습니다. 9팀의 선수는 모두 몇 명일까요?

(   )

서술형

6 지수의 나이는 8살입니다. 지수 어머니의 나이는 지수 나이의 5배입니다. 지수 어머니의 나이는 몇 세인지 풀이 과정을 쓰고 답을 구해 보세요.

❶ 문제에 알맞은 식 만들기

풀이 _____

_____

❷ 지수 어머니의 나이 구하기

풀이 _____

_____

답 _____

(7~8) 곱셈표를 보고 물음에 답하세요.

×	2	3	4	5	6
2		6			
3	6				
4				20	
5					30
6			24		

7 빈칸에 알맞은 수를 써넣어 곱셈표를 완성해 보세요.

8 위의 곱셈표에서 3×4와 곱이 같은 곱셈구구를 모두 찾아 써 보세요.

$$\boxed{} \times \boxed{} = \boxed{}$$

$$\boxed{} \times \boxed{} = \boxed{}$$

$$\boxed{} \times \boxed{} = \boxed{}$$

9 주아가 공을 꺼내어 공에 적힌 수만큼 점수를 얻었습니다. 주아가 얻은 점수는 모두 몇 점일까요?

공에 적힌 수	2	4
공을 꺼낸 횟수(번)	0	1

(   )

10 연결 모형의 수를 2가지 방법으로 구해 보세요.

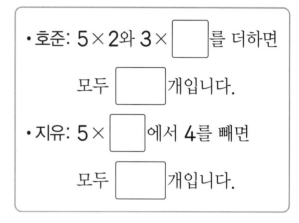

- 호준: 5×2와 3×$\boxed{}$를 더하면

  모두 $\boxed{}$개입니다.

- 지유: 5×$\boxed{}$에서 4를 빼면

  모두 $\boxed{}$개입니다.

(수학 익힘 유형)

11 은희가 고리 던지기 놀이를 했습니다. 고리를 걸면 1점, 걸지 못하면 0점입니다. $\boxed{}$ 안에 알맞은 수를 써넣으세요.

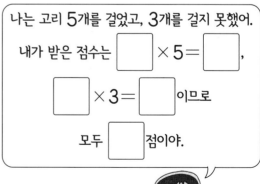

나는 고리 5개를 걸었고, 3개를 걸지 못했어.

내가 받은 점수는 $\boxed{}$ × 5 = $\boxed{}$,

$\boxed{}$ × 3 = $\boxed{}$ 이므로

모두 $\boxed{}$점이야.

은희

1 복숭아는 한 상자에 3개씩 7상자 있고, 귤은 16개 있습니다.
복숭아는 귤보다 몇 개 더 많은지 구해 보세요.

(1) 복숭아는 모두 몇 개일까요? ( )

(2) 복숭아는 귤보다 몇 개 더 많을까요? ( )

한번더
2 참외는 한 상자에 4개씩 8상자 있고, 자두는 30개 있습니다. 참외는 자두
보다 몇 개 더 많은지 구해 보세요.

( )

3 수 카드 4장 중에서 2장을 뽑아 한 번씩만 사용하여 곱셈식을 만들 때
가장 큰 곱을 구해 보세요.

2 7 5 9

(1) ☐ 안에 알맞은 수를 써넣으세요.

> 가장 큰 곱을 구하려면 가장 큰 수와 두 번째로 큰 수의
> 곱을 구하면 되므로 ☐ 와/과 ☐ 의 곱을 구합니다.

(2) 가장 큰 곱은 얼마일까요? ( )

한번더
4 수 카드 4장 중에서 2장을 뽑아 한 번씩만 사용하여 곱셈식을 만들 때
가장 작은 곱을 구해 보세요.

8 1 6 4

( )

5 다음 **설명에서 나타내는 수**는 얼마인지 구해 보세요.

> • 5단 곱셈구구의 수입니다.
> • 홀수입니다.
> • 십의 자리 숫자는 30을 나타냅니다.

(1) 5단 곱셈구구의 수를 빈칸에 알맞게 써넣으세요.

×	1	2	3	4	5	6	7	8	9
5									

(2) 위 (1)에서 구한 수 중에서 홀수를 모두 찾아 ◯표 하세요.

(3) 설명에서 나타내는 수는 얼마일까요?　　(　　　　　　　　　　　)

한 번 더

6 다음 설명에서 나타내는 수는 얼마인지 구해 보세요.

> • 7단 곱셈구구의 수입니다.
> • 짝수입니다.
> • 십의 자리 숫자는 50을 나타냅니다.

(　　　　　　　　　　　)

놀이 수학

7 지수와 현수가 가위바위보를 하여 이기면 2점을 얻는 놀이를 했습니다.
현수가 얻은 점수는 모두 몇 점일까요?

지수　　　　　현수

현수	✌	👌	✊	✊	✋	✊
지수	👌	✌	✊	✌	✋	✌

(　　　　　　　　　　　)

1 연필은 모두 몇 자루인지 곱셈식으로 나타내 보세요.

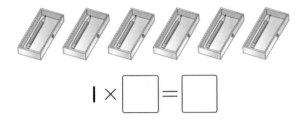

$1 \times \boxed{} = \boxed{}$

2 도넛은 모두 몇 개인지 곱셈식으로 나타내 보세요.

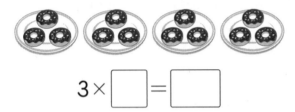

$3 \times \boxed{} = \boxed{}$

3 그림을 보고 $\boxed{}$ 안에 알맞은 수를 써넣으세요.

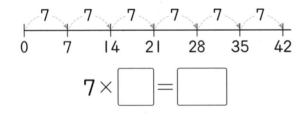

$7 \times \boxed{} = \boxed{}$

4 로봇이 이동한 거리는 몇 cm인지 곱셈식으로 나타내 보세요.

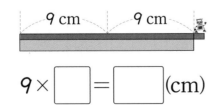

$9 \times \boxed{} = \boxed{}$ (cm)

5 사과는 모두 몇 개인지 곱셈식으로 나타내 보세요.

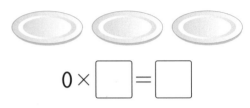

$0 \times \boxed{} = \boxed{}$

6 곱을 바르게 구한 것에 ◯표 하세요.

$8 \times 6 = 48$	$5 \times 7 = 40$
( )	( )

7 곱이 같은 것끼리 선으로 이어 보세요.

5×1 ·   · 1×5

4×6 ·   · 2×7

7×2 ·   · 8×3

8 6단 곱셈구구의 값을 모두 찾아 ◯표 하세요.

24	45	54	63

9 곱셈표를 완성해 보세요.

×	0	1	2	3	4
0	0	0		0	0
1		1	2		4
2	0		4	6	
3	0	3		9	12
4		4	8		16

● 교과서에 꼭 나오는 문제

10 한 대에 6명씩 탈 수 있는 자동차가 7대 있습니다. 자동차에 탈 수 있는 사람은 모두 몇 명일까요?

(   )

11 곱의 크기를 비교하여 ◯ 안에 >, =, <를 알맞게 써넣으세요.

5×6 ◯ 3×9

12 ☐ 안에 공통으로 알맞은 수는 어떤 수일까요?

4×☐=0   ☐×6=0

(   )

● 교과서에 꼭 나오는 문제

13 축구공은 모두 몇 개인지 알아보려고 합니다. 잘못된 방법을 찾아 기호를 써 보세요.

㉠ 3씩 6번 더해서 구합니다.
㉡ 3×2에 3을 더해서 구합니다.
㉢ 6×3의 곱으로 구합니다.

(   )

14 4단 곱셈구구의 값을 모두 찾아 색칠해 보세요.

38	24	7	12	22
10	4	30	32	5
42	16	36	8	28
29	33	6	20	37

● 잘 틀리는 문제

15 연결 모형의 수를 구해 보세요.

5×☐ 에서 4를 빼면 모두

☐ 개입니다.

● 잘 틀리는 문제

16 승우가 고리 던지기 놀이를 했습니다. 고리를 걸면 1점, 걸지 못하면 0점입니다. ☐ 안에 알맞은 수를 써넣으세요.

나는 고리 **3**개를 걸었고, **4**개를 걸지 못했어.

내가 받은 점수는 ☐ × 3 = ☐ ,

☐ × 4 = ☐ 이므로

모두 ☐ 점이야.

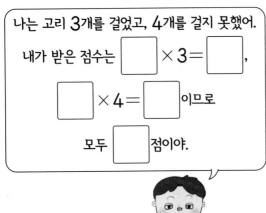

승우

17 키위는 한 상자에 6개씩 7상자 있고, 자몽은 40개 있습니다. 키위는 자몽보다 몇 개 더 많은지 구해 보세요.

(   )

18 수 카드 4장 중에서 2장을 뽑아 한 번씩만 사용하여 곱셈식을 만들 때 가장 큰 곱을 구해 보세요.

7   2   8   5

(   )

● 서술형 문제

19 슬기는 수학 문제를 하루에 7문제씩 풀었습니다. 슬기가 9일 동안 푼 수학 문제는 모두 몇 문제인지 풀이 과정을 쓰고 답을 구해 보세요.

풀이 _____

_____

_____

답 _____

20 귤은 모두 몇 개인지 알아보려고 합니다. 두 가지 방법으로 설명해 보세요.

방법1 _____

_____

방법2 _____

_____

그림이 연결되도록 알맞은 무늬를 찾아요!

3

재미있게 색칠하며
운동장을 완성해 보세요

길이 재기

이 단원에서는

- cm보다 더 큰 단위를 알아볼까요
- 자로 길이를 재어 볼까요
- 길이의 합과 차를 구해 볼까요
- 길이를 어림해 볼까요

cm보다 더 큰 단위

● **1 m 알아보기**

100 cm=1 m → 쓰기 **1 m** 읽기 **1 미터**
  └ 1 m는 1 cm를 100번,
  10 cm를 10번 이은 것과 같습니다.

● **1 m가 넘는 길이 알아보기** → 몇 m 몇 cm

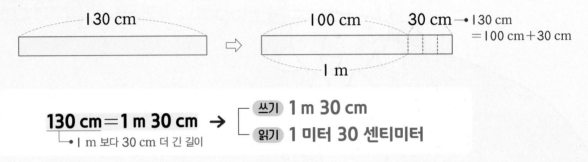

130 cm=1 m 30 cm → 쓰기 **1 m 30 cm**
  └ 1 m 보다 30 cm 더 긴 길이   읽기 **1 미터 30 센티미터**

---

1 1 m를 쓰고 읽어 보세요.

쓰기 **1 m** _____   읽기 (_____)

2 색 테이프의 길이는 몇 m 몇 cm인지 알아보세요.

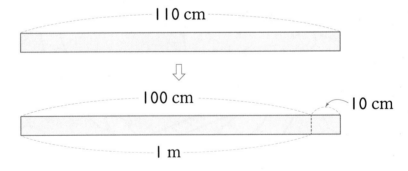

(1) 색 테이프는 1 m보다 ☐ cm 더 깁니다.

(2) 색 테이프의 길이는 110 cm= ☐ m ☐ cm입니다.

1 ☐ 안에 알맞은 수를 써넣으세요.

(1) 100 cm = ☐ m

(2) 2 m = ☐ cm

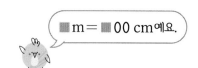
■ m = ■ 00 cm예요.

(3) 386 cm = ☐ m ☐ cm

(4) 9 m 75 cm = ☐ cm

2 같은 길이끼리 선으로 이어 보세요.

240 cm ·   · 2 m 45 cm

245 cm ·   · 2 m 4 cm

204 cm ·   · 2 m 40 cm

3 cm와 m 중 알맞은 단위를 ☐ 안에 써넣으세요.

(1) 못의 길이는 약 4 ☐ 입니다.

(2) 학교 건물의 높이는 약 12 ☐ 입니다.

(3) 냉장고의 높이는 약 200 ☐ 입니다.

(4) 기린의 키는 약 5 ☐ 입니다.

개념 2 자로 길이 재기

● **자 비교하기**

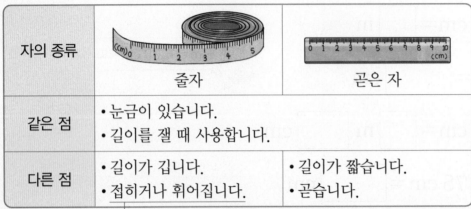

자의 종류	줄자	곧은 자
같은 점	• 눈금이 있습니다. • 길이를 잴 때 사용합니다.	
다른 점	• 길이가 깁니다. • 접히거나 휘어집니다.	• 길이가 짧습니다. • 곧습니다.

└ 공, 나무의 둘레 등 둥근 부분이 있는
　물건의 길이를 잴 수 있습니다.

I m보다 더 긴
길이를 잴 때에는
줄자를 사용하면
편리해요.

● **줄자로 길이를 재는 방법**

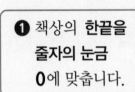

❶ 책상의 **한끝**을
줄자의 눈금
0에 맞춥니다.

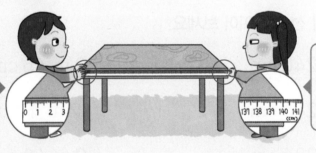

❷ 책상의 **다른 쪽
끝**에 있는 줄자의
눈금을 읽습니다.

⇨ 책상의 길이는 140 cm＝1 m 40 cm입니다.
└ 줄자의 눈금을 읽으면 140입니다.

1 줄자를 사용하여 줄넘기의 길이를 알아보세요.

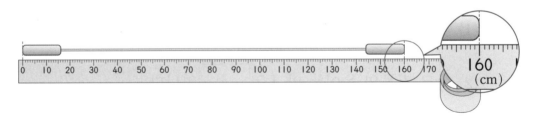

① 줄넘기의 한끝을 줄자의 눈금 [　] 에 맞춥니다.

② 다른 쪽 끝에 있는 줄자의 눈금을 읽으면 [　] 입니다.

⇨ 줄넘기의 길이는 [　] cm입니다.

1 학교 복도 긴 쪽의 길이를 재는 데 알맞은 자에 ◯표 하세요.

(   )   (   )

2 책장의 길이를 두 가지 방법으로 나타내 보세요.

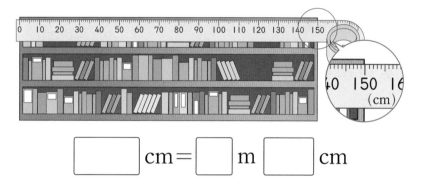

☐ cm = ☐ m ☐ cm

3 한 줄로 놓인 물건들의 길이를 자로 재었습니다. 전체 길이는 몇 m 몇 cm 일까요?

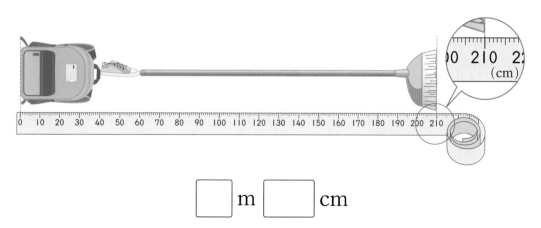

☐ m ☐ cm

3. 길이 재기 **73**

길이의 합

● **1 m 20 cm＋1 m 30 cm의 계산**

> 길이의 합은 **m는 m끼리**, **cm는 cm끼리** 더하여 구합니다.

- 1 m 20 cm＋1 m 30 cm＝2 m 50 cm

-
	1 m	20 cm
＋	1 m	30 cm

→

	1 m	20 cm
＋	1 m	30 cm
		50 cm

→

	1 m	20 cm
＋	1 m	30 cm
	2 m	50 cm

m는 m끼리, cm는 cm끼리 맞추어 씁니다.

참고 받아올림이 있는 길이의 합

cm끼리의 합이 100이거나 100보다 크면 100 cm를 1 m로 받아올림합니다.

	1 m	40 cm
＋	2 m	80 cm
	4 m	20 cm

---

1 1 m 30 cm＋1 m 40 cm를 계산하는 방법을 알아보세요.

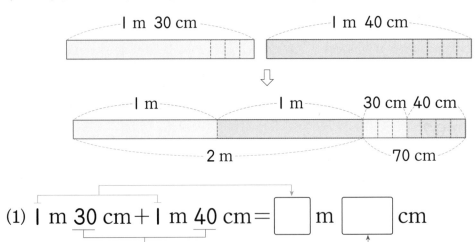

(1) 1 m 30 cm＋1 m 40 cm＝ ☐ m ☐ cm

(2)

	1	m	30	cm
＋	1	m	40	cm
			☐	cm

⇨

	1	m	30	cm
＋	1	m	40	cm
	☐	m	☐	cm

STEP 1 기본유형 익히기

1 길이의 합을 구해 보세요.

(1)
$$
\begin{array}{r}
3 \text{ m} \ 20 \text{ cm} \\
+ \ 2 \text{ m} \ 50 \text{ cm} \\
\hline
\boxed{} \text{ m} \ \boxed{} \text{ cm}
\end{array}
$$

(2)
$$
\begin{array}{r}
5 \text{ m} \ 42 \text{ cm} \\
+ \ 3 \text{ m} \ 3 \text{ cm} \\
\hline
\boxed{} \text{ m} \ \boxed{} \text{ cm}
\end{array}
$$

(3) 2 m 30 cm + 4 m 54 cm
= $\boxed{}$ m $\boxed{}$ cm

(4) 6 m 8 cm + 3 m 71 cm
= $\boxed{}$ m $\boxed{}$ cm

2 두 나무 막대의 길이의 합은 몇 m 몇 cm일까요?

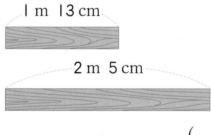

1 m 13 cm

2 m 5 cm

(   )

3 털실을 민수는 1 m 45 cm, 수아는 3 m 12 cm 가지고 있습니다. 민수와 수아가 가지고 있는 털실의 길이의 합은 몇 m 몇 cm일까요?

식

답

개념 **4** 길이의 차

● **2 m 40 cm−1 m 10 cm의 계산**

> 길이의 차는 **m**는 **m**끼리, **cm**는 **cm**끼리 빼서 구합니다.

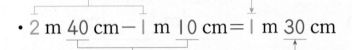

• 2 m 40 cm − 1 m 10 cm = 1 m 30 cm

•

	2 m	40 cm
−	1 m	10 cm

→

	2 m	40 cm
−	1 m	10 cm
		30 cm

→

	2 m	40 cm
−	1 m	10 cm
	1 m	30 cm

m는 m끼리, cm는 cm끼리 맞추어 씁니다.

참고 받아내림이 있는 길이의 차

cm끼리 뺄 수 없으면 1 m를 100 cm로 받아내림합니다.

	³4̸ m	¹⁰⁰30 cm
−	2 m	70 cm
	1 m	60 cm

---

1 2 m 50 cm−1 m 20 cm를 계산하는 방법을 알아보세요.

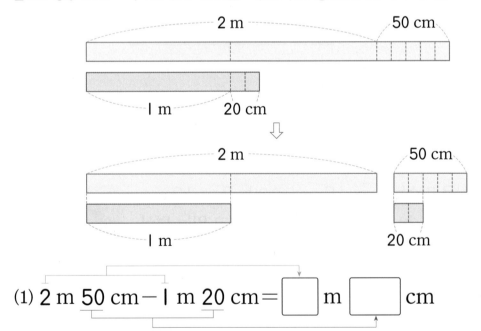

(1) 2 m 50 cm − 1 m 20 cm = ☐ m ☐ cm

(2)

	2	m	50	cm
−	1	m	20	cm
			☐	cm

⇨

	2	m	50	cm
−	1	m	20	cm
	☐	m	☐	cm

1 길이의 차를 구해 보세요.

(1)
```
    3 m  75 cm
  − 2 m  40 cm
   □ m  □ cm
```

(2)
```
    7 m  92 cm
  − 3 m   1 cm
   □ m  □ cm
```

(3) 5 m 45 cm − 1 m 25 cm

  = □ m □ cm

(4) 8 m 78 cm − 3 m 4 cm

  = □ m □ cm

2 두 색 테이프의 길이의 차는 몇 m 몇 cm일까요?

4 m 59 cm

2 m 17 cm

(   )

3 창문 긴 쪽의 길이는 1 m 86 cm이고, 창문 짧은 쪽의 길이는 1 m 25 cm입니다. 창문 긴 쪽의 길이와 짧은 쪽의 길이의 차는 몇 cm일까요?

식 _____

답 _____

개념 5 길이 어림하기

● **몸의 부분으로 1 m 재어 보기**

| • 양팔을 벌린 길이로 재기 | • 한 걸음의 길이로 재기 | • 한 뼘의 길이로 재기 |

 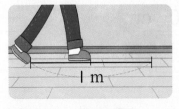 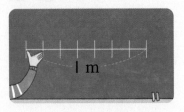

⇨ 약 **1**번 ⇨ 약 **2**걸음 ⇨ 약 **7**뼘

● **여러 가지 방법으로 긴 길이 어림하기** → 5 m, 10 m, 20 m, …인 긴 길이 어림하기

(예) 출발선에서부터 **10** m인 거리 어림하기

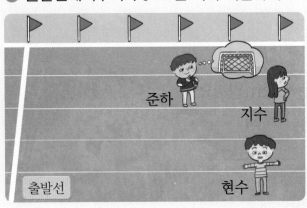

• 준하는 축구 골대 긴 쪽의 길이인 약 **5** m의 **2**배 정도로 어림했습니다.

• 지수는 깃발 사이 간격이 약 **2** m인 것을 이용하여 **5**배 정도로 어림했습니다.

• 현수는 양팔을 벌린 길이가 약 **1** m여서 **10**번으로 어림했습니다.

1 철민이는 발 길이로 허리띠의 길이를 재었습니다. 허리띠의 길이가 **1** m일 때 **1** m는 철민이의 발 길이로 약 몇 번인지 알아보세요.

약 ☐ 번

2 길이가 **1** m인 색 테이프로 긴 줄의 길이를 어림하였습니다. 긴 줄의 길이는 약 몇 m인지 알아보세요.

약 ☐ m

1 현호가 양팔을 벌린 길이가 약 1 m일 때 창문 긴 쪽의 길이는 약 몇 m 일까요?

약 ▢ m

2 〔보기〕에서 알맞은 길이를 골라 문장을 완성해 보세요.

〔보기〕
1 m   3 m   10 m   50 m

(1) 우산의 길이는 약 ▢ 입니다.

(2) 버스의 길이는 약 ▢ 입니다.

(3) 우리 집 거실의 높이는 약 ▢ 입니다.

3 학교 교문의 길이는 약 몇 m일까요?

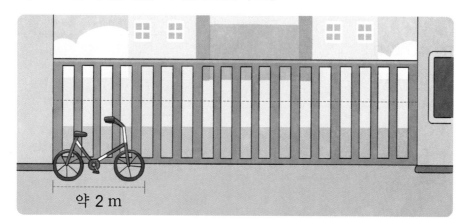

약 2 m

약 ▢ m

1 칠판 긴 쪽의 길이는 몇 m 몇 cm일까요?

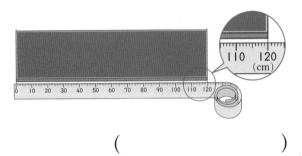

(   )

2 진경이의 두 걸음이 1 m라면 사물함의 길이는 약 몇 m일까요?

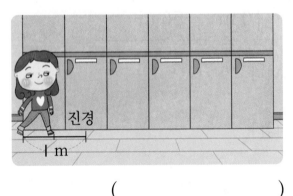

(   )

3 계산해 보세요.

(1) $\begin{array}{r} 3\,m\ 40\,cm \\ +\ 3\,m\ 85\,cm \\ \hline \end{array}$

(2) $\begin{array}{r} 7\,m\ 54\,cm \\ -\ 4\,m\ 60\,cm \\ \hline \end{array}$

4 길이를 <u>잘못</u> 나타낸 사람의 이름을 쓰고, 잘못된 길이를 바르게 고쳐 보세요.

> ·성은: 4 m 53 cm는 <u>453 cm</u>로 나타낼 수 있습니다.
> ·영희: 7 m 8 cm는 <u>78 cm</u>로 나타낼 수 있습니다.

(,   )

5 가장 짧은 길이를 말한 사람을 찾아 이름을 써 보세요.

> ·재석: 6 m 32 cm
> ·동훈: 620 cm
> ·지효: 6 m 7 cm

(   )

〈 개념 확인 〉 서술형

6 액자 긴 쪽의 길이를 110 cm라고 잘못 재었습니다. 길이 재기가 <u>잘못된</u> 이유를 써 보세요.

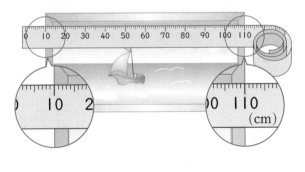

이유

_____

_____

_____

7 지혜는 선을 따라 굴렁쇠를 굴렸습니다. 출발점에서 도착점까지 굴렁쇠가 굴러간 거리는 몇 m 몇 cm일까요?

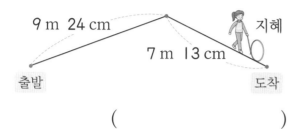

9 m 24 cm

7 m 13 cm

출발

도착

지혜

(   )

8 선생님과 주연이가 멀리뛰기를 하였습니다. 선생님은 2 m 58 cm를 뛰었고, 주연이는 1 m 42 cm를 뛰었습니다. 선생님은 주연이보다 몇 m 몇 cm 더 멀리 뛰었을까요?

(   )

9 길이가 10 m보다 더 긴 것을 모두 찾아 기호를 써 보세요.

ㄱ 필통 10개를 이어 놓은 길이
ㄴ 책상의 길이
ㄷ 10층 아파트의 높이
ㄹ 2학년 학생 20명이 팔을 벌린 길이

(   )

(수학 익힘 유형)

10 더 긴 길이를 어림한 사람은 누구일까요?

• 진주: 내 양팔을 벌린 길이가 약 1 m인데 5번 잰 길이가 트럭의 길이와 같았어.
• 수빈: 내 7뼘이 약 1 m인데 옷장의 길이가 21뼘과 같았어.

(   )

11 가장 긴 길이와 가장 짧은 길이의 합은 몇 m 몇 cm일까요?

2 m 52 cm   4 m 15 cm

6 m 24 cm

(   )

(수학 익힘 유형)

12 (보기)를 보고 나무와 나무 사이의 거리는 약 몇 m인지 구해 보세요.

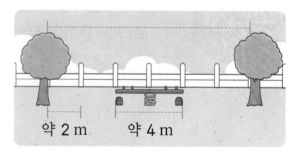

약 2 m   약 4 m

보기
• 시소의 길이는 약 4 m입니다.
• 울타리 한 칸의 길이는 약 2 m입니다.

약 ☐ m

〔 수학 익힘 유형 〕

1 수 카드 6 , 8 , 9 를 한 번씩만 사용하여 **가장 긴 길이**를 만들어 보세요.

☐ m ☐☐ cm

(1) 알맞은 말에 ◯표 하세요.

> 가장 긴 길이를 만들려면 m 단위부터 (큰 , 작은) 수를 차례대로 놓습니다.

(2) 만들 수 있는 가장 긴 길이는 몇 m 몇 cm인지 위 ☐ 안에 알맞은 수를 써넣으세요.

한번더 2 수 카드 7 , 3 , 2 를 한 번씩만 사용하여 가장 짧은 길이를 만들어 보세요.

☐ m ☐☐ cm

3 은하의 키는 I m 32 cm이고 은하 언니의 키는 은하의 키보다 I3 cm 더 큽니다. **은하와 은하 언니의 키의 합**은 몇 m 몇 cm인지 구해 보세요.

(1) 은하 언니의 키는 몇 m 몇 cm일까요?

( )

(2) 은하와 은하 언니의 키의 합은 몇 m 몇 cm일까요?

( )

한번더 4 정민이가 가진 끈의 길이는 I m 46 cm이고 윤지가 가진 끈의 길이는 정민이가 가진 끈의 길이보다 24 cm 더 짧습니다. 정민이와 윤지가 가진 끈의 길이의 합은 몇 m 몇 cm인지 구해 보세요.

( )

5 복도 긴 쪽의 길이를 형준이의 걸음으로 재었더니 약 24걸음이었습니다. 형준이의 3걸음이 2 m라면 **복도 긴 쪽의 길이는 약 몇 m**인지 구해 보세요.

(1) 약 24걸음은 3걸음씩 약 몇 번일까요?

(   )

(2) 복도 긴 쪽의 길이는 약 몇 m일까요?

(   )

한번더
6 운동장 긴 쪽의 길이를 신비의 걸음으로 재었더니 약 54걸음이었습니다. 신비의 6걸음이 5 m라면 운동장 긴 쪽의 길이는 약 몇 m인지 구해 보세요.

(   )

놀이 수학

7 동물들의 몸길이는 약 몇 m인지 어림하고, **몸길이가 가장 긴 동물의 이름**을 써 보세요.

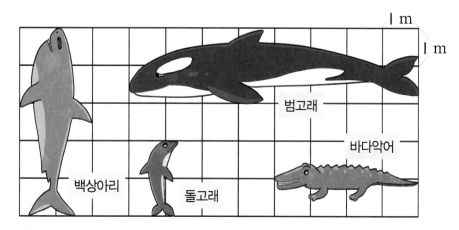

동물	백상아리	범고래	돌고래	바다악어
몸길이	약 5 m	약 ☐ m	약 ☐ m	약 ☐ m

(   )

1 ☐ 안에 알맞은 수를 써넣으세요.

1 m는 1 cm를 ☐ 번 이은 것과 같습니다.

2 ☐ 안에 알맞은 수를 써넣으세요.

8 m 10 cm= ☐ cm

3 길이의 합을 구해 보세요.

$$\begin{array}{r} 2\ \text{m}\ \ 50\ \text{cm} \\ +\ 5\ \text{m}\ \ 60\ \text{cm} \\ \hline \boxed{}\,\text{m}\ \boxed{}\,\text{cm} \end{array}$$

4 나무 막대의 길이는 몇 m 몇 cm일까요?

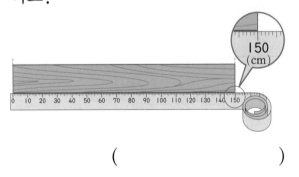

( )

5 (보기)에서 알맞은 길이를 골라 문장을 완성해 보세요.

(보기)

1 m   2 m   20 m

운동장 짧은 쪽의 길이는

약 ☐ 입니다.

6 두 길이의 차는 몇 m 몇 cm일까요?

3 m 30 cm   5 m 13 cm

( )

7 조각상의 높이가 1 m일 때 분수대의 높이는 약 몇 m일까요?

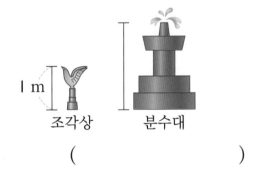

1 m
조각상   분수대

( )

8 다음 중 틀린 것은 어느 것인가요?

( )

① 177 cm=1 m 77 cm
② 3 m 54 cm=354 cm
③ 565 cm=5 m 65 cm
④ 7 m 1 cm=71 cm
⑤ 820 cm=8 m 20 cm

9 ☐ 안에 알맞은 수를 써넣으세요.

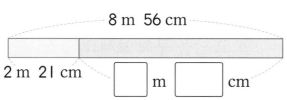

10 길이가 1 m보다 더 긴 것을 모두 찾아 기호를 써 보세요.

> ㉠ 필통의 길이　㉡ 현관문의 높이
> ㉢ 구두의 길이　㉣ 기차의 길이

(　　　　　　　)

11 끈을 현태는 5 m 47 cm, 민경이는 7 m 18 cm 가지고 있습니다. 현태와 민경이가 가지고 있는 끈의 길이의 합은 몇 m 몇 cm일까요?

(　　　　　　　)

●교과서에 꼭 나오는 문제

12 더 짧은 길이를 어림한 사람은 누구일까요?

> •연우: 내 두 걸음이 약 1 m인데 화단의 길이가 6걸음과 같았어.
> •승현: 내 6뼘이 약 1 m인데 식탁의 길이가 24뼘과 같았어.

(　　　　　　　)

13 집에서 학교까지의 거리는 몇 m 몇 cm일까요?

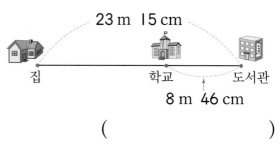

(　　　　　　　)

●잘 틀리는 문제

14 길이가 짧은 것부터 차례대로 기호를 써 보세요.

> ㉠ 603 cm
> ㉡ 6 m 30 cm
> ㉢ 6 m 4 cm

(　　　　　　　)

15 길이가 더 긴 것의 기호를 써 보세요.

> ㉠ 2 m 62 cm＋5 m 21 cm
> ㉡ 8 m 87 cm－1 m 45 cm

(　　　　　　　)

16 가장 긴 길이와 가장 짧은 길이의 합은 몇 m 몇 cm일까요?

1 m 40 cm   3 m 55 cm

2 m 8 cm

( )

17 (보기)를 보고 가로등과 가로등 사이의 거리를 구해 보세요.

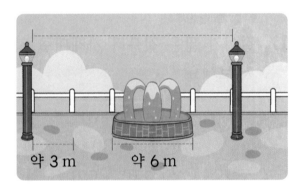

약 3 m   약 6 m

(보기)
• 분수대의 길이는 약 6 m입니다.
• 울타리 한 칸의 길이는 약 3 m입니다.

약 ▢ m

● 잘 틀리는 문제

18 지희의 키는 1 m 35 cm이고 지희 동생의 키는 지희의 키보다 11 cm 더 작습니다. 지희와 지희 동생의 키의 합은 몇 m 몇 cm일까요?

( )

● 서술형 문제

19 준영이의 두 걸음이 1 m라면 신발장의 길이는 약 몇 m인지 풀이 과정을 쓰고 답을 구해 보세요.

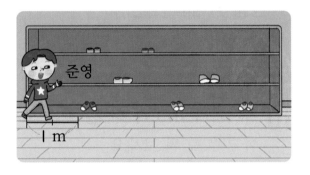

준영

1 m

풀이

답

20 끈을 이서는 3 m 64 cm 사용하고, 유진이는 이서보다 24 cm 더 많이 사용했습니다. 유진이가 사용한 끈은 몇 m 몇 cm인지 풀이 과정을 쓰고 답을 구해 보세요.

풀이

답

두 그림에서 다른 곳 **4**가지를 찾아요!

4

재미있게 색칠하며
공원을 완성해 보세요

10월

일	월	화	수	목	금	토
1	2	3	4	5	6	7
8	9	10	11	12	13	14
15	16	17	18	19	20	21
22	23	24	25	26	27	28
29	30	31				

시각과
시간

이 단원에서는

• 몇 시 몇 분을 알아볼까요

• 시간을 알아볼까요

• 달력을 알아볼까요

개념 1 5분 단위까지 몇 시 몇 분 읽기

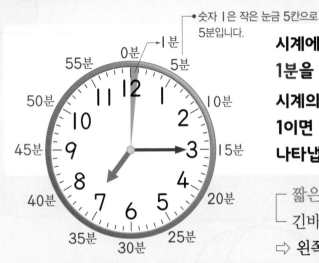

숫자 1은 작은 눈금 5칸으로 5분입니다.

시계에서 긴바늘이 가리키는 작은 눈금 한 칸은 1분을 나타냅니다.

시계의 긴바늘이 가리키는 숫자가 1이면 5분, 2이면 10분, 3이면 15분……을 나타냅니다.

┌ 짧은바늘: 7과 8 사이를 가리킵니다. → 7시
└ 긴바늘: 3을 가리킵니다.　　　　　　→ 15분
⇨ 왼쪽 시계가 나타내는 시각: 7시 15분

참고 시계의 긴바늘이 가리키는 숫자가 1씩 커지면 나타내는 분은 5분씩 커지는 규칙이 있습니다.

숫자	1	2	3	4	5	6	7	8	9	10	11	12
분	5	10	15	20	25	30	35	40	45	50	55	0 (60)

1 시계를 보고 ☐ 안에 알맞은 수를 써넣으세요.

(1) 짧은바늘은 5와 6 사이를 가리키고,

긴바늘은 ☐ 를 가리킵니다.

(2) 시계가 나타내는 시각은 ☐ 시 ☐ 분입니다.

2 시계에 시각을 나타내 보세요.

6시 5분

1 시계를 보고 몇 분을 나타내는지 빈칸에 알맞게 써넣으세요.

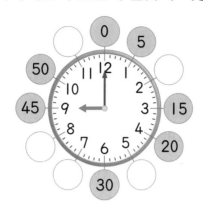

2 시계를 보고 몇 시 몇 분인지 써 보세요.

(1)
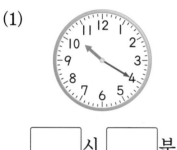

$\boxed{}$ 시 $\boxed{}$ 분

(2)
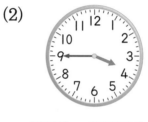

$\boxed{}$ 시 $\boxed{}$ 분

3 같은 시각을 나타낸 것끼리 선으로 이어 보세요.

·   ·   ·

·   ·   ·

$\boxed{4:35}$ $\boxed{7:10}$ $\boxed{4:15}$

1분 단위까지 몇 시 몇 분 읽기

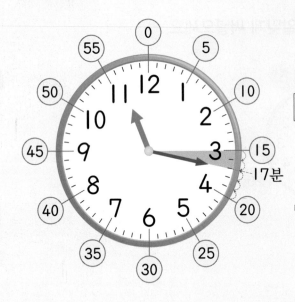

17분

┌ 짧은바늘: 11과 12 사이를 가리킵니다. → 11시
└ 긴바늘: 3(15분)에서 작은 눈금으로

2칸 더 간 부분을 가리킵니다. → 17분
└→ 4에서 작은 눈금으로
3칸 덜 간 부분과 같습니다.

⇨ 왼쪽 시계가 나타내는 시각: 11시 17분

1 시계를 보고 ☐ 안에 알맞은 수를 써넣으세요.

(1) 짧은바늘은 7과 8 사이를 가리키고,

긴바늘은 2에서 작은 눈금으로 ☐칸 더 간 부분을

가리킵니다.

(2) 시계가 나타내는 시각은 ☐시 ☐분입니다.

2 시계에 시각을 나타내 보세요.

2시 34분

1 시계를 보고 몇 분을 나타내는지 빈칸에 알맞게 써넣으세요.

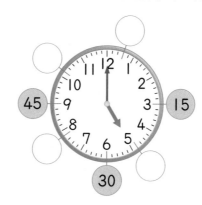

2 시계를 보고 몇 시 몇 분인지 써 보세요.

(1)

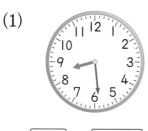

☐ 시 ☐ 분

(2)

☐ 시 ☐ 분

3 같은 시각을 나타낸 것끼리 선으로 이어 보세요.

9 : 16   6 : 52   9 : 26

여러 가지 방법으로 시각 읽기

● 시각을 '몇 시 몇 분 전'으로 읽기

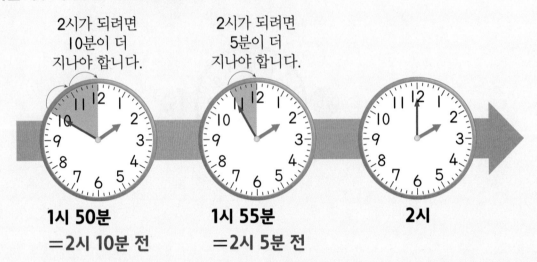

2시가 되려면
10분이 더
지나야 합니다.

2시가 되려면
5분이 더
지나야 합니다.

1시 50분
=2시 10분 전

1시 55분
=2시 5분 전

2시

1 여러 가지 방법으로 시계의 시각을 읽어 보세요.

(1) 시계가 나타내는 시각은 ☐시 ☐분입니다.

(2) 7시가 되려면 ☐분이 더 지나야 합니다.

(3) 이 시각은 ☐시 ☐분 전입니다.

2 시계에 시각을 나타내 보세요.

4시 5분 전

1 시각을 읽어 보세요.

(1)

┌ 4시 [ ] 분

└ 5시 [ ] 분 전

(2)

┌ 11시 [ ] 분

└ 12시 [ ] 분 전

2 [ ] 안에 알맞은 수를 써넣으세요.

(1) 10시 55분은 11시 [ ] 분 전입니다.

(2) 3시 10분 전은 [ ] 시 [ ] 분입니다.

3 같은 시각을 나타낸 것끼리 선으로 이어 보세요.

 •

• 3:50 •

• 2시 5분 전

 •

• 1:55 •

• 4시 10분 전

I시간

시계의 긴바늘이 한 바퀴 도는 데 걸린 시간은 60분입니다. → 60분=1시간

긴바늘이 I2에서 한 바퀴 도는 동안 짧은바늘은 5에서 6으로 움직입니다.

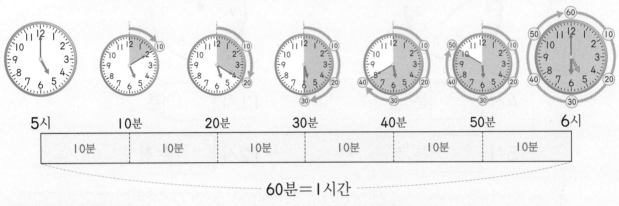

60분=1시간

참고 **시각과 시간**
- 시각: 어느 한 시점
- 시간: 어떤 시각에서 어떤 시각까지의 사이

1 서우는 9시부터 I0시까지 요리를 했습니다. 요리를 하는 데 걸린 시간을 알아보세요.

(1) 요리를 하는 데 걸린 시간을 시간 띠에 색칠해 보세요.

시작한 시각   끝난 시각

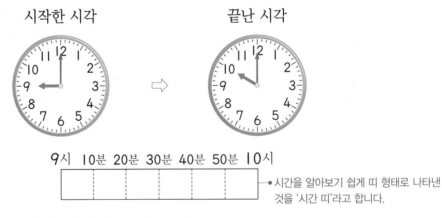

9시 I0분 20분 30분 40분 50분 I0시

• 시간을 알아보기 쉽게 띠 형태로 나타낸 것을 '시간 띠'라고 합니다.

(2) 요리를 하는 데 걸린 시간을 구해 보세요.

☐ 분=☐ 시간

4단원

1   안에 알맞은 수를 써넣으세요.

(1) 60분=   시간   (2) l 시간=   분

2   농구를 하는 데 걸린 시간을 시간 띠에 색칠하고 구해 보세요.

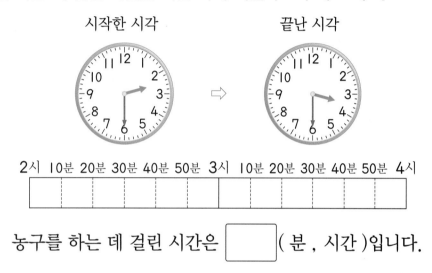

시작한 시각   끝난 시각

2시 10분 20분 30분 40분 50분 3시 10분 20분 30분 40분 50분 4시

농구를 하는 데 걸린 시간은   (분 , 시간)입니다.

3   영화를 보는 데 걸린 시간은 몇 시간인지 구하려고 합니다. 시계의 긴바늘을 몇 바퀴 돌려야 하는지 알아보세요.

시작한 시각   끝난 시각

시계의 긴바늘을   바퀴 돌려야 합니다.

개념 **5** 걸린 시간

● 걸린 시간을 '몇 시간 몇 분' 또는 '몇 분'으로 나타내기

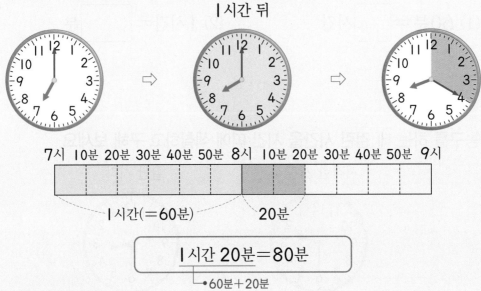

|시간 20분=80분
└─60분+20분

● **시간과 분 사이의 관계**

· |시간 30분=60분+30분
　　　　 ＝90분

· 100분=60분+40분
　　　　 ＝|시간 40분

---

1 민현이는 2시부터 3시 30분까지 문제집을 풀었습니다. 문제집을 푸는 데 걸린 시간을 알아보세요.

(1) 문제집을 푸는 데 걸린 시간을 시간 띠에 색칠해 보세요.

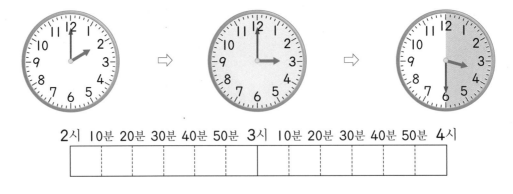

(2) 문제집을 푸는 데 걸린 시간을 구해 보세요.

　　　□ 시간 □ 분＝□ 분

1 ☐ 안에 알맞은 수를 써넣으세요.

(1) 110분=☐ 시간 ☐ 분   (2) 2시간 30분=☐ 분

2 기차를 타고 서울에서 대전까지 이동하는 데 걸린 시간을 구해 보세요.

서울   대전

2:50   4:00

(1) 서울에서 대전까지 이동하는 데 걸린 시간을 시간 띠에 색칠해 보세요.

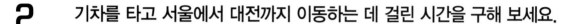

2시 10분 20분 30분 40분 50분 3시 10분 20분 30분 40분 50분 4시

(2) 서울에서 대전까지 이동하는 데 걸린 시간을 구해 보세요.

☐ 시간 ☐ 분=☐ 분

3 전통 과자 만들기 체험과 걸린 시간이 같은 체험에 ◯표 하세요.

전통 과자 만들기
9:00~10:10

종이 접기	부채 꾸미기
2:00~3:10	4:00~4:30

(   )   (   )

개념 PLUS

시각 읽기

짧은바늘(↑)은 '시'를 나타내고, 긴바늘(↑)은 '분'을 나타냅니다.

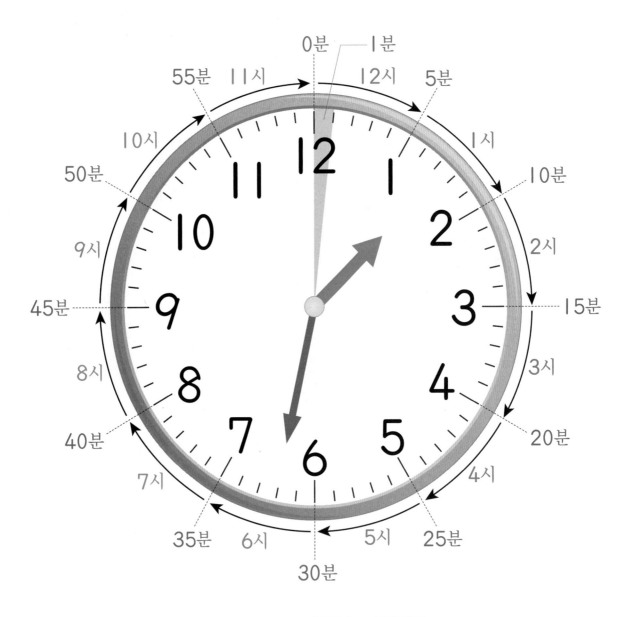

시계가 나타내는 시각은 □시 □분입니다.

1 시계를 보고 몇 시 몇 분인지 써 보세요.

□ 시 □ 분

2 □ 안에 알맞은 수를 써넣으세요.

5시 55분은 □ 시 □ 분 전
입니다.

3 □ 안에 알맞은 수를 써넣으세요.

(1) 2시간 = □ 분

(2) 180분 = □ 시간

(3) 2시간 40분 = □ 분

(4) 210분 = □ 시간 □ 분

4 시계에 시각을 나타내 보세요.

5시 10분 전

5 시계를 보고 준우가 몇 시 몇 분에 무엇을
하는지 이야기해 보세요.

준우는 □ 시 □ 분에

_____

_____

6 한비가 만들기를 60분 동안 했습니다.
만들기를 시작한 시각을 보고 끝난 시각을
나타내 보세요.

시작한 시각   끝난 시각

7 오른쪽 시계를 보고 바르게 말한 사람을 찾아 이름을 써 보세요.

- 한나: 9시 10분이야.
- 정호: 9시 50분이야.
- 윤서: 9시 10분 전이야.

(   )

8 지유가 시각을 잘못 읽었습니다. 잘못 읽은 이유를 쓰고, 바르게 읽은 시각을 써 보세요.

개념 확인 서술형

긴바늘이 5를 가리키고 있으므로 2시 5분이야.

지유

답 _____

_____

_____

9 두 사람이 본 시계가 나타내는 시각은 몇 시 몇 분인지 구해 보세요.

- 해준: 짧은바늘은 11과 12 사이를 가리키고 있어.
- 윤영: 긴바늘은 8에서 작은 눈금으로 3칸 더 간 부분을 가리키고 있어.

(   )

10 토끼가 읽은 시각이 맞으면 ➡, 틀리면 ⬇로 가서 먹게 되는 간식을 구해 보세요.

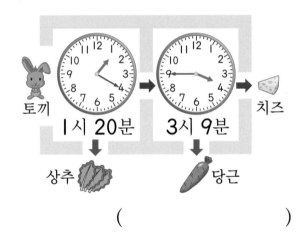

(   )

11 주아는 1시간 동안 청소를 하기로 했습니다. 시계를 보고 몇 분 더 해야 하는지 구해 보세요.

시작한 시각   현재 시각

(   )

12 재욱이는 민아와 1시에 만나기로 했는데 10분 전에 약속 장소에 도착했습니다. 재욱이가 약속 장소에 도착한 시각은 몇 시 몇 분일까요?

( )

13 어린이 뮤지컬이 시작한 시각과 끝난 시각입니다. 어린이 뮤지컬이 공연하는 데 걸린 시간은 몇 시간 몇 분일까요?

시작한 시각   끝난 시각

( )

14 걸린 시간이 같은 것끼리 선으로 이어 보세요.

| 아침 식사 | 동화책 읽기 |
| 8:30~10:00 | 11:00~11:40 |

| 그림 그리기 | 블록 놀이 |
| 9:20~10:00 | 2:00~3:30 |

15 시계가 멈춰서 현재 시각으로 맞추려고 합니다. 긴바늘을 몇 바퀴만 돌리면 될까요?

멈춘 시계   현재 시각

( )

(수학 익힘 유형)

16 윤아는 30분씩 4가지 공연을 관람했습니다. 공연이 끝난 시각은 몇 시일까요?

시작한 시각

( )

(수학 익힘 유형)

17 체험 시간표를 보고 유미가 우주 체험관에서 보낸 시간은 몇 시간 몇 분인지 구해 보세요.

체험 시간표

우주인 체험	8:00~9:20
쉬는 시간	10분
우주선 만들기	9:30~10:40

( )

개념 **6** 하루의 시간

- 전날 밤 **12**시부터 낮 **12**시까지 → 오전
- 낮 **12**시부터 밤 **12**시까지 → 오후
- 하루는 **24**시간입니다. → 1일 = 24시간

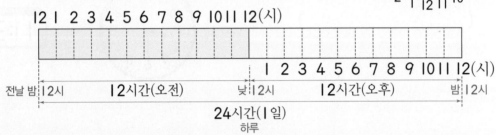

참고 하루(24시간) 동안 긴바늘과 짧은바늘이 도는 바퀴의 수
- 시계의 긴바늘이 한 바퀴 도는 데 1시간이 걸리므로 긴바늘은 하루에 시계를 24바퀴 돕니다.
- 시계의 짧은바늘이 한 바퀴 도는 데 12시간이 걸리므로 짧은바늘은 하루에 시계를 2바퀴 돕니다.

---

1 서진이가 하루에 한 일을 시간 띠로 나타낸 것입니다. 물음에 답하세요.

(1) 알맞은 말에 ◯표 하세요.

> 서진이가 독서를 시작한 시각은 (오전 , 오후) 9시이고,
> 공부를 시작한 시각은 (오전 , 오후) 4시입니다.

(2) 하루는 몇 시간인지 알아보세요.

> 하루는 ☐ 시간입니다.

1 ☐ 안에 알맞은 수를 써넣으세요.

(1) 1일 = ☐ 시간　　　　(2) 24시간 = ☐ 일

(3) 2일 = ☐ 시간　　　　(4) 30시간 = ☐ 일 ☐ 시간

2 ( ) 안에 오전과 오후를 알맞게 써넣으세요.

(1) 아침 6시 (　　)　　　(2) 저녁 7시 (　　)

(3) 낮 2시 　(　　)　　　(4) 새벽 3시 (　　)

3 시후가 학교에 있었던 시간을 구해 보세요.

학교에 들어간 시각　　　　　학교에서 나온 시각

오전 　　　　오후

(1) 시후가 학교에 있었던 시간을 시간 띠에 색칠해 보세요.

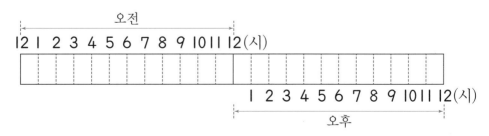

(2) 시후가 학교에 있었던 시간은 몇 시간일까요?

(　　　　　　)

개념 7 달력

● 달력

7월

일	월	화	수	목	금	토
				1	2	3
4	5	6	7	8	9	10
11	12	13	14	15	16	17
18	19	20	21	22	23	24
25	26	27	28	29	30	31

+7일
+7일
+7일
+7일
└→ 7월은 모두 31일입니다.

1주일＝7일

• 요일은 일, 월, 화, 수, 목, 금, 토요일이 있습니다.
• 같은 요일은 7일마다 반복됩니다.
• ▨, ▧으로 색칠된 기간은 각각 1주일입니다.

● 1년

1년＝12개월

월	1	2	3	4	5	6	7	8	9	10	11	12
날수 (일)	31	28 (29)	31	30	31	30	31	31	30	31	30	31

└→ 2월 29일은 4년에 한 번씩 돌아옵니다.

손을 이용하여 각 월의 날수를 쉽게 알 수 있는 방법

주먹을 쥐고 위로 올라온 곳은 31일, 내려간 곳은 30일 또는 28일까지 있습니다.

---

1 어느 해의 5월 달력을 보고 ☐ 안에 알맞은 수나 말을 써넣으세요.

5월

일	월	화	수	목	금	토
	1	2	3	4	5	6
7	8	9	10	11	12	13
14	15	16	17	18	19	20
21	22	23	24	25	26	27
28	29	30	31			

(1) 5월은 모두 ☐ 일입니다.

(2) 색칠된 기간의 요일을 차례대로 쓰면
일, 월, 화, 수, 목, ☐, ☐ 요일
입니다.

(3) 1주일은 ☐ 일입니다.

2 ☐ 안에 알맞은 수를 써넣으세요.

1년은 1월부터 12월까지 있습니다.
⇨ 1년은 모두 ☐ 개월입니다.

1 ☐ 안에 알맞은 수를 써넣으세요.

(1) 2주일 = ☐ 일

(2) 12개월 = ☐ 년

(3) 2년 = ☐ 개월

(4) 21일 = ☐ 주일

2 어느 해의 3월 달력입니다. 달력을 보고 ☐ 안에 알맞은 수나 말을 써넣으세요.

3월

일	월	화	수	목	금	토
				1	2	3
4	5	6	7	8	9	10
11	12	13	14	15	16	17
18	19	20	21	22	23	24
25	26	27	28	29	30	31

(1) 일요일이 ☐ 번 있습니다.

(2) 3월 1일 삼일절은 ☐ 요일입니다.

(3) 삼일절부터 1주일 후는 3월 ☐ 일입니다.

3 각 월은 며칠인지 표를 완성해 보세요.

월	1	2	3	4	5	6
날수(일)	31	28			31	

4 어느 해의 11월 달력을 완성해 보세요.

11월

일요일	월요일		수요일	목요일	금요일	토요일
			1	2	3	4
5	6	7	8	9	10	11
12	13	14		16	17	18
19	20	21		23	24	25
26	27	28	29			

1 바르게 나타낸 것에 ◯표 하세요.

| 1일 3시간=23시간 | (|) |

| 50시간=2일 2시간 | (|) |

2 날수가 같은 월끼리 짝 지은 것을 찾아 ◯표 하세요.

| 3월, 6월 | (|) |

| 5월, 10월 | (|) |

| 8월, 9월 | (|) |

3 민규가 말하는 시각을 구해 보세요.

오전 10시에 친구들을 만나서 3시간 동안 놀고 헤어졌어. 헤어진 시각은 언제일까?

민규

(오전, 오후) ☐ 시

4 어느 해의 2월 달력입니다. 진희는 매주 화요일과 목요일에 등산을 합니다. 2월에 등산하는 날은 모두 며칠일까요?

2월

일	월	화	수	목	금	토
	1	2	3	4	5	6
7	8	9	10	11	12	13
14	15	16	17	18	19	20
21	22	23	24	25	26	27
28						

( )

서술형

5 피아노를 유민이는 1년 2개월 동안 배웠고, 진규는 15개월 동안 배웠습니다. 피아노를 더 오래 배운 사람은 누구인지 풀이 과정을 쓰고 답을 구해 보세요.

❶ 1년 2개월은 몇 개월인지 구하기

풀이

❷ 피아노를 더 오래 배운 사람 구하기

풀이

답

(6~7) 준호네 가족의 여행 일정표를 보고 물음에 답하세요.

첫날

시간	할 일
7:00~9:30	계곡으로 이동
9:30~12:00	다슬기 잡기
12:00~1:00	점심 식사
⋮	⋮

다음날

시간	할 일
8:00~9:00	아침 식사
⋮	⋮
1:00~3:30	물놀이
3:30~6:00	집으로 이동

6 바르게 말한 사람의 이름을 써 보세요.

> • 연우: 첫날 오전에 아침 식사를 했어.
> • 지희: 다음날 오후에 물놀이를 했어.

( )

⟨ 수학 익힘 유형 ⟩

7 준호네 가족이 여행하는 데 걸린 시간은 모두 몇 시간일까요?

첫날 출발한 시각   다음날 도착한 시각

오전   오후

( )

(8~10) 어느 해의 10월 달력을 보고 물음에 답하세요.

10월

일	월	화	수	목	금	토
1	2	3	4	5	6	7
8	9	10	11	12	13	14
15	16	17	18	19	20	21
22	23	24	25	26	27	28
29	30	31				

8 대화를 읽고 수지가 발표를 하는 날을 찾아 달력에 ◯표 하세요.

너는 발표를 둘째 목요일에 하니?
승우

아니. 셋째 수요일에 하기로 했어.
수지

9 채원이의 생일은 10월 3일 개천절부터 2주일 후입니다. 채원이의 생일은 몇 월 며칠일까요?

( )

⟨ 수학 유형 ⟩

10 슬기는 매주 월요일에 수학 학원에 갑니다. 11월에 슬기가 처음으로 수학 학원에 가는 날은 11월 며칠일까요?

( )

1 인호는 1시간 20분 동안 영화를 봤습니다. 영화가 끝난 시각이 5시 30분이라면 **영화가 시작한 시각**은 몇 시 몇 분인지 구해 보세요.

(1) 알맞은 말에 ◯표 하세요.

> 영화가 시작한 시각은 영화가 끝난 시각보다
> 1시간 20분 (전 , 후)입니다.

(2) 영화가 시작한 시각은 몇 시 몇 분일까요?

(   )

한번더
2 민지는 1시간 30분 동안 봉사 활동을 하였습니다. 봉사 활동을 끝낸 시각이 3시 50분이라면 봉사 활동을 시작한 시각은 몇 시 몇 분인지 구해 보세요.

(   )

3 전시회를 하는 기간은 며칠인지 구해 보세요.

5월 14일
~6월 7일

어린이 발명품 전시회

비상 교육 본사 5월 14일
~6월 7일

(1) 5월에 전시회를 하는 기간은 며칠일까요? (   )

(2) 6월에 전시회를 하는 기간은 며칠일까요? (   )

(3) 전시회를 하는 기간은 며칠일까요?   (   )

한번더
4 연주회가 9월 17일부터 10월 9일까지 열린다고 합니다. 연주회를 하는 기간은 며칠인지 구해 보세요.

(   )

5 미희가 현우와 공부를 시작한 시각과 마친 시각을 나타낸 표입니다. **공부를 더 오래 한 사람**은 누구인지 구해 보세요.

	시작한 시각	마친 시각
미희	6시 10분	7시 40분
현우	6시 20분	8시

(1) 두 사람이 공부를 하는 데 걸린 시간은 각각 몇 시간 몇 분일까요?

미희 (   ), 현우 (   )

(2) 공부를 더 오래 한 사람은 누구일까요? (   )

한번더

6 민하와 지혜가 운동을 시작한 시각과 마친 시각을 나타낸 표입니다. 운동을 더 오래 한 사람은 누구인지 구해 보세요.

	시작한 시각	마친 시각
민하	3시	4시 20분
지혜	3시 10분	5시

(   )

놀이 수학

7 재우와 은주는 자신이 가진 카드 3장이 모두 같은 시각을 나타내면 이기는 놀이를 하고 있습니다. **이긴 사람**은 **누구**인지 구해 보세요.

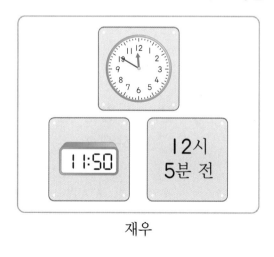

재우

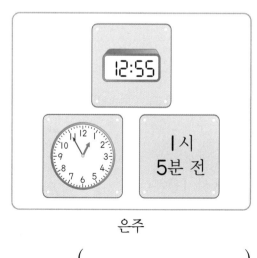

은주

(   )

1 시계의 긴바늘이 가리키는 숫자와 나타내는 분을 빈칸에 알맞게 써넣으세요.

숫자	1		6		10
분		15		45	

2 시계를 보고 몇 시 몇 분인지 써 보세요.

☐시 ☐분

● 교과서에 꼭 나오는 문제

3 (   ) 안에 오전 또는 오후를 알맞게 써넣으세요.

아침 7시

(   )

4 시계에 시각을 나타내 보세요.

8시 10분 전

5 7시 13분을 바르게 나타낸 것에 ◯표 하세요.

(   )   (   )

(6~7) ☐ 안에 알맞은 수를 써넣으세요.

6 21개월 = ☐년 ☐개월

7 2일 6시간 = ☐시간

8 시간이 더 긴 것에 ◯표 하세요.

100분   1시간 20분

(   )   (   )

9 날수가 같은 월끼리 짝 지어진 것에 ◯표 하세요.

4월, 10월   6월, 11월

(   )   (   )

(10~11) 어느 해의 12월 달력입니다. 달력을 보고 물음에 답하세요.

12월

일	월	화	수	목	금	토
					1	2
3	4	5	6	7	8	9
10	11	12	13	14	15	16
17	18	19	20	21	22	23
24	25	26	27	28	29	30
31						

10 도영이의 생일은 12월 14일입니다. 도영이의 생일은 무슨 요일일까요?

(   )

● 잘 틀리는 문제

11 수민이는 도영이보다 1주일 먼저 태어났습니다. 수민이의 생일은 몇 월 며칠일까요?

(   )

12 민채는 2시에 시작하는 만화 영화를 보려고 시작하기 5분 전에 영화관에 들어갔습니다. 민채가 영화관에 들어간 시각을 시계에 나타내 보세요.

13 시계의 짧은바늘을 한 바퀴 돌렸을 때 나타내는 시각을 구해 보세요.

오전

(오전 , 오후) ☐ 시 ☐ 분

● 교과서에 꼭 나오는 문제

14 청소를 시작한 시각이 3시 40분이고 마친 시각이 5시입니다. 청소를 하는 데 걸린 시간은 몇 분일까요?

(   )

15 가영이는 30분씩 6가지 전통 놀이를 체험했습니다. 전통 놀이 체험이 끝난 시각은 몇 시 몇 분일까요?

시작한 시각

(   )

16 고은이는 1시간 10분 동안 등산을 했습니다. 등산을 끝낸 시각이 2시 40분이라면 등산을 시작한 시각은 몇 시 몇 분일까요?

( )

17 선하와 준우가 숙제를 시작한 시각과 마친 시각입니다. 숙제를 더 오래 한 사람은 누구일까요?

	시작한 시각	마친 시각
선하	3시 30분	4시 40분
준우	5시	6시 20분

( )

● **잘 틀리는 문제**

18 도서 박람회가 3월 12일부터 4월 8일까지 열린다고 합니다. 도서 박람회가 열리는 기간은 며칠일까요?

( )

● **서술형 문제**

19 어느 해의 8월 달력입니다. 화요일은 모두 몇 번 있는지 풀이 과정을 쓰고 답을 구해 보세요.

8월

일	월	화	수	목	금	토
		1	2	3	4	5
6	7	8	9	10	11	12
13	14	15	16	17	18	19
20	21	22	23	24	25	26
27	28	29	30	31		

풀이

답

20 규리네 학교는 오전 9시에 1교시 수업을 시작하여 50분 동안 수업을 하고 10분 동안 쉽니다. 2교시 수업이 시작하는 시각은 몇 시인지 풀이 과정을 쓰고 답을 구해 보세요.

풀이

답

소녀가 할머니 댁에 갈 수 있는 길을 찾아요!

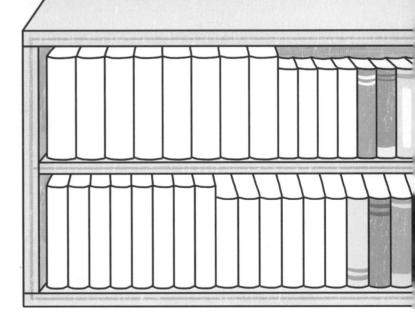

5

재미있게 색칠하며 도서관을 완성해 보세요

표와
그래프

이 단원에서는

- 자료를 분류하여 표와 그래프로 나타내 볼까요
- 표와 그래프의 내용을 알아볼까요

개념 1 자료를 분류하여 표로 나타내기

지영이네 모둠 학생들이 좋아하는 동물

| 지영 | 태준 | 민주 | 성훈 | 수아 | 예준 | 혜원 |

> 자료는 누가 어떤 동물을 좋아하는지 알 수 있습니다.

❶ 자료를 기준에 따라 분류하기

분류 기준 지영이네 모둠 학생들이 좋아하는 동물

| 토끼 | 지영, 성훈, 혜원 | | 고양이 | 태준, 수아 | | 강아지 | 민주, 예준 |

❷ 좋아하는 동물별 학생 수를 세어 표로 나타내기

지영이네 모둠 학생들이 좋아하는 동물별 학생 수

동물	토끼	고양이	강아지	합계
학생 수(명)	3	2	2	7

> 표로 나타내면 동물별 좋아하는 학생 수, 전체 학생 수를 한눈에 쉽게 알 수 있습니다.

●(전체 학생 수)=3+2+2=7(명)

참고 자료를 조사하여 표로 나타내기
❶ 무엇을 조사할지 정하기 ⇨ ❷ 조사할 방법 정하기
⇨ ❸ 정한 방법에 따라 자료를 조사하기 ⇨ ❹ 조사한 자료를 표로 나타내기

---

1 은재네 모둠 학생들이 좋아하는 과일을 조사한 자료를 보고 표로 나타내 보세요.

은재네 모둠 학생들이 좋아하는 과일

| 은재 | 서윤 | 준서 | 지원 | 민우 | 유진 | 진우 | 민지 |

(1) 기준에 따라 분류하여 학생들의 이름을 써 보세요.

분류 기준 은재네 모둠 학생들이 좋아하는 과일

🍊 귤	🍎 사과	🍇 포도
은재, 유진, 진우		

(2) 학생들이 좋아하는 과일별 학생 수를 표로 나타내 보세요.

은재네 모둠 학생들이 좋아하는 과일별 학생 수

과일	귤	사과	포도	합계
학생 수(명)				

5 단원

(1~2) 건우네 모둠 학생들이 좋아하는 꽃을 조사하였습니다. 물음에 답하세요.

건우네 모둠 학생들이 좋아하는 꽃

🌷	🌹	🌺	🌷	🌻	🌺
건우	지훈	아연	민서	인호	성재
🌺	🌹	🌷	🌻	🌷	🌹
민아	지아	유리	현중	서현	지환

1 건우가 좋아하는 꽃을 찾아 ○표 하세요.

(🌷 , 🌹 , 🌺 , 🌻)

2 조사한 자료를 보고 표로 나타내 보세요.

건우네 모둠 학생들이 좋아하는 꽃별 학생 수

꽃	🌷 튤립	🌹 장미	🌺 백합	🌻 해바라기	합계
학생 수(명)					

3 자료를 조사하여 표로 나타내고 있습니다. 순서대로 기호를 써 보세요.

㉠ 무엇을 조사할지 정합니다.

우리 반 친구들이 어떤 계절을 좋아하는지 조사해 보자.

㉡ 자료를 조사합니다.

봄 가을 겨울 여름

㉢ 조사한 자료를 표로 나타냅니다.

붙임 종이를 세어 표로 나타내 보자.

㉣ 조사할 방법을 정합니다.

친구들에게 붙임 종이에 좋아하는 계절을 써서 붙여 달라고 하자.

㉠ ⇨ ☐ ⇨ ☐ ⇨ ☐

개념 2 자료를 분류하여 그래프로 나타내기

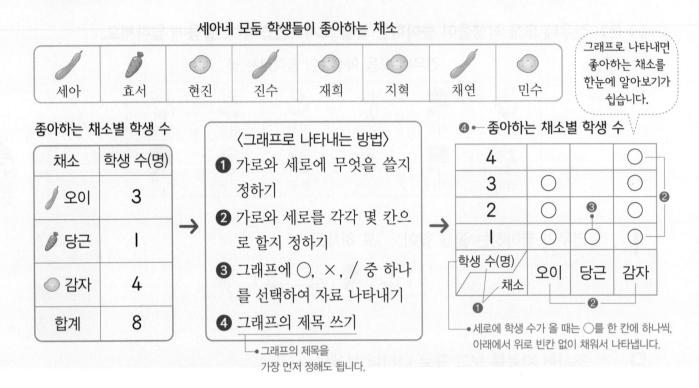

세아네 모둠 학생들이 좋아하는 채소

> 그래프로 나타내면 좋아하는 채소를 한눈에 알아보기가 쉽습니다.

1 재인이네 모둠 학생들이 좋아하는 색깔을 조사한 자료를 보고 물음에 답하세요.

재인이네 모둠 학생들이 좋아하는 색깔

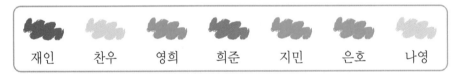

재인   찬우   영희   희준   지민   은호   나영

(1) 조사한 자료를 보고 표로 나타내 보세요.

재인이네 모둠 학생들이 좋아하는 색깔별 학생 수

색깔	빨강	노랑	초록	파랑	합계
학생 수(명)					

(2) 위 (1)의 표를 보고 ◯를 이용하여 그래프로 나타내 보세요.

재인이네 모둠 학생들이 좋아하는 색깔별 학생 수

3				
2				
1	◯			
학생 수(명) 색깔	빨강	노랑	초록	파랑

(1~4) 효민이네 모둠 학생들의 장래 희망을 조사하였습니다. 물음에 답하세요.

효민이네 모둠 학생들의 장래 희망

선생님	연예인	경찰	연예인	의사	연예인
효민	세원	효주	민혁	지윤	진현
연예인	의사	경찰	선생님	경찰	선생님
채원	재석	민아	광수	현지	우진

1 조사한 자료를 보고 ✕를 이용하여 그래프로 나타내 보세요.

효민이네 모둠 학생들의 장래 희망별 학생 수

4				
3				
2				
1				
학생 수(명) / 장래 희망	선생님	연예인	경찰	의사

2 위 1의 그래프의 세로에 나타낸 것은 무엇일까요?　(　　　　　　　　　)

3 조사한 자료를 보고 /을 이용하여 그래프로 나타내 보세요.

효민이네 모둠 학생들의 장래 희망별 학생 수

의사				
경찰				
연예인				
선생님				
장래 희망 / 학생 수(명)	1	2	3	4

> 가로에 학생 수가 올 때는 /을 한 칸에 하나씩, 왼쪽에서 오른쪽으로 빈칸 없이 채워서 나타내요.

4 위 3의 그래프의 세로에 나타낸 것은 무엇일까요?　(　　　　　　　　　)

개념 3 표와 그래프를 보고 알 수 있는 내용

표를 보고 알 수 있는 내용

은지가 한 달 동안 읽은 종류별 책 수

책	시집	만화책	동화책	합계
책 수(권)	1	2	3	6

읽은 시집은 1권입니다.

읽은 책은 모두 6권입니다.

⇨ 표로 나타내면 조사한 자료별 수, 조사한 자료의 전체 수를 알아보기 편리합니다.

그래프를 보고 알 수 있는 내용

은지가 한 달 동안 읽은 종류별 책 수

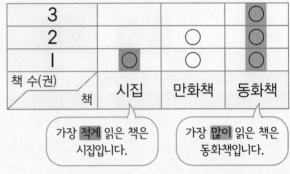

가장 적게 읽은 책은 시집입니다.

가장 많이 읽은 책은 동화책입니다.

⇨ 그래프로 나타내면 가장 많은 것, 가장 적은 것을 한눈에 알아보기 편리합니다.

---

1 윤아네 모둠 학생들이 좋아하는 떡을 조사하여 표와 그래프로 나타냈습니다.
표와 그래프를 보고 □ 안에 알맞은 수나 말을 써넣으세요.

윤아네 모둠 학생들이 좋아하는 떡별 학생 수

떡	꿀떡	백설기	찹쌀떡	인절미	합계
학생 수(명)	3	1	2	2	8

⇨ 윤아네 모둠 학생은 모두 □ 명입니다.

윤아네 모둠 학생들이 좋아하는 떡별 학생 수

학생 수(명) / 떡	꿀떡	백설기	찹쌀떡	인절미
3	×			
2	×		×	×
1	×	×	×	×

⇨ 가장 많은 학생들이 좋아하는 떡은 □ 입니다.

가장 적은 학생들이 좋아하는 떡은 □ 입니다.

STEP 1 기본유형 익히기

（1~4） 동규네 모둠 학생들이 배우고 싶은 악기를 조사하였습니다. 물음에 답하세요.

동규네 모둠 학생들이 배우고 싶은 악기

동규	태윤	준휘	대현	성은	승찬
연지	민석	영준	소희	세인	재희

1 조사한 자료를 보고 표로 나타내 보세요.

동규네 모둠 학생들이 배우고 싶은 악기별 학생 수

악기	드럼	바이올린	오카리나	피아노	합계
학생 수(명)					

2 위 **1**의 표를 보고 / 을 이용하여 그래프로 나타내 보세요.

동규네 모둠 학생들이 배우고 싶은 악기별 학생 수

학생 수(명) \ 악기	드럼	바이올린	오카리나	피아노
4				
3				
2				
1				

3 피아노를 배우고 싶은 학생은 몇 명일까요?

( )

4 가장 많은 학생들이 배우고 싶은 악기는 무엇일까요?

( )

(1~2) 진주네 모둠 학생들이 좋아하는 음식을 조사하였습니다. 물음에 답하세요.

진주네 모둠 학생들이 좋아하는 음식

진주	경미	선미	진욱
우영	은지	기영	지나

1 🍙을 좋아하는 학생을 모두 찾아 이름을 써 보세요.

(   )

2 조사한 자료를 보고 표로 나타내 보세요.

진주네 모둠 학생들이 좋아하는 음식별 학생 수

음식	튀김	떡볶이	김밥	합계
학생 수(명)				

3 자료를 분류하여 그래프로 나타내려고 합니다. 순서대로 기호를 써 보세요.

> ㉠ 조사한 자료를 살펴봅니다.
> ㉡ 가로와 세로를 각각 몇 칸으로 할지 정합니다.
> ㉢ 그래프에 ○, ×, / 중 하나를 선택하여 자료를 나타냅니다.
> ㉣ 가로와 세로에 무엇을 쓸지 정합니다.
> ㉤ 그래프의 제목을 씁니다.

㉠ ⇨ ☐ ⇨ ☐ ⇨ ☐ ⇨ ㉤

(4~5) 은주네 반 학생들의 취미를 조사하여 표로 나타냈습니다. 물음에 답하세요.

은주네 반 학생들의 취미별 학생 수

취미	독서	게임	운동	합계
학생 수(명)	3	4	6	13

개념 확인 서술형

4 표를 보고 ○를 이용하여 그래프로 나타냈습니다. 잘못된 부분을 찾아 이유를 써 보세요.

은주네 반 학생들의 취미별 학생 수

운동	○	○	○	○	○	○
게임	○	○		○	○	
독서	○		○	○		
취미＼학생 수(명)	1	2	3	4	5	6

이유

5 표를 보고 ○를 이용하여 그래프로 나타내 보세요.

은주네 반 학생들의 취미별 학생 수

독서			
취미＼학생 수(명)	1	2	3

(6~7) 어느 해의 2월 날씨를 조사하였습니다. 물음에 답하세요.

2월 날씨

일	월	화	수	목	금	토
1 ☀	2 ☁	3 ☂	4 ☂	5 ☁	6 ☀	7 ☀
8 ☀	9 ❄	10 ☁	11 ☀	12 ☁	13 ☀	14 ☁
15 ☀	16 ☂	17 ❄	18 ☁	19 ☁	20 ☀	21 ☀
22 ☂	23 ❄	24 ❄	25 ☀	26 ☂	27 ☂	28 ☀

☀: 맑음 ☁: 흐림 ☂: 비 ❄: 눈

6 조사한 자료를 보고 표로 나타내 보세요.

2월 날씨별 날수

날씨				합계
날수(일)				

《 수학 유형 》

7 위 **6**의 표를 보고 ×를 이용하여 그래프로 나타내 보세요.

날수(일) / 날씨				

(8~10) 표와 그래프를 보고 물음에 답하세요.

서희네 모둠 학생들이 좋아하는 놀이 기구별 학생 수

놀이 기구	그네	시소	미끄럼틀	합계
학생 수(명)	4	5	2	11

서희네 모둠 학생들이 좋아하는 놀이 기구별 학생 수

미끄럼틀	/	/			
시소	/	/	/	/	/
그네	/	/		/	/
놀이 기구 / 학생 수(명)	1	2	3	4	5

8 4명보다 많은 학생들이 좋아하는 놀이 기구는 무엇일까요?

(   )

9 그네를 좋아하는 학생 수는 미끄럼틀을 좋아하는 학생 수보다 몇 명 더 많을까요?

(   )

《 수학 익힘 유형 》

10 표와 그래프 보고 일기를 완성해 보세요.

10월 18일   수요일   ☀ ☁ ☂ ❄
제목: 좋아하는 놀이 기구를 조사한 날
수학 시간에 우리 모둠 학생들이 좋아하는 놀이 기구를 조사했다. 우리 모둠 학생은 모두 (   )명이고, 가장 많은 학생들이 좋아하는 놀이 기구는 (   )(이)라는 것을 알았다.

1 정우네 모둠 학생들이 좋아하는 과일을 조사하여 나타낸 자료와 표입니다. **다희가 좋아하는 과일**은 무엇인지 구해 보세요.

좋아하는 과일

정우	사과	성민	딸기	진희	포도
다희		나연	사과	우영	딸기

좋아하는 과일별 학생 수

과일	사과	딸기	포도	합계
학생 수(명)	2	3	1	6

(1) 자료와 표의 학생 수가 다른 과일은 무엇일까요?

(   )

(2) 다희가 좋아하는 과일은 무엇일까요? (   )

한번더

2 민호네 모둠 학생들이 사는 마을을 조사하여 나타낸 자료와 표입니다. 진주가 사는 마을은 어디인지 구해 보세요.

사는 마을

민호	희망	선기	별빛	진주	
종찬	사랑	가은	희망	세호	사랑

사는 마을별 학생 수

마을	희망	별빛	사랑	합계
학생 수(명)	2	1	3	6

(   )

3 은혁이네 모둠 학생 6명이 좋아하는 악기를 조사하여 그래프로 나타내려고 합니다. **그래프를 완성**해 보세요.

좋아하는 악기별 학생 수

학생 수(명) \ 악기	피아노	플루트	하프
3	○		
2	○		
1	○	○	

(1) 피아노와 플루트를 좋아하는 학생은 각각 몇 명일까요?

피아노 (   ), 플루트 (   )

(2) 그래프를 완성해 보세요.

한번더

4 정아네 모둠 학생 7명이 좋아하는 간식을 조사하여 그래프로 나타내려고 합니다. 그래프를 완성해 보세요.

좋아하는 간식별 학생 수

간식 \ 학생 수(명)	1	2	3
케이크	○	○	
젤리			
아이스크림	○	○	

5 수정이네 반 학생들이 태어난 계절을 조사하여 표로 나타냈습니다. 여름에 태어난 학생이 봄에 태어난 학생보다 **3**명 더 많다고 합니다. **가을에 태어난 학생은 몇 명**인지 구해 보세요.

태어난 계절별 학생 수

계절	봄	여름	가을	겨울	합계
학생 수(명)	4			6	22

(1) 여름에 태어난 학생은 몇 명일까요?　　　(　　　　　　　　)

(2) 가을에 태어난 학생은 몇 명일까요?　　　(　　　　　　　　)

한번더
6 원우네 모둠 학생들이 모은 우표 수를 조사하여 표로 나타냈습니다. 민재가 모은 우표는 원우보다 **1**장 더 적다고 합니다. 수지가 모은 우표는 몇 장인지 구해 보세요.

모은 우표 수

이름	원우	수지	민재	해은	합계
우표 수(장)	4			9	24

(　　　　　　　　)

놀이 수학　　　　　　　　　　　　　　　　　　(수학 익힘 유형)

7 처음에 △, ■, ▰ 조각별로 **5**개씩 있었는데 그중 조각 몇 개를 사용하여 다음과 같이 모양을 만들었습니다. 모양을 만드는 데 **사용한 조각 수를 표로 나타내고, 남은 조각 수**를 구해 보세요.

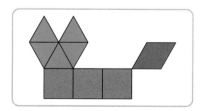

사용한 조각 수

조각	△	■	▰	합계
조각 수(개)				

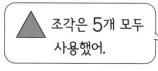 △ 조각은 **5**개 모두 사용했어.

준호　　은희

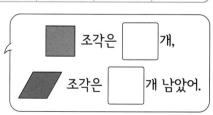 ■ 조각은 ☐개,
▰ 조각은 ☐개 남았어.

5. 표와 그래프 **127**

(1~5) 정아네 모둠 학생들이 좋아하는 곤충을 조사하였습니다. 물음에 답하세요.

정아네 모둠 학생들이 좋아하는 곤충

정아	도일	윤희	준우
서현	재석	승미	재상
인아	형주	채린	정우

1 정아가 좋아하는 곤충을 찾아 ○표 하세요.

(, , ,)

2 를 좋아하는 학생의 이름을 써 보세요.

( )

3 자료를 보고 표로 나타내 보세요.

정아네 모둠 학생들이 좋아하는 곤충별 학생 수

곤충	나비	잠자리	무당벌레	사슴벌레	합계
학생 수(명)					

4 잠자리를 좋아하는 학생은 몇 명일까요?

( )

5 정아네 모둠 학생은 모두 몇 명일까요?

( )

(6~9) 준서가 일주일 동안 먹은 과일을 조사하였습니다. 물음에 답하세요.

준서가 일주일 동안 먹은 과일

6 조사한 자료를 보고 표로 나타내 보세요.

준서가 일주일 동안 먹은 과일별 수

과일	배	복숭아	감	사과	합계
과일 수(개)					

7 조사한 자료를 보고 ○를 이용하여 그래프로 나타내 보세요.

준서가 일주일 동안 먹은 과일별 수

4				
3				
2				
1				
과일 수(개) \ 과일	배	복숭아	감	사과

● 교과서에 꼭 나오는 문제

8 위 **7**의 그래프의 가로에 나타낸 것은 무엇일까요?

( )

9 준서가 일주일 동안 가장 많이 먹은 과일은 무엇일까요?

( )

（10~12） 현지네 학교 2학년 학생 중에서 퀴즈 대회 예선을 통과한 학생 수를 조사하여 표로 나타냈습니다. 물음에 답하세요.

퀴즈 대회 예선을 통과한 반별 학생 수

반	1반	2반	3반	4반	합계
학생 수(명)	4	1	2	3	10

● 교과서에 꼭 나오는 문제

10 표를 보고 /을 이용하여 그래프로 나타내 보세요.

퀴즈 대회 예선을 통과한 반별 학생 수

4				
3				
2				
1				
학생 수(명) \ 반	1반	2반	3반	4반

11 퀴즈 대회 예선을 통과한 학생 수가 두 번째로 많은 반은 몇 반일까요?

(   )

12 위 10번의 그래프를 보고 알 수 있는 내용의 기호를 써 보세요.

> ㉠ 2학년 학생의 여학생 수와 남학생 수를 알 수 있습니다.
> ㉡ 예선을 통과한 2학년 학생 수가 가장 많은 반을 알 수 있습니다.

(   )

（13~15） 정우네 반 학생들이 좋아하는 민속놀이를 조사하여 표로 나타냈습니다. 물음에 답하세요.

정우네 반 학생들이 좋아하는
민속놀이별 학생 수

민속놀이	연날리기	딱지치기	팽이치기	비사치기	합계
학생 수(명)	5	6	3	1	15

● 잘 틀리는 문제

13 표를 보고 ✕를 이용하여 그래프로 나타내 보세요.

정우네 반 학생들이 좋아하는
민속놀이별 학생 수

연날리기					
민속놀이 \ 학생 수(명)	1	2	3		

14 4명보다 적은 학생들이 좋아하는 민속놀이를 모두 찾아 써 보세요.

(   )

15 연날리기와 팽이치기를 좋아하는 학생은 모두 몇 명일까요?

(   )

5
단원

(16~17) 경주네 모둠 학생 13명이 먹고 싶은 도시락을 조사하여 그래프로 나타냈습니다. 물음에 답하세요.

경주네 모둠 학생들이 먹고 싶은 도시락별 학생 수

5	○			
4	○			
3	○			○
2	○		○	○
1	○		○	○
학생 수(명)／도시락	김밥	주먹밥	초밥	샌드위치

16 그래프를 완성해 보세요.

17 먹고 싶은 도시락별 학생 수가 같은 도시락은 무엇과 무엇인지 써 보세요.

(,   )

● 잘 틀리는 문제

18 지나네 농장에서 기르는 동물을 조사하여 표로 나타냈습니다. 돼지를 오리보다 3마리 더 많이 기른다고 합니다. 지나네 농장에서 기르는 소는 몇 마리일까요?

지나네 농장에서 기르는 동물 수

동물	소	돼지	오리	닭	합계
동물 수 (마리)			2	4	17

(   )

● 서술형 문제

19 주아네 모둠 학생들이 가고 싶은 나라를 조사하여 그래프로 나타냈습니다. 그래프를 보고 알 수 있는 내용을 써 보세요.

주아네 모둠 학생들이 가고 싶은 나라별 학생 수

미국	○	○		
호주	○	○	○	
스페인	○	○	○	○
나라／학생 수(명)	1	2	3	4

답 _____

_____

20 태우네 모둠 학생들이 일주일 동안 읽은 책 수를 조사하여 표로 나타냈습니다. 기하는 소영이보다 책을 몇 권 더 많이 읽었는지 풀이 과정을 쓰고 답을 구해 보세요.

태우네 모둠 학생들이 일주일 동안 읽은 책 수

이름	태우	소영	기하	유미
책 수(권)	1	4	6	3

풀이 _____

_____

_____

답 _____

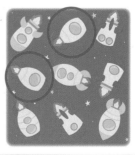

2-2

6

11월

일	월	화	수	목	금	토
			1	2	3	4
5	6	7	8	9	10	11
12	13	14	15	16	17	18
19	20	21	22	23	24	25
26	27	28	29	30		

재미있게 색칠하며 교실을 완성해 보세요

규칙 찾기

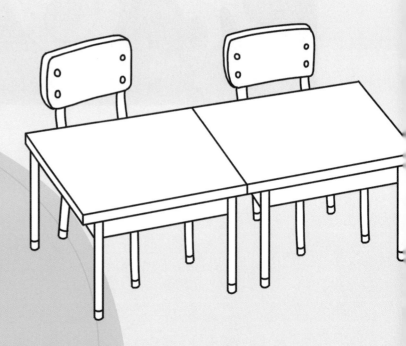

이 단원에서는

- 무늬에서 규칙을 찾아볼까요
- 쌓은 모양에서 규칙을 찾아볼까요
- 덧셈표와 곱셈표에서 규칙을 찾아볼까요
- 생활에서 규칙을 찾아볼까요

개념 1 무늬에서 색깔과 모양의 규칙 찾기

◉ 무늬에서 색깔의 규칙 찾기

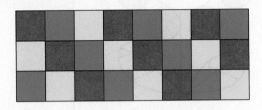

• 빨간색, 파란색, 노란색이 반복됩니다.
• ↘ 방향으로 같은 색이 반복됩니다.

◉ 무늬에서 모양과 색깔의 규칙 찾기

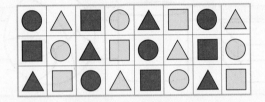

• ○, △, □이 반복됩니다.
• → 방향으로 빨간색과 노란색이 반복됩니다.

1 무늬에서 색깔의 규칙을 찾아 써 보세요.

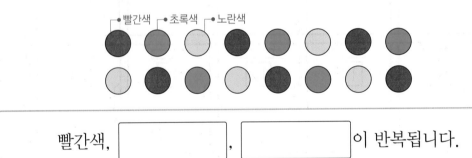

빨간색, ☐, ☐이 반복됩니다.

2 무늬에서 모양과 색깔의 규칙을 찾아 써 보세요.

• △, ☐이 반복됩니다.

• → 방향으로 보라색, 초록색, ☐이 반복됩니다.

1 그림을 보고 물음에 답하세요.

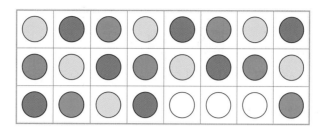

(1) 반복되는 무늬를 찾아 색칠해 보세요.

(2) 위의 그림에서 ◯ 안을 알맞게 색칠해 보세요.

2 규칙을 찾아 빈칸에 알맞은 모양을 그리고 색칠해 보세요.

3 그림을 보고 물음에 답하세요.

(1) 규칙을 찾아 빈칸에 알맞은 모양을 그리고 색칠해 보세요.

(2) 위의 그림에서 ♣은 1, ♠은 2, ♥은 3으로 바꾸어 나타내 보세요.

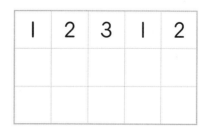

● **무늬에서 색칠된 부분의 규칙 찾기**

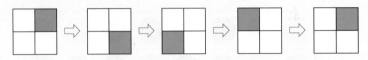

초록색으로 색칠된 부분이 시계 방향으로 돌아갑니다.

● **수가 늘어나는 규칙 찾기**

| 빨간색 | 파란색 | 빨간색 | 파란색 | 빨간색 | 파란색 |
| 1 | 1 | 2 | 2 | 3 | 3 |

빨간색과 파란색이 각각 1개씩 늘어나며 반복됩니다.

---

1 색칠된 부분의 규칙을 찾아 알맞은 말에 ◯표 하세요.

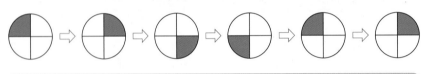

파란색으로 색칠된 부분이
(시계 방향 , 시계 반대 방향)으로 돌아갑니다.

---

2 구슬의 수가 늘어나는 규칙을 찾아 써 보세요.

노란색과 초록색이 각각 [ ]개씩 늘어나며 반복됩니다.

1 규칙을 찾아 빈칸에 알맞은 모양을 그리고 색칠해 보세요.

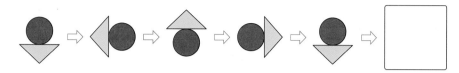

2 규칙을 찾아 ●을 알맞게 그려 보세요.

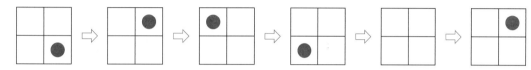

3 규칙을 찾아 그림을 완성해 보세요.

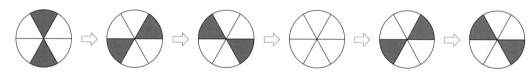

4 팔찌의 규칙을 찾아 알맞게 색칠해 보세요.

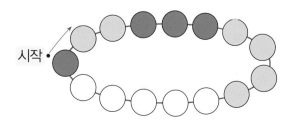

개념 3 쌓은 모양에서 규칙 찾기

● 빨간색 쌓기나무를 기준으로 규칙 찾기

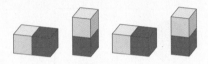

빨간색 쌓기나무가 있고 쌓기나무 1개가 왼쪽, 위로 번갈아 가며 나타납니다.

● 쌓기나무를 쌓은 모양에서 규칙 찾기

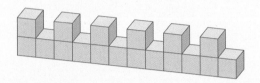

쌓기나무의 수가 왼쪽에서 오른쪽으로 2개, 1개씩 반복됩니다.

● 쌓기나무의 수가 늘어나는 규칙 찾기

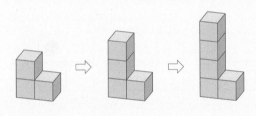

왼쪽에 있는 쌓기나무 위에 쌓기나무가 1개씩 늘어납니다.

---

1 빨간색 쌓기나무를 기준으로 규칙을 찾아 알맞은 말에 ◯표 하세요.

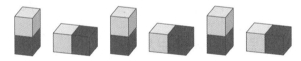

빨간색 쌓기나무가 있고 쌓기나무 1개가
위, (왼쪽 , 오른쪽)으로 번갈아 가며 나타납니다.

---

2 쌓기나무를 쌓은 규칙을 찾아 써 보세요.

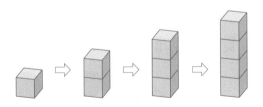

쌓기나무가 위로 ☐ 개씩 늘어납니다.

STEP 1 기본유형 익히기

(1~2) 규칙에 따라 쌓기나무를 쌓았습니다. 쌓기나무를 쌓은 규칙을 찾아 써 보세요.

1

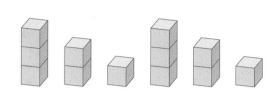

쌓기나무가 3층, ☐ 층, ☐ 층으로 반복됩니다.

2

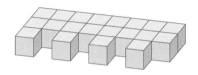

쌓기나무의 수가 왼쪽에서 오른쪽으로 ☐ 개, ☐ 개씩 반복됩니다.

3

규칙에 따라 쌓기나무를 쌓았습니다. 쌓기나무를 쌓은 규칙을 찾아 써 보세요.

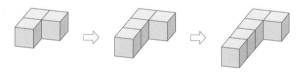

왼쪽에 있는 쌓기나무 앞에 쌓기나무가 ☐ 개씩 늘어납니다.

4

규칙에 따라 쌓기나무를 쌓았습니다. 규칙을 바르게 말한 사람에 ○표 하세요.

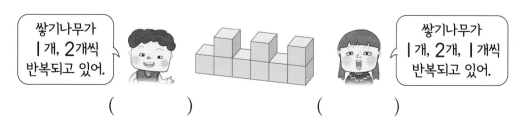

쌓기나무가
1개, 2개씩
반복되고 있어.

쌓기나무가
1개, 2개, 1개씩
반복되고 있어.

(   )   (   )

1 규칙을 찾아 빈칸에 알맞은 모양을 그리고 색칠해 보세요.

2 규칙에 따라 쌓기나무를 쌓았습니다. 다음에 쌓을 모양에 ◯표 하세요.

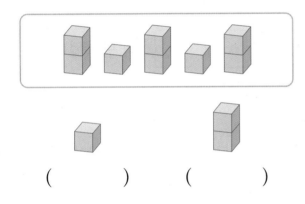

(   )   (   )

3 규칙을 찾아 빈칸에 알맞은 모양을 그리고 색칠해 보세요.

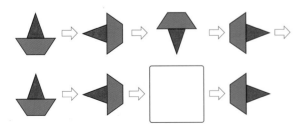

4 규칙을 찾아 그림을 완성해 보세요.

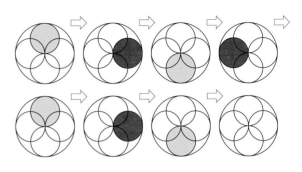

5 그림을 보고 물음에 답하세요.

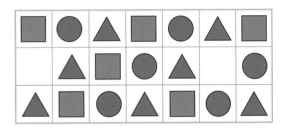

(1) 반복되는 무늬를 찾아 색칠해 보세요.

(2) 위의 그림에서 빈칸을 완성해 보세요.

6 규칙에 따라 쌓기나무를 쌓았습니다. 쌓기나무를 쌓은 규칙을 찾아 써 보세요.

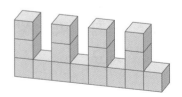

_____

_____

7 목걸이의 규칙을 찾아 알맞게 색칠해 보세요.

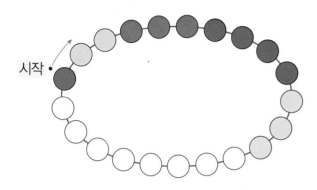

9 과자를 그림과 같이 진열해 놓았습니다. 물음에 답하세요.

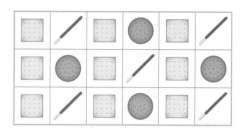

(1) 위 그림에서 ⬜은 1, ╱은 2, ⬤은 3으로 바꾸어 나타내 보세요.

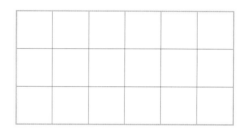

(2) 위 (1)에서 찾은 규칙을 써 보세요.

_____

_____

서술형

8 규칙에 따라 쌓기나무를 쌓았습니다. 다음에 이어질 모양에 쌓을 쌓기나무는 모두 몇 개인지 풀이 과정을 쓰고 답을 구해 보세요.

❶ 쌓기나무를 쌓은 규칙 찾기

풀이 _____

_____

❷ 다음에 이어질 모양에 쌓을 쌓기나무의 수 구하기

풀이 _____

_____

_____

답 _____

〈 수학 익힘 유형 〉

10 규칙에 따라 쌓기나무를 쌓았습니다. 빈 칸에 들어갈 모양을 만드는 데 필요한 쌓기나무는 모두 몇 개일까요?

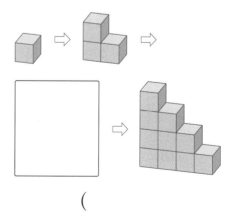

(_____)

6. 규칙 찾기 **141**

개념 4 덧셈표에서 규칙 찾기

+	0	1	2	3	4	5	6	7	8	9
0	0	1	2	3	4	5	6	7	8	9
1	1	2	3	4	5	6	7	8	9	10
2	2	3	4	5	6	7	8	9	10	11
3	3	4	5	6	7	8	9	10	11	12
4	4	5	6	7	8	9	10	11	12	13
5	5	6	7	8	9	10	11	12	13	14
6	6	7	8	9	10	11	12	13	14	15
7	7	8	9	10	11	12	13	14	15	16
8	8	9	10	11	12	13	14	15	16	17
9	9	10	11	12	13	14	15	16	17	18

규칙

- 　　　으로 색칠한 수:
  오른쪽으로 갈수록 1씩 커집니다.
- 　　　으로 색칠한 수:
  아래로 내려갈수록 1씩 커집니다.
- 　　　으로 색칠한 수:
  ↘ 방향으로 갈수록 2씩 커집니다.
- ↗ 방향의 수들은 모두 같은 수입니다.
- → 방향(가로줄)에 있는 수들은 반드시
  ↓ 방향(세로줄)에도 똑같이 있습니다.

1 덧셈표에서 규칙을 찾아보려고 합니다. 물음에 답하세요.

+	1	3	5	7	9
1	2	4	6	8	10
3	4	6	8	10	12
5	6	8	10		
7	8	10	12		
9	10	12	14	16	

두 수의 합을 이용하여 빈칸에 알맞은 수를 써넣고 규칙으로 찾은 수와 같은지 알아봐!

(1) 위 덧셈표의 빈칸에 알맞은 수를 써넣으세요.

(2) 　　　으로 색칠한 수의 규칙을 찾아 알맞은 수에 ○표 하세요.

> 오른쪽으로 갈수록 (2 , 5)씩 커집니다.

(3) 　　　으로 색칠한 수의 규칙을 찾아 알맞은 수에 ○표 하세요.

> ↘ 방향으로 갈수록 (2 , 4)씩 커집니다.

(1~4) 덧셈표를 보고 물음에 답하세요.

+	1	2	3	4	5	6	7	8
1	2	3	4	5	6	7	8	9
2	3	4	5	6	7	8	9	10
3	4	5	6	7	8	9	10	11
4	5	6	7	8	9	10	11	
5	6	7	8	9	10	11		
6	7	8	9	10	11			
7	8	9	10	11	12	13		
8	9	10	11	12	13	14	15	16

1 위 덧셈표의 빈칸에 알맞은 수를 써넣으세요.

2 으로 색칠한 수의 규칙을 찾아 써 보세요.

오른쪽으로 갈수록 ☐ 씩 커집니다.

3 으로 색칠한 수의 규칙을 찾아 써 보세요.

아래로 내려갈수록 ☐ 씩 커집니다.

4 으로 색칠한 수의 규칙을 찾아 써 보세요.

↘ 방향으로 갈수록 ☐ 씩 커집니다.

개념 5 곱셈표에서 규칙 찾기

×	1	2	3	4	5	6	7	8	9
1	1	2	3	4	5	6	7	8	9
2	2	4	6	8	10	12	14	16	18
3	3	6	9	12	15	18	21	24	27
4	4	8	12	16	20	24	28	32	36
5	5	10	15	20	25	30	35	40	45
6	6	12	18	24	30	36	42	48	54
7	7	14	21	28	35	42	49	56	63
8	8	16	24	32	40	48	56	64	72
9	9	18	27	36	45	54	63	72	81

규칙

- ▨으로 색칠한 수:
  오른쪽으로 갈수록 **3**씩 커집니다.
- ▨으로 색칠한 수:
  아래로 내려갈수록 **7**씩 커집니다.
- 2단, 4단, 6단, 8단 곱셈구구:
  모두 짝수입니다.
- 1단, 3단, 5단, 7단, 9단 곱셈구구:
  홀수, 짝수가 반복됩니다.

참고 가로줄에 있는 ■단 곱셈구구와 세로줄에 있는 ■단 곱셈구구는 같은 수만큼씩 커집니다.

1 곱셈표에서 규칙을 찾아보려고 합니다. 물음에 답하세요.

×	1	3	5	7	9
1	1	3	5	7	9
3	3	9	15	21	27
5	5	15	25		
7	7	21		49	
9	9	27			81

두 수의 곱을 이용하여 빈칸에 알맞은 수를 써넣고 규칙으로 찾은 수와 같은지 알아봐!

(1) 위 곱셈표의 빈칸에 알맞은 수를 써넣으세요.

(2) ▨으로 색칠한 수의 규칙을 찾아 알맞은 수에 ◯표 하세요.

> 오른쪽으로 갈수록 (6 , 10)씩 커집니다.

(3) 곱셈표에서 규칙을 찾아 알맞은 말에 ◯표 하세요.

> 곱셈표에 있는 수들은 모두 (짝수 , 홀수)입니다.

(1~4) 곱셈표를 보고 물음에 답하세요.

×	1	2	3	4	5	6	7	8
1	1	2	3	4	5	6	7	8
2	2	4	6	8	10	12	14	16
3	3	6	9	12	15	18	21	24
4	4	8	12	16	20	24	28	32
5	5	10	15	20	25	30	35	
6	6	12	18	24	30			
7	7	14	21	28	35			56
8	8	16	24	32			56	64

1 위 곱셈표의 빈칸에 알맞은 수를 써넣으세요.

2 　　　　으로 색칠한 수의 규칙을 찾아 써 보세요.

> 아래로 내려갈수록 ☐ 씩 커집니다.

3 　　　　으로 색칠한 수의 규칙을 찾아 써 보세요.

> 오른쪽으로 갈수록 ☐ 씩 커집니다.

4 곱셈표의 5단 곱셈구구에 있는 규칙을 찾아 써 보세요.

> 5단 곱셈구구에 있는 수는 아래로 내려갈수록 ☐ 씩 커집니다.

개념 6 생활에서 규칙 찾기

● **바닥 무늬에서 규칙 찾기**

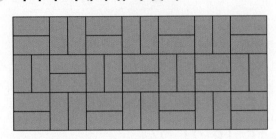

사각형(▭)이 2개씩
가로, 세로로 반복됩니다.

● **달력에서 규칙 찾기**

4월

일	월	화	수	목	금	토
1	2	3	4	5	6	7
8	9	10	11	12	13	14
15	16	17	18	19	20	21
22	23	24	25	26	27	28
29	30					

- 같은 줄에서 오른쪽으로 갈수록 수가 1씩 커집니다.
- 같은 요일에 있는 수는 아래로 내려갈수록 7씩 커집니다.
- ↘ 방향으로 갈수록 8씩 커집니다.

1 운동장 스탠드 지붕에 있는 규칙을 찾아 써 보세요.

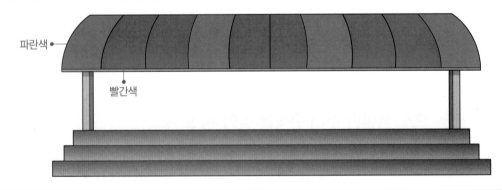

지붕의 색이 파란색, 빨간색, ☐ 순으로 반복됩니다.

1 벽 무늬에서 규칙을 찾아 빈칸에 알맞은 모양을 그리고 색칠해 보세요.

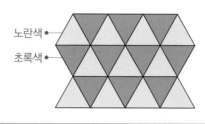

노란색 ●
초록색 ●

△ 과 ☐ 이 반복됩니다.

2 달력에서 규칙을 찾아 써 보세요.

9월

일	월	화	수	목	금	토
					1	2
3	4	5	6	7	8	9
10	11	12	13	14	15	16
17	18	19	20	21	22	23
24	25	26	27	28	29	30

• 일요일은 ☐ 일마다 반복됩니다.

• 모든 요일은 ☐ 일마다 반복됩니다.

3 신발장 번호에 있는 규칙을 찾아 떨어진 번호판의 숫자를 써 보세요.

1	2	3	4		6	7	8	9
10		12	13	14	15	16	17	18
19	20	21	22	23	24		26	27
28	29	30	31	32		34	35	36

1 마라도행 배 출발 시간표에서 규칙을 찾아 써 보세요.

	출발 시각
마라도행	6:30 7:30 8:30 9:30

마라도행 배는 ☐ 시간 간격으로 출발합니다.

2 빈칸에 알맞은 수를 써넣고, 바르게 설명한 것의 기호를 써 보세요.

+	0	2	4	6	8
0	0		4	6	
2		4	6		10
4	4				12
6	6		10		
8		10		14	

┌─────────────────────────────┐
│ ㉠ 오른쪽으로 갈수록 1씩 커집니다. │
│ ㉡ ↘ 방향으로 갈수록 4씩 커집니다. │
└─────────────────────────────┘

(   )

3 컴퓨터 자판의 수에 있는 규칙을 찾아 써 보세요.

7 Home	8 ↑	9 Pg Up
4 ←	5	6 →
1 End	2 ↓	3 Pg Dn

_____

_____

서술형

4 곱셈표에서 ▨으로 색칠한 곳과 규칙이 같은 곳을 찾아 색칠하려고 합니다. 풀이 과정을 쓰고 답을 구해 보세요.

×	6	7	8	9
6	36	42	48	54
7	42	49	56	63
8	48	56	64	72
9	54	63	72	81

❶ ▨으로 색칠한 곳의 규칙 찾기

풀이 _____

_____

❷ 곱셈표에서 ▨으로 색칠한 곳과 규칙이 같은 곳을 찾아 색칠하기

5 곱셈표의 빈칸에 알맞은 수를 써넣고, 곱셈표에서 규칙을 찾아 써 보세요.

×	2			
2	4	8	12	16
	8		24	32
6	12	24	36	48
	16		48	64

_____

_____

〈 수학 익힘 유형 〉

6 어느 강당의 자리를 나타낸 그림입니다. 물음에 답하세요.

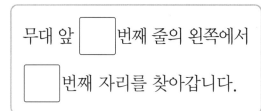

무대

1	2	3	4	5	6	7	8	9	10
11	12	13	14	15	16	17	18	19	20
21	22	23	24	25	26	27	28	29	30
31	32	33	34	35	36	37	38	39	40

(1) 규칙을 찾아 써 보세요.

같은 줄에서 뒤로 갈수록

[ ]씩 커집니다.

(2) 인애의 의자 번호는 **29**번입니다. 인애의 자리를 찾아 ○표 하고, 찾아가는 방법을 써 보세요.

무대 앞 [ ]번째 줄의 왼쪽에서

[ ]번째 자리를 찾아갑니다.

7 덧셈표에서 규칙을 찾아 빈칸에 알맞은 수를 써넣으세요.

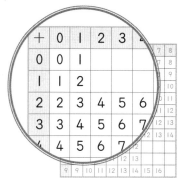

+	0	1	2	3	4
0	0	1			
1	1	2			
2	2	3	4	5	6
3	3	4	5	6	7
4	4	5	6	7	

(1)

2	3	
	4	

(2)

13	14	
14		

8 곱셈표에서 규칙을 찾아 빈칸에 알맞은 수를 써넣으세요.

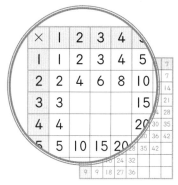

×	1	2	3	4	5
1	1	2	3	4	5
2	2	4	6	8	10
3	3			15	
4	4				20
5	5	10	15	20	

(1)

6	9	
	8	

(2)

		49
	48	56

1 달력의 일부분이 찢어져 보이지 않습니다. 이달의 **셋째 화요일은 며칠**인지 구해 보세요.

일	월	화	수	목	금	토
1	2	3	4	5	6	7
				11	12	13	14

(1) 달력에서 규칙을 찾아 써 보세요.

□ 일마다 같은 요일이 반복됩니다.

(2) 이달의 셋째 화요일은 며칠일까요? ( )

한번더

2 달력의 일부분이 찢어져 보이지 않습니다. 이달의 넷째 토요일은 며칠인지 구해 보세요.

일	월	화	수	목	금	토
			1	2	3	4
5	6	7	8			

( )

3 귤과 사과를 규칙에 따라 한 줄로 늘어놓았습니다. 계속해서 과일을 늘어 놓는다면 **15번째에는 어떤 과일**을 놓는지 구해 보세요.

귤   사과

(1) 과일을 늘어놓는 규칙을 찾아 써 보세요.

_____

(2) 15번째에는 어떤 과일을 놓을까요? ( )

한번더

4 배와 감을 규칙에 따라 한 줄로 늘어놓았습니다. 계속해서 과일을 늘어놓는다면 20번째에는 어떤 과일을 놓는지 구해 보세요.

배   감

( )

5 규칙에 따라 쌓기나무를 쌓았습니다.
10개를 사용하여 쌓은 모양은 몇 번째
인지 구해 보세요.

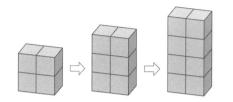

(1) 쌓기나무 수의 규칙을 찾아 써 보세요.

_____

(2) 10개를 사용하여 쌓은 모양은 몇 번째일까요?

(   )

한번더

6 규칙에 따라 쌓기나무를 쌓았습니다.
9개를 사용하여 쌓은 모양은 몇 번째
인지 구해 보세요.

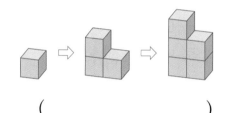

(   )

놀이 수학   (수학 유형)

7 민수가 (보기)와 같은 동작으로 소리 규칙을 만드는 놀이를 하고 있습니다. 소리 규칙을 찾아 **빈칸에 알맞은 동작의 번호**를 써넣으세요.

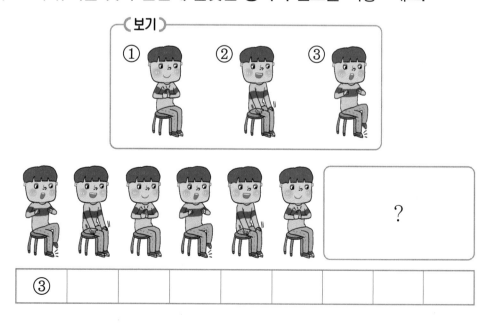

③							

(1~3) 덧셈표를 보고 물음에 답하세요.

+	1	3	5	7
1	2	4	6	8
3	4	6	8	10
5		8	10	12
7			12	14

1 위 덧셈표의 빈칸에 알맞은 수를 써넣으세요.

● 교과서에 꼭 나오는 문제

2 ▨으로 색칠한 수는 오른쪽으로 갈수록 몇씩 커질까요?

( )

3 ▨으로 색칠한 수는 ↘ 방향으로 갈수록 몇씩 커질까요?

( )

4 규칙에 따라 쌓기나무를 쌓았습니다. ☐ 안에 알맞은 수를 써넣으세요.

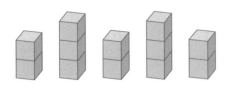

쌓기나무가 ☐ 층, ☐ 층으로 반복됩니다.

(5~7) 그림을 보고 물음에 답하세요.

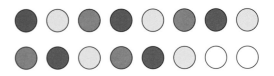

5 반복되는 색으로 알맞은 것은 어느 것인가요? ( )

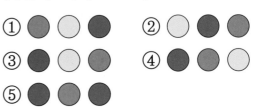

6 규칙을 찾아 위의 그림에서 ◯ 안에 알맞게 색칠해 보세요.

7 위의 그림에서 ●은 1, ◯은 2, ◯은 3으로 바꾸어 나타내 보세요.

1	2	3	1	2			

● 교과서에 꼭 나오는 문제

8 규칙을 찾아 그림을 완성해 보세요.

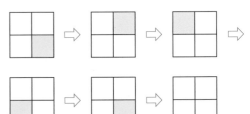

9 사물함 번호에 있는 규칙을 찾아 떨어진 번호판의 숫자를 써 보세요.

·1	2	·3	·4	·5	·6	·7	·
·9	·10	·11	·12	·13		·15	16
·17	·18	·19		·21	·22	·23	·24

10 규칙을 찾아 빈칸에 알맞은 모양을 그리고 색칠해 보세요.

11 전화기의 숫자판의 수에 있는 규칙을 찾아 써 보세요.

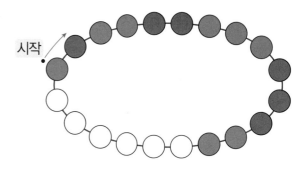

_____

_____

12 규칙에 따라 쌓기나무를 쌓았습니다. 쌓기나무를 쌓은 규칙을 찾아 써 보세요.

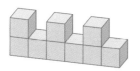

_____

_____

● 잘 틀리는 문제

13 팔찌의 규칙을 찾아 알맞게 색칠해 보세요.

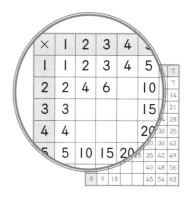

시작

(14~15) 곱셈표에서 규칙을 찾아 빈칸에 알맞은 수를 써넣으세요.

×	1	2	3	4	5		7
1	1	2	3	4	5		7
2	2	4	6		10		14
3	3			15			21
4	4				20		28
5	5	10	15	20			35

14

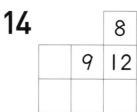

		8
	9	12

15

14	21	
16		

16 규칙에 따라 쌓기나무를 쌓았습니다. 빈칸에 들어갈 모양을 만드는 데 필요한 쌓기나무는 모두 몇 개일까요?

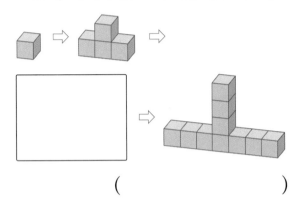

( )

17 달력의 일부분이 찢어져 보이지 않습니다. 이달의 셋째 수요일은 며칠인지 구해 보세요.

일	월	화	수	목	금	토
				1	2	3	4	5
6	7	8				

( )

18 레몬과 딸기를 규칙에 따라 한 줄로 늘어놓았습니다. 계속해서 과일을 늘어놓는다면 18번째에는 어떤 과일을 놓는지 구해 보세요.

( )

19 규칙을 찾아 빈칸에 알맞은 모양을 그리려고 합니다. 풀이 과정을 쓰고 알맞은 모양을 그리고 색칠해 보세요.

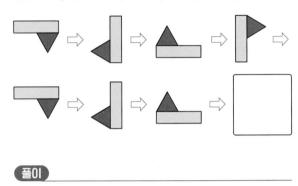

풀이

20 규칙에 따라 쌓기나무를 쌓았습니다. 다음에 이어질 모양에 쌓을 쌓기나무는 모두 몇 개인지 풀이 과정을 쓰고 답을 구해 보세요.

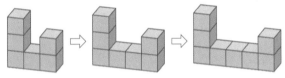

풀이

답

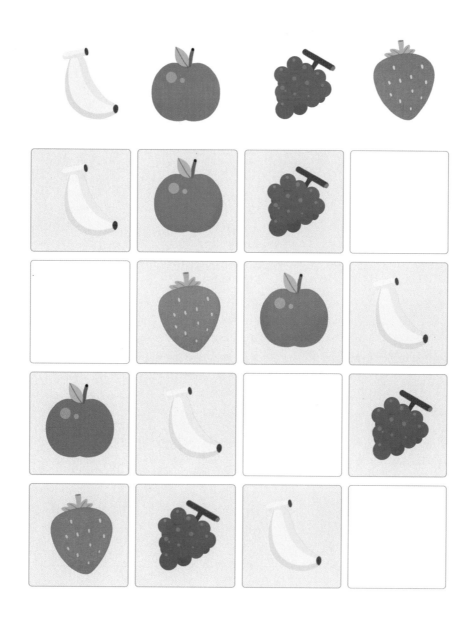

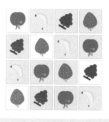

메모

개념^{PLUS}유형

정답과 풀이

초등 수학

2·2

책 속의 가접 별책 (특허 제 0557442호)

'정답과 풀이'는 개념책에서 쉽게 분리할 수 있도록 제작되었으므로
유통 과정에서 분리될 수 있으나 파본이 아닌 정상 제품입니다.

ABOVE IMAGINATION

우리는 남다른 상상과 혁신으로
교육 문화의 새로운 전형을 만들어
모든 이의 행복한 경험과 성장에 기여한다

개념+유형

정답과 풀이

초등 수학

2·2

1. 네 자리 수

개념책 8쪽 개념①

1 1000, 천   **2** 1000

개념책 9쪽 기본유형 익히기

1 1000
2 (1) 996, 1000 (2) 970, 980, 1000
3 300
4

1 10이 10개이면 100이므로 100이 9개, 10
이 10개이면 1000입니다.

4 100이 10개이면 1000이므로 을 3개 더
그립니다.

개념책 10쪽 개념②

1 3000   **2** 7000 / 칠천

2 천 모형이 7개이면 7000이라 쓰고, 칠천이라
고 읽습니다.

개념책 11쪽 기본유형 익히기

1 예

2 6000
3

1 4000은 1000이 4개이므로 1000을 4개 색
칠합니다.

2 1000원짜리 지폐가 5장, 100원짜리 동전이
10개이면 6000입니다.

3 • 천 모형 9개 ⇨ 9000 ⇨ 구천
  • 백 모형 20개 ⇨ 2000 ⇨ 이천
  • 천 모형 4개, 백 모형 10개 ⇨ 5000 ⇨ 오천

개념책 12쪽 개념③

1 3126
2 1453 / 천사백오십삼

1 1000이 3개, 100이 1개, 10이 2개, 1이 6개
이면 3126입니다.

2 1000이 1개, 100이 4개, 10이 5개, 1이 3개
이면 1453이라 쓰고, 천사백오십삼이라고 읽
습니다.

개념책 13쪽 기본유형 익히기

1 4, 3, 1, 2, 4312, 사천삼백십이
2 3210
3 (1) 6139 (2) 5042

2 탁구공이 1000개씩 3상자, 100개씩 2상자,
10개씩 1상자이므로 3210입니다.

3 (1) 1000이 6개이면 6000, 100이 1개이면
  100, 10이 3개이면 30, 1이 9개이면 9
  이므로 6139입니다.
  (2) 1000이 5개이면 5000, 100이 0개이면
  0, 10이 4개이면 40, 1이 2개이면 2이므
  로 5042입니다.

개념책 14쪽 개념④

1 (1) (왼쪽에서부터) 600 / 8 / 5
  (2) 2000, 600, 80, 5

개념책 15쪽 기본유형 익히기

1 (1) 6, 6000 (2) 7, 700 (3) 1, 10 (4) 8, 8
2 (○)(   )(   )
3

1 6718에서

(1) 천의 자리 숫자는 6이고, 6000을 나타냅니다.

(2) 백의 자리 숫자는 7이고, 700을 나타냅니다.

(3) 십의 자리 숫자는 1이고, 10을 나타냅니다.

(4) 일의 자리 숫자는 8이고, 8을 나타냅니다.

2 각 수에서 백의 자리 숫자를 알아봅니다.

1084 ⇨ 0, 2903 ⇨ 9, 5490 ⇨ 4

3 밑줄 친 숫자 3은 십의 자리 숫자이고, 30을 나타냅니다.

개념책 16~17쪽	실전유형 다지기

🖊 서술형 문제는 풀이를 꼭 확인하세요.

1 200   **2** 팔천

3 4982   **4** 100, 0

5 예

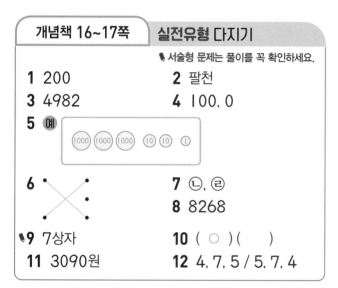

6 ✕ (선 연결)

7 ㉡, ㉣

8 8268

🖊9 7상자

10 (○)(   )

11 3090원

12 4, 7, 5 / 5, 7, 4

---

2 천 모형 8개는 8000을 나타내고 팔천이라고 읽습니다.

3 1000이 4개, 100이 9개, 10이 8개, 1이 2개이면 4982입니다.

4 7106에서 천의 자리 숫자 7은 7000을, 백의 자리 숫자 1은 100을, 십의 자리 숫자 0은 0을, 일의 자리 숫자 6은 6을 나타냅니다.

⇨ 7106 = 7000 + 100 + 0 + 6

5 3021은 ⑴⑪⑪⑪ 3개, ⑩ 2개, ① 1개로 그릴 수 있습니다.

6 • 수 모형은 200을 나타내므로 1000이 되려면 800이 더 있어야 합니다.

• 100이 3개, 10이 10개이면 400이므로 1000이 되려면 600이 더 있어야 합니다.

7 각 수에서 십의 자리 숫자를 알아봅니다.

㉠ 2950 ⇨ 5   ㉡ 삼천육(3006) ⇨ 0

㉢ 8034 ⇨ 3   ㉣ 사천백이(4102) ⇨ 0

8 • 2880은 이천팔백팔십이라고 읽습니다.

• 8084는 팔천팔십사라고 읽습니다.

• 8268은 팔천이백육십팔이라고 읽습니다.

🖊9 ❶ 예 7000은 1000이 7개인 수입니다.

❷ 예 색종이를 7상자에 담을 수 있습니다.

10 각 수에서 숫자 6이 나타내는 값을 알아봅니다.

7680 ⇨ 600, 9163 ⇨ 60

따라서 600>60이므로 숫자 6이 나타내는 값이 더 큰 수는 7680입니다.

11 1000원짜리 지폐 3장은 3000원, 10원짜리 동전 9개는 90원입니다.

따라서 효진이가 가진 돈은 모두 3090원입니다.

12 백의 자리 숫자가 2이고 십의 자리 숫자가 70을 나타내는 네 자리 수는 □27□입니다.

• 천의 자리 숫자가 4이면 일의 자리 숫자는 5이므로 4275입니다.

• 천의 자리 숫자가 5이면 일의 자리 숫자는 4이므로 5274입니다.

개념책 18쪽	개념 ❺

1 (1) 7100, 8100, 9100

(2) 3450, 3650, 3750

(3) 1050, 1060, 1080

(4) 8392, 8393, 8395

개념책 19쪽	기본유형 익히기

1 (1) 1 (2) 100

2

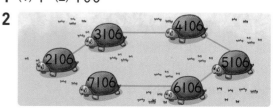

3 (1) 5587, 5687 (2) 9261, 9271

1 (1) 4872에서 4873으로 일의 자리 수가 1만큼 더 커졌으므로 1씩 뛰어 센 것입니다.

(2) 6329에서 6429로 백의 자리 수가 1만큼 더 커졌으므로 100씩 뛰어 센 것입니다.

2 2106부터 천의 자리 수가 1씩 커지는 수들을 선으로 잇습니다.

3 (1) 5187에서 5287로 백의 자리 수가 1만큼 더 커졌으므로 100씩 뛰어 센 것입니다.

(2) 9241에서 9251로 십의 자리 수가 1만큼 더 커졌으므로 10씩 뛰어 센 것입니다.

개념책 20쪽 | 개념 6

1 5 / 4 / >
2 4 / 5 (1) 4372 (2) 3504

---

1 천, 백의 자리 수가 각각 같으므로 십의 자리 수를 비교합니다.
⇨ 2154 > 2148
└5 > 4┘

2 (1) 천의 자리 수를 비교하면 3 < 4이므로 가장 큰 수는 4372입니다.

(2) 3631과 3504의 천의 자리 수가 같으므로 백의 자리 수를 비교하면 6 > 5이므로 가장 작은 수는 3504입니다.

개념책 21쪽 | 기본유형 익히기

1 5420   **2** (1) > (2) <
3 (○)(   )(   ) **4** (   )(○)

---

1 십의 자리 수가 1씩 커지므로 10씩 뛰어 센 것입니다.
따라서 5420에서 10씩 2번 뛰어 센 수가 5440이므로 5420은 5440보다 더 작습니다.

2 (1) 천의 자리 수를 비교합니다.
⇨ 6120 > 4970
└6 > 4┘

(2) 천, 백의 자리 수가 각각 같으므로 십의 자리 수를 비교합니다.
⇨ 9013 < 9085
└1 < 8┘

---

3 천의 자리 수를 비교하면 6 > 5이므로 가장 큰 수는 6348입니다.

개념책 22~23쪽 | 실전유형 다지기

✎ 서술형 문제는 풀이를 꼭 확인하세요.

1 7294
2 8603, 8803, 8903
3 7360, 6360, 4360
4 5411   **5** 2719, 2720
6 어린이
7 (1) 3970, 3980, 3990, 4000, 4010
    (2) 3860, 3760, 3660, 3560, 3460
8 6087   **✎9** 인후
10 4740에 ○표, 3834에 △표
11 5240원 / 6240원 / 7240원
12 1058

---

2 8403에서 8503으로 백의 자리 수가 1만큼 더 커졌으므로 100씩 뛰어 센 것입니다.

3 1000씩 거꾸로 뛰어 세면 천의 자리 수가 1씩 작아집니다.

4 5320 > 4927, 5320 > 5080,
    └5 > 4┘   └3 > 0┘
5320 < 5411
    └3 < 4┘
따라서 5320보다 더 큰 수는 5411입니다.

5 2717 — 2718 — 2719 — 2720 — 2721 — 2722
참고 십의 자리로 올림이 있는 경우는 십의 자리 숫자까지 함께 생각합니다.

6 4236 < 4508이므로 어린이가 더 많이 입장
    └2 < 5┘
했습니다.

7 (1) 3960에서 출발하여 10씩 뛰어 세면 십의 자리 수가 1씩 커집니다.

(2) 3960에서 출발하여 100씩 거꾸로 뛰어 세면 백의 자리 수가 1씩 작아집니다.

8 6047에서 10씩 4번 뛰어 세면
6047−6057−6067−6077−6087입
니다. 따라서 6047에서 10씩 4번 뛰어 센 수
는 6087입니다.

9 ❶ 〔예〕1000이 7개, 100이 3개, 1이 8개인
수는 7308입니다.
❷ 〔예〕7063<7308이므로 더 큰 수를 말한
사람은 인후입니다.

10 • 천의 자리 수를 비교하면 4>3이므로 가장 작
은 수는 3834입니다.
• 4740>4738이므로 가장 큰 수는 4740입
└4>3┘
니다.

11 한 달에 1000원씩 계속 저금하므로 9월부터
11월까지 1000씩 뛰어 셉니다.
⇨ 4240−5240−6240−7240
8월   9월   10월   11월

12 〔비법〕
> 가장 작은 수를 만들려면 천의 자리부터 차례대로
> 작은 수를 놓습니다.

천의 자리에는 0이 올 수 없으므로 두 번째로 작
은 1을 놓고 백의 자리부터 차례대로 작은 수를
놓으면 1058입니다.

개념책 24~25쪽 ▶ **응용유형 다잡기**

1 (1) 1000 (2) 8000개
2 6000개
3 (1) 〔예〕

(2) 1300원
4 〔예〕

 / 2200원

5 (1) 1, 2, 3 (2) 3   **6** 7
7 하, 모, 니, 카

---

1 (1) 100이 10개이면 1000입니다.
(2) 100개씩 10상자는 1000개이므로 80상
자에 들어 있는 구슬은 모두 8000개입니다.

2 100개씩 10상자는 1000개이므로 60상자에
들어 있는 지우개는 모두 6000개입니다.

3 (2) 오렌지주스의 가격만큼 묶었을 때 묶이지 않
은 돈이 포도주스의 가격입니다.
따라서 포도주스는 1300원입니다.

4 빵의 가격만큼 묶었을 때 묶이지 않은 돈이 삼각
김밥의 가격입니다.
따라서 삼각김밥은 2200원입니다.

5 (1) 4509와 □750의 백의 자리 수를 비교하
면 5<7이므로 □ 안에는 4보다 작은 1,
2, 3이 들어갈 수 있습니다.
(2) □ 안에 들어갈 수 있는 가장 큰 수는 3입니
다.
〔다른 풀이〕1부터 9까지의 수를 □ 안에 넣어 봅니다.
4509>1750, 4509>2750, 4509>3750,
4509<4750입니다.
⇨ □ 안에는 1, 2, 3이 들어갈 수 있습니다.
따라서 □ 안에 들어갈 수 있는 가장 큰 수는 3입
니다.

6 6□89와 6701의 천의 자리 수가 같으므로 십
의 자리 수를 비교하면 8>0입니다.
⇨ □ 안에는 7과 같거나 7보다 큰 7, 8, 9가
들어갈 수 있습니다.
따라서 □ 안에 들어갈 수 있는 가장 작은 수는
7입니다.

7 • 1000씩 뛰어 세기: 2380−3380−4380
−5380−6380−7380
하   카
• 10씩 뛰어 세기: 7420−7430−7440
모
−7450−7460−7470
니

개념책 26~28쪽 단원 마무리

♥ 서술형 문제는 풀이를 꼭 확인하세요.

1 100

2 2

3 1213

4 이천오십칠

5 (○)( )( )

6 ( )(○)

7 ( )(○)

8 4176, 6176, 7176

9 6000개

10 <

11 5691, 5721, 5731

12 •　　　•
　　╳
　•　　　•

13 6738

14 (○)( )

15 ㉢

16 5000개

17 9, 8, 4 / 4, 8, 9

18 5

♥**19** 2670개

♥**20** 2800원

5 • 90보다 10만큼 더 큰 수는 100입니다.
• 999보다 1만큼 더 큰 수는 1000입니다.
• 10이 100개인 수는 1000입니다.

6 각 수에서 숫자 7이 나타내는 값을 알아봅니다.
1579 ⇨ 70, 7200 ⇨ 7000

7 각 수에서 백의 자리 숫자를 알아봅니다.
1508 ⇨ 5, 8029 ⇨ 0

8 1000씩 뛰어 세면 천의 자리 수가 1씩 커집니다.

9 1000이 6개이면 6000이므로 6상자에 들어 있는 포크는 모두 6000개입니다.

10 9128 < 9135
　　└2 < 3┘

11 5701에서 5711로 십의 자리 수가 1만큼 더 커졌으므로 10씩 뛰어 센 것입니다.

12 • 100원짜리 동전 3개이면 300이므로 1000이 되려면 700이 더 있어야 합니다.
• 수 모형은 500을 나타내므로 1000이 되려면 500이 더 있어야 합니다.

13 100씩 거꾸로 뛰어 세면 백의 자리 수가 1씩 작아집니다.
7238 − 7138 − 7038 − 6938 − 6838 − 6738이므로 ㉠에 알맞은 수는 6738입니다.

14 • 1000이 7개, 100이 8개, 10이 1개인 수
⇨ 7810
• 육천구백팔 ⇨ 6908
따라서 7810 > 6908입니다.
　　　└7 > 6┘

15 각 수에서 숫자 5가 나타내는 값을 알아봅니다.
㉠ 3504 ⇨ 500　　㉡ 1852 ⇨ 50
㉢ 9605 ⇨ 5　　㉣ 5318 ⇨ 5000
따라서 숫자 5가 나타내는 값이 가장 작은 수는 ㉢입니다.

16 100개씩 10상자는 1000개이므로 50상자에 들어 있는 사탕은 모두 5000개입니다.

17 천의 자리 숫자가 3이고 십의 자리 숫자가 80을 나타내는 네 자리 수는 3□8□입니다.
• 백의 자리 숫자가 9이면 일의 자리 숫자는 4이므로 3984입니다.
• 백의 자리 숫자가 4이면 일의 자리 숫자는 9이므로 3489입니다.

18 5647과 □491의 백의 자리 수를 비교하면 6 > 4이므로 □ 안에는 5와 같거나 5보다 작은 1, 2, 3, 4, 5가 들어갈 수 있습니다.
따라서 □ 안에 들어갈 수 있는 가장 큰 수는 5입니다.

♥**19** 예 1000개짜리 2상자는 2000개, 100개짜리 6상자는 600개, 10개짜리 7묶음은 70개입니다.」❶
따라서 창고에 있는 종이컵은 모두 2670개입니다.」❷

채점 기준	
❶ 1000개짜리 2상자, 100개짜리 6상자, 10개짜리 7묶음은 각각 몇 개인지 구하기	3점
❷ 창고에 있는 종이컵은 모두 몇 개인지 구하기	2점

♥**20** 예 매일 100원씩 6일부터 9일까지 저금하므로 2400에서 100씩 4번 뛰어 셉니다.」❶
따라서 2400 − 2500 − 2600 − 2700 − 2800이므로 6일부터 9일까지 매일 100원씩 저금한다면 9일에는 2800원이 됩니다.」❷

채점 기준	
❶ 2400에서 100씩 몇 번 뛰어 세어야 하는지 구하기	2점
❷ 9일에는 얼마가 되는지 구하기	3점

2. 곱셈구구

개념책 32쪽 개념❶

1 (1) 3 (2) 4 (3) 2 (4) 2

개념책 33쪽 기본유형 익히기

1 12 / 6, 12   **2** 8 / 10
3 (1) 2 (2) 18   **4** 8 / 2

1 • 풍선은 2씩 6묶음이므로 2의 6배입니다.
⇨ 곱셈식으로 나타내면 $2 \times 6 = 12$입니다.

2 • 2씩 4묶음이므로 2의 4배입니다.
⇨ $2 \times 4 = 8$
• 2씩 5묶음이므로 2의 5배입니다.
⇨ $2 \times 5 = 10$

개념책 34쪽 개념❷

1  / 5 / 5

개념책 35쪽 기본유형 익히기

1 3, 15
2 예 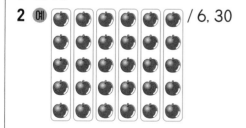 / 6, 30

3 (1) 25 (2) 35   **4** 9 / 5

2 사과를 5개씩 묶으면 6묶음이므로 $5 \times 6 = 30$
입니다.

개념책 36쪽 개념❸

1 3 / 3   **2** 6 / 6

개념책 37쪽 기본유형 익히기

1 4, 12 / 5, 15   **2** 5, 30
3 (1) 18 (2) 18 (3) 24 (4) 24
4 12 / 6

1 • 구슬이 3씩 4묶음이므로 3의 4배입니다.
⇨ $3 \times 4 = 12$
• 구슬이 3씩 5묶음이므로 3의 5배입니다.
⇨ $3 \times 5 = 15$

2 벌의 다리는 6개이고, 벌은 5마리이므로
$6 \times 5 = 30$입니다.

3 (1) 3씩 6번 뛰어 세면 18입니다.
⇨ $3 \times 6 = 18$
(2) 6씩 3번 뛰어 세면 18입니다.
⇨ $6 \times 3 = 18$
(3) 3씩 8번 뛰어 세면 24입니다.
⇨ $3 \times 8 = 24$
(4) 6씩 4번 뛰어 세면 24입니다.
⇨ $6 \times 4 = 24$

4 12를 2씩 묶으면 6묶음이므로 2의 6배입니다.
참고 2의 6배와 같으므로 2단 곱셈구구
$2 \times 6 = 12$로 구할 수도 있습니다.

개념책 38~39쪽 연산 PLUS

1 4	**2** 15	**3** 24
4 6	**5** 3	**6** 10
7 18	**8** 5	**9** 9
10 2	**11** 10	**12** 25
13 18	**14** 12	**15** 8
16 30	**17** 6	**18** 30
19 45	**20** 27	**21** 36
22 18	**23** 21	**24** 54
25 12	**26** 40	**27** 24
28 42	**29** 15	**30** 6
31 14	**32** 48	**33** 16
34 20	**35** 12	**36** 35

개념책 40~41쪽 | **실전유형** 다지기

✎ 서술형 문제는 풀이를 꼭 확인하세요.

1 15

2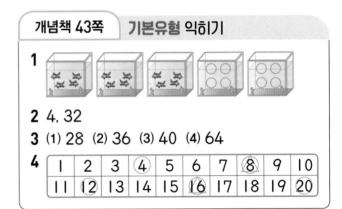

3 (1) 5 (2) 7

4 18, 36

5 <

✎6 15개

7 ⓒ, ⓔ

8 7 / 5 / 7, 35

9 10개, 18개

10 예 ⬭⬭ / 14, 2, 3, 6
　　 ⬭⬭
　　 ⬭⬭

---

1 길이가 5 cm인 나무 막대 3개의 길이는
5×3=15(cm)입니다.

2 2×5=10, 2×6=12, 2×3=6

4 6×3=18, 6×6=36이므로 6단 곱셈구구
의 값은 18, 36입니다.

5 5×4=20, 3×8=24 ➡ 20<24

✎6 ❶ 예 한 봉지에 들어 있는 사탕의 수와 봉지 수
를 곱하면 되므로 3×5를 계산합니다.
❷ 예 5봉지에 들어 있는 사탕은 모두
3×5=15(개)입니다.

7 ㉠ 3씩 4번 더해서 구합니다.
㉢ 6×2의 곱으로 구합니다.

8 • 5씩 7묶음이므로 5씩 7번 더하면 구할 수 있
습니다.
• 5×6에 5를 더해서 구할 수 있습니다.
• 5씩 7묶음이므로 5의 7배입니다.
➡ 5×7=35

9 • 풀의 수: 5×2=10(개)
• 자의 수: 6×3=18(개)

10 2×4=8이고 2×7은 2×4보다 2개씩 3묶
음 더 많게 그리면 되므로 6만큼 더 큽니다.

개념책 42쪽 | **개념 ❹**

1 4 / 4 　　　　　　 **2** 8 / 8

개념책 43쪽 | **기본유형** 익히기

1 [어항 그림]

2 4, 32

3 (1) 28 (2) 36 (3) 40 (4) 64

4
1	2	3	④	5	6	7	⑧	9	10
11	⑫	13	14	15	⑯	17	18	19	⑳

1 4×5=20은 4씩 5묶음이므로 어항 한 개에
○를 4개씩 그립니다.

2 복숭아는 8씩 4묶음이므로 8의 4배입니다.
➡ 8×4=32

4 • 4×1=4, 4×2=8, 4×3=12,
4×4=16, 4×5=20
• 8×1=8, 8×2=16

개념책 44쪽 | **개념 ❺**

1 (위에서부터) 7, 7, 21 / 7

개념책 45쪽 | **기본유형** 익히기

1 5, 35

2 [선 잇기 그림]

3 6, 42

4 7, 7, 14

1 7씩 5번 뛰었으므로 7×5=35입니다.

2 7×7=49, 7×8=56, 7×9=63

3 7 cm씩 6번 이동했으므로
7×6=42(cm)입니다.

1 (위에서부터) 18, 9, 27 / 9

1 7, 63 　　　　　**2** (1) 9 (2) 81

3 (○) (　　) (○)

4 18, 36 / 54

1 연필은 연필꽂이 한 개에 9자루씩 들어 있고, 연필꽂이가 7개 있으므로 9×7=63입니다.

3 9×5=45, 9×8=72

4 • 9씩 2묶음 ⇨ 9×2=18
　　• 9씩 4묶음 ⇨ 9×4=36
　　따라서 9×6은 18+36=54입니다.

1 18	**2** 4	**3** 21
4 8	**5** 9	**6** 40
7 24	**8** 28	**9** 16
10 36	**11** 16	**12** 35
13 12	**14** 32	**15** 27
16 32	**17** 28	**18** 20
19 64	**20** 54	**21** 63
22 14	**23** 8	**24** 56
25 48	**26** 7	**27** 45
28 24	**29** 72	**30** 49
31 36	**32** 56	**33** 63
34 72	**35** 81	**36** 42

✎ 서술형 문제는 풀이를 꼭 확인하세요.

1 3, 27 　　　　　**2** (교차 연결선)

3 2, 8 / 3, 24 　　　**4** (1) 4 (2) 3

5

30	22	29	49	56	63
7	14	37	42	51	58
46	21	28	35	44	62

출발 → ... → 도착

6 4, 16, 16 / 2, 16, 16

7

53	9	45	54	5
37	27	2	18	30
12	63	81	36	6
41	8	23	72	64

8 준호 　　　　　**9** 8, 7, 2

✎**10** 풀이 참조

1 9 cm씩 3번 이동했으므로 9×3=27(cm)입니다.

2 7×7=49, 9×6=54, 8×8=64

3 4×2=8이므로 ㉠에 알맞은 수는 8이고,
8×3=24이므로 ㉡에 알맞은 수는 24입니다.

5 7×1=7, 7×2=14, 7×3=21,
7×4=28, 7×5=35, 7×6=42,
7×7=49, 7×8=56, 7×9=63

6 • 4단 곱셈구구를 이용하면 4×4=16입니다.
　　⇨ 16개
　　• 8단 곱셈구구를 이용하면 8×2=16입니다.
　　⇨ 16개

7 9×1=9, 9×5=45, 9×6=54,
9×3=27, 9×2=18, 9×7=63,
9×9=81, 9×4=36, 9×8=72

8 준호: 7×3에 7을 더해야 합니다.

9 $9 \times \square$의 $\square$ 안에 수 카드 중에서 작은 수부터 차례대로 넣어서 계산해 봅니다.
$9 \times 2 = 18$, $9 \times 7 = 63$, $9 \times 8 = 72$이므로
수 카드 **2**, **7**, **8** 을 한 번씩만 사용하여 만들 수 있는 곱셈식은 $9 \times 8 = 72$입니다.

♪10 방법1 예 9씩 2묶음 있으므로 호두는 모두
$9 \times 2 = 18$(개)입니다.」❶
방법2 예 3×3을 2번 더하면 됩니다.
$3 \times 3 = 9$이므로 호두는 모두
$9 + 9 = 18$(개)입니다.」❷

> 채점 기준
> ❶ 한 가지 방법으로 설명하기
> ❷ 다른 한 가지 방법으로 설명하기

참고 '9에 9를 더해서 구합니다.' 등과 같이 설명할 수 있습니다.

| 개념책 52쪽 | 개념 ❼ |

1 (1) 4, 4 (2) 5, 5 (3) 1
2 (1) 0 / 0 (2) 2점

2 (2) $0 + 2 + 0 = 2$(점)

| 개념책 53쪽 | 기본유형 익히기 |

1 3, 3　　　　　　**2** 4, 0
3 (1) 6 (2) 8 (3) 0 (4) 0
4 0, 2, 0

1 케이크는 접시 한 개에 1조각씩 접시 3개에 있습니다. ⇨ $1 \times 3 = 3$
2 어항에는 물고기가 없으므로 $0 \times 4 = 0$입니다.
4 0이 2번 나왔으므로 $0 \times 2 = 0$입니다.

| 개념책 54쪽 | 개념 ❽ |

1 (1) 4 (2) 15, 15 / 같습니다

1 (2) 곱셈표를 점선을 따라 접으면 3과 4의 곱 12는 4와 3의 곱 12와, 3과 5의 곱 15는 5와 3의 곱 15와, 4와 5의 곱 20은 5와 4의 곱 20과 만납니다.

| 개념책 55쪽 | 기본유형 익히기 |

1 (위에서부터) 1, 5 / 9, 21 / 15, 45 / 7, 49 / 27, 63
2 (위에서부터) 28 / 40 / 24 / 42 / 56
3 5×7　　　　　**4** 8×6

3 5단에서 곱이 35인 곱셈구구를 찾아보면 5×7입니다.
4 곱셈에서 곱하는 두 수의 순서를 서로 바꾸어도 곱은 같으므로 곱셈표에서 6×8과 곱이 같은 곱셈구구를 찾아보면 8×6입니다.

| 개념책 56쪽 | 개념 ❾ |

1 (1) 3 (2) 6 (3) 18

1 (3) ・$6 \times 3 = 18$입니다.
・$3 \times 6 = 18$입니다.
⇨ 방석은 모두 18개입니다.

| 개념책 57쪽 | 기본유형 익히기 |

1 24
2 $3 \times 7 = 21$ / 21자루
3 (1) $2 \times 9 = 18$ / 18개
(2) $9 \times 2 = 18$ / 18개
4 $6 \times 4 = 24$ / 24명

1 $8 \times 3 = 24$이므로 연필 3자루의 길이는 24 cm입니다.
2 삼각형 모양 한 개를 만드는 데 색연필이 3자루 필요하므로 삼각형 모양 7개를 만드는 데 필요한 색연필은 모두 $3 \times 7 = 21$(자루)입니다.
3 (1) 2씩 9묶음이므로 인형은 모두
$2 \times 9 = 18$(개)입니다.
(2) 9씩 2묶음이므로 인형은 모두
$9 \times 2 = 18$(개)입니다.
4 의자 한 개에 6명이 앉을 수 있으므로 의자 4개에 앉을 수 있는 사람은 모두 $6 \times 4 = 24$(명)입니다.

개념책 58~59쪽 | 연산 PLUS

1 1	**2** 0	**3** 9
4 0	**5** 0	**6** 5
7 0	**8** 7	**9** 0
10 3	**11** 0	**12** 6
13 0	**14** 8	**15** 0
16 9	**17** 5	**18** 0
19 6	**20** 0	**21** 2
22 4	**23** 0	**24** 2
25 0	**26** 4	**27** 0
28 3	**29** 7	**30** 0
31 0	**32** 0	**33** 5
34 0	**35** 8	**36** 0

개념책 60~61쪽 | 실전유형 다지기

🖊 서술형 문제는 풀이를 꼭 확인하세요.

1 1, 6, 6

2

×	3	4	5	6	7
3				★	
4					
5					
6	♥				
7					

3 (1) 0　(2) 8

4
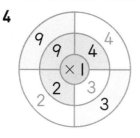

5 45명　🖊**6** 40세

7 (위에서부터) 4, 8, 10, 12 / 9, 12, 15, 18 / 8, 12, 16, 24 / 10, 15, 20, 25 / 12, 18, 30, 36

8 2, 6, 12 / 4, 3, 12 / 6, 2, 12

9 4점

10 2, 16 / 4, 16　　**11** 1, 5 / 0, 0 / 5

2 점선을 따라 접었을 때 ★과 만나는 곳을 찾습니다.

4
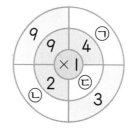

㉠ $4 \times 1 = 4$
㉡ $2 \times 1 = 2$
㉢ 어떤 수와 1의 곱이 3 이므로 어떤 수는 3입 니다.

5 농구는 한 팀의 선수가 5명이므로 9팀의 선수는 모두 $5 \times 9 = 45$(명)입니다.

🖊**6** ❶ 예 지수 어머니의 나이는 지수 나이의 5배이 므로 8×5를 계산합니다.
❷ 예 $8 \times 5 = 40$이므로 지수 어머니의 나이는 40세입니다.

8 $3 \times 4 = 12$이므로 곱셈표에서 곱이 12인 곱셈 구구를 모두 찾아보면 2×6, 4×3, 6×2 입니다.

9 ・2가 0번: $2 \times 0 = 0$(점)
・4가 1번: $4 \times 1 = 4$(점)
⇨ $0 + 4 = 4$(점)

10 ・호준: $5 \times 2 = 10$, $3 \times 2 = 6$
　　　　⇨ $10 + 6 = 16$(개)
・지유: $5 \times 4 = 20$ ⇨ $20 - 4 = 16$(개)

11 5개를 걸었으므로 $1 \times 5 = 5$이고, 3개를 걸지 못했으므로 $0 \times 3 = 0$입니다. 따라서 은희가 받은 점수는 모두 5점입니다.

개념책 62~63쪽 | 응용유형 다잡기

1 (1) 21개　(2) 5개　　**2** 2개

3 (1) 9, 7　(2) 63　　**4** 4

5 (1) 5, 10, 15, 20, 25, 30, 35, 40, 45
　　(2) 5, 15, 25, 35, 45　(3) 35

6 56　　　　　　　　**7** 6점

1 (1) $3 \times 7 = 21$(개)
(2) 복숭아는 귤보다 $21 - 16 = 5$(개) 더 많습 니다.

2 (참외의 수)$= 4 \times 8 = 32$(개)
⇨ 참외는 자두보다 $32 - 30 = 2$(개) 더 많습 니다.

3 (1) $9>7>5>2$이므로 가장 큰 수는 9이고,
두 번째로 큰 수는 7입니다.
⇨ 가장 큰 곱을 구하려면 9와 7의 곱을 구합니다.
(2) 가장 큰 곱은 $9×7=63$입니다.

4 $1<4<6<8$이므로 가장 작은 수는 1이고, 두 번째로 작은 수는 4입니다.
⇨ 가장 작은 곱은 $1×4=4$입니다.

5 (3) 십의 자리 숫자가 30을 나타내는 수는 35이므로 설명에서 나타내는 수는 35입니다.

6 7단 곱셈구구의 수는 7, 14, 21, 28, 35, 42, 49, 56, 63입니다.
이 중에서 짝수는 14, 28, 42, 56입니다.
따라서 십의 자리 숫자가 50을 나타내는 수는 56이므로 설명에서 나타내는 수는 56입니다.

7 현수가 3번 이겼으므로 현수가 얻은 점수는 모두 $2×3=6$(점)입니다.

개념책 64~66쪽 | 단원 마무리

🖊 서술형 문제는 풀이를 꼭 확인하세요.

1 6, 6
2 4, 12
3 6, 42
4 2, 18
5 3, 0
6 (○)( )
7 ✕ (선으로 연결)
8 24, 54
9 (위에서부터) 0 / 0, 3 / 2, 8 / 6 / 0, 12
10 42명
11 $>$
12 0
13 ㉡

14

38	24	7	12	22
10	4	30	32	5
42	16	36	8	28
29	33	6	20	37

15 3, 11
16 1, 3 / 0, 0 / 3
17 2개
18 56
🖊**19** 63문제
🖊**20** 풀이 참조

---

7 ・$5×1=5$ ・$1×5=5$
・$4×6=24$ ・$2×7=14$
・$7×2=14$ ・$8×3=24$

8 $6×4=24$, $6×9=54$

10 한 대에 6명씩 탈 수 있는 자동차가 7대 있으므로 자동차에 탈 수 있는 사람은 모두
$6×7=42$(명)입니다.

11 $5×6=30$, $3×9=27$ ⇨ $30>27$

12 어떤 수와 0의 곱, 0과 어떤 수의 곱은 항상 0이므로 □ 안에 공통으로 알맞은 수는 0입니다.

13 ㉡ $3×5$에 3을 더해서 구합니다.

14 $4×6=24$, $4×3=12$, $4×1=4$,
$4×8=32$, $4×4=16$, $4×9=36$,
$4×2=8$, $4×7=28$, $4×5=20$

15 $5×3=15$ ⇨ $15-4=11$(개)

16 3개를 걸었으므로 $1×3=3$이고,
4개를 걸지 못했으므로 $0×4=0$입니다.
따라서 승우가 받은 점수는 모두 3점입니다.

17 (키위의 수)$=6×7=42$(개)
⇨ 키위는 자몽보다 $42-40=2$(개) 더 많습니다.

18 $8>7>5>2$이므로 가장 큰 수는 8이고,
두 번째로 큰 수는 7입니다.
⇨ 가장 큰 곱은 $8×7=56$입니다.

🖊**19** 예 슬기는 수학 문제를 하루에 7문제씩 9일 동안 풀었으므로 $7×9$를 계산합니다. ❶
따라서 슬기가 9일 동안 푼 수학 문제는 모두
$7×9=63$(문제)입니다. ❷

채점 기준	
❶ 문제에 알맞은 식 만들기	2점
❷ 슬기가 9일 동안 푼 수학 문제의 수 구하기	3점

🖊**20** 방법1 예 8씩 2개 있으므로 $8×2=16$입니다. ❶
방법2 예 $4×2$를 2번 더하면 됩니다.
$4×2=8$이므로 $8+8=16$입니다. ❷

채점 기준	
❶ 한 가지 방법으로 설명하기	1개 2점,
❷ 다른 한 가지 방법으로 설명하기	2개 5점

3. 길이 재기

개념책 70쪽 개념❶

1 | m | m | m / | 미터

2 (1) |0 (2) |, |0

개념책 71쪽 기본유형 익히기

1 (1) | (2) 200 (3) 3, 86 (4) 975

2
(교차 연결선)

3 (1) cm (2) m (3) cm (4) m

1 (3) 386 cm＝300 cm＋86 cm
　　　　　　＝3 m＋86 cm
　　　　　　＝3 m 86 cm
　(4) 9 m 75 cm＝9 m＋75 cm
　　　　　　　＝900 cm＋75 cm
　　　　　　　＝975 cm

2 ・240 cm＝200 cm＋40 cm
　　　　　＝2 m＋40 cm
　　　　　＝2 m 40 cm
　・245 cm＝200 cm＋45 cm
　　　　　＝2 m＋45 cm
　　　　　＝2 m 45 cm
　・204 cm＝200 cm＋4 cm
　　　　　＝2 m＋4 cm
　　　　　＝2 m 4 cm

개념책 72쪽 개념❷

1 0, |60, |60

개념책 73쪽 기본유형 익히기

1 (　)(○)　　　**2** |50 / |, 50
3 2, |0

1 길이가 | m보다 더 긴 물건의 길이를 잴 때에는 줄자를 사용하는 것이 편리합니다.

2 책장의 오른쪽 끝에 있는 눈금이 |50이므로 책장의 길이는 |50 cm＝| m 50 cm입니다.

3 한 줄로 놓인 물건의 오른쪽 끝에 있는 눈금이 2|0이므로 전체 길이는
2|0 cm＝2 m |0 cm입니다.

개념책 74쪽 개념❸

1 (1) 2, 70 (2) 70 / 2, 70

1 m는 m끼리, cm는 cm끼리 더합니다.

개념책 75쪽 기본유형 익히기

1 (1) 5, 70 (2) 8, 45 (3) 6, 84 (4) 9, 79
2 3 m |8 cm
3 | m 45 cm＋3 m |2 cm＝4 m 57 cm
　/ 4 m 57 cm

1 (3)　　 2 m 30 cm　(4)　　 6 m　8 cm
　　　 ＋4 m 54 cm　　　　＋3 m 7| cm
　　　　 6 m 84 cm　　　　　9 m 79 cm

2 | m |3 cm＋2 m 5 cm
　＝(| m＋2 m)＋(|3 cm＋5 cm)
　＝3 m |8 cm

3 (민수가 가지고 있는 털실의 길이)
　＋(수아가 가지고 있는 털실의 길이)
　＝| m 45 cm＋3 m |2 cm
　＝(| m＋3 m)＋(45 cm＋|2 cm)
　＝4 m 57 cm

1 (1) 1, 30 (2) 30 / 1, 30

1 m는 m끼리, cm는 cm끼리 뺍니다.

1 (1) 1, 35 (2) 4, 91 (3) 4, 20 (4) 5, 74
2 2 m 42 cm
3 1 m 86 cm−1 m 25 cm=61 cm
/ 61 cm

1 (3)
$$\begin{array}{r} 5\,\text{m}\ 45\,\text{cm} \\ -\ 1\,\text{m}\ 25\,\text{cm} \\ \hline 4\,\text{m}\ 20\,\text{cm} \end{array}$$
(4)
$$\begin{array}{r} 8\,\text{m}\ 78\,\text{cm} \\ -\ 3\,\text{m}\ \ \ 4\,\text{cm} \\ \hline 5\,\text{m}\ 74\,\text{cm} \end{array}$$

2 4 m 59 cm−2 m 17 cm
=(4 m−2 m)+(59 cm−17 cm)
=2 m 42 cm

3 (창문 긴 쪽의 길이)−(창문 짧은 쪽의 길이)
=1 m 86 cm−1 m 25 cm
=(1 m−1 m)+(86 cm−25 cm)
=61 cm

1 5
2 6

2 긴 줄의 길이는 1 m의 약 6배이므로 약 6 m입니다.

1 3
2 (1) 1 m (2) 10 m (3) 3 m
3 8

1 창문 긴 쪽의 길이는 약 1 m의 3배이므로 약 3 m입니다.

3 학교 교문의 길이는 약 2 m의 4배이므로 약 8 m입니다.

🖊 서술형 문제는 풀이를 꼭 확인하세요.

1 1 m 20 cm
2 약 4 m
3 (1) 7 m 25 cm (2) 2 m 94 cm
4 영희, 708 cm
5 지효
🖊**6** 풀이 참조
7 16 m 37 cm
8 1 m 16 cm
9 ㉢, ㉣
10 진주
11 8 m 76 cm
12 12

1 칠판의 오른쪽 끝에 있는 눈금이 120이므로 칠판 긴 쪽의 길이는 120 cm=1 m 20 cm입니다.

2 사물함의 길이는 1 m의 약 4배이므로 약 4 m 입니다.

3 (1) 받아올림이 있는 길이의 합을 구할 때에는 100 cm=1 m임을 이용합니다.
$$\begin{array}{r} 1 \\ 3\,\text{m}\ 40\,\text{cm} \\ +\ 3\,\text{m}\ 85\,\text{cm} \\ \hline 7\,\text{m}\ 25\,\text{cm} \end{array}$$

(2) 받아내림이 있는 길이의 차를 구할 때에는 1 m=100 cm임을 이용합니다.
$$\begin{array}{r} 6 \quad\ \ 100 \\ \cancel{7}\,\text{m}\ 54\,\text{cm} \\ -\ 4\,\text{m}\ 60\,\text{cm} \\ \hline 2\,\text{m}\ 94\,\text{cm} \end{array}$$

4 7 m 8 cm=7 m+8 cm
=700 cm+8 cm=708 cm

5 • 재석: 6 m 32 cm=6 m+32 cm
=600 cm+32 cm
=632 cm
• 지효: 6 m 7 cm=6 m+7 cm
=600 cm+7 cm
=607 cm
따라서 607 cm<620 cm<632 cm이므로 가장 짧은 길이를 말한 사람은 지효입니다.

🖊**6** **예** 액자의 한끝을 줄자의 눈금 0에 맞추지 않고 10에 맞추었기 때문에 액자의 길이는 110 cm 가 아닙니다.」❶

채점 기준

❶ 길이 재기가 잘못 된 이유 쓰기	

7 (굴렁쇠가 굴러간 거리)
  $=9\text{ m }24\text{ cm}+7\text{ m }13\text{ cm}$
  $=16\text{ m }37\text{ cm}$

8 (선생님이 더 뛴 거리)
  $=$(선생님이 뛴 거리)$-$(주연이가 뛴 거리)
  $=2\text{ m }58\text{ cm}-1\text{ m }42\text{ cm}$
  $=1\text{ m }16\text{ cm}$

9 필통 10개를 이어 놓은 길이와 책상의 길이는 10 m보다 짧습니다.

10 진주가 잰 트럭의 길이는 약 5 m이고, $7\times3=21$이므로 수빈이가 잰 옷장의 길이는 약 3 m입니다. 따라서 5 m > 3 m이므로 더 긴 길이를 어림한 사람은 진주입니다.

11 $6\text{ m }24\text{ cm}>4\text{ m }15\text{ cm}>2\text{ m }52\text{ cm}$ 이므로 가장 긴 길이는 6 m 24 cm, 가장 짧은 길이는 2 m 52 cm입니다.
  ⇨ $6\text{ m }24\text{ cm}+2\text{ m }52\text{ cm}=8\text{ m }76\text{ cm}$

12 • 왼쪽 나무에서 시소까지의 거리: 약 4 m
  • 시소의 길이: 약 4 m
  • 시소에서 오른쪽 나무까지의 거리: 약 4 m
  ⇨ $4+4+4=12$이므로 나무와 나무 사이의 거리는 약 12 m입니다.

개념책 82~83쪽 **응용유형 다잡기**

1 (1) 큰 (2) 9, 8, 6   **2** 2, 3, 7
3 (1) 1 m 45 cm (2) 2 m 77 cm
4 2 m 68 cm
5 (1) 약 8번 (2) 약 16 m
6 약 45 m   **7** 8, 2, 4 / 범고래

1 (2) 9 > 8 > 6이므로 만들 수 있는 가장 긴 길이는 9 m 86 cm입니다.

2 가장 짧은 길이를 만들려면 m 단위부터 작은 수를 차례대로 놓아야 합니다.
  따라서 2 < 3 < 7이므로 가장 짧은 길이는 2 m 37 cm입니다.

---

3 (1) (은하 언니의 키)
    $=$(은하의 키)$+13\text{ cm}$
    $=1\text{ m }32\text{ cm}+13\text{ cm}$
    $=1\text{ m }45\text{ cm}$
  (2) (은하와 은하 언니의 키의 합)
    $=1\text{ m }32\text{ cm}+1\text{ m }45\text{ cm}$
    $=2\text{ m }77\text{ cm}$

4 (윤지가 가진 끈의 길이)
  $=$(정민이가 가진 끈의 길이)-24 cm
  $=1\text{ m }46\text{ cm}-24\text{ cm}$
  $=1\text{ m }22\text{ cm}$
  ⇨ (정민이와 윤지가 가진 끈의 길이의 합)
    $=1\text{ m }46\text{ cm}+1\text{ m }22\text{ cm}$
    $=2\text{ m }68\text{ cm}$

5 (1) $3\times8=24$이므로 약 24걸음은 3걸음씩 약 8번입니다.
  (2) 2 m의 약 8배는 약 16 m이므로 복도 긴 쪽의 길이는 약 16 m입니다.

6 $6\times9=54$이므로 약 54걸음은 6걸음씩 약 9번입니다.
  따라서 5 m의 약 9배는 약 45 m이므로 운동장 긴 쪽의 길이는 약 45 m입니다.

7 8 m > 5 m > 4 m > 2 m이므로 몸길이가 가장 긴 동물은 범고래입니다.

개념책 84~86쪽 **단원 마무리**

🖋 서술형 문제는 풀이를 꼭 확인하세요.

1 100   **2** 810
3 8, 10   **4** 1 m 50 cm
5 20 m   **6** 1 m 83 cm
7 약 2 m   **8** ④
9 6, 35   **10** ㉡, ㉣
11 12 m 65 cm   **12** 연우
13 14 m 69 cm   **14** ㉠, ㉢, ㉡
15 ㉠   **16** 4 m 95 cm
17 15   **18** 2 m 59 cm
🖋**19** 약 5 m   🖋**20** 3 m 88 cm

2 $8 \text{ m } 10 \text{ cm}=8 \text{ m}+10 \text{ cm}$
$\qquad\qquad =800 \text{ cm}+10 \text{ cm}$
$\qquad\qquad =810 \text{ cm}$

4 나무 막대의 오른쪽 끝에 있는 눈금이 150이므로 나무 막대의 길이는 $150 \text{ cm}=1 \text{ m } 50 \text{ cm}$ 입니다.

6
$$\begin{array}{r} \overset{4}{\cancel{5}} \text{ m } \overset{100}{13} \text{ cm} \\ -\ 3 \text{ m } 30 \text{ cm} \\ \hline 1 \text{ m } 83 \text{ cm} \end{array}$$

7 분수대의 높이는 1 m의 약 2배이므로 약 2 m 입니다.

8 ④ $7 \text{ m } 1 \text{ cm}=7 \text{ m}+1 \text{ cm}$
$\qquad\qquad =700 \text{ cm}+1 \text{ cm}$
$\qquad\qquad =701 \text{ cm}$

9 $8 \text{ m } 56 \text{ cm}-2 \text{ m } 21 \text{ cm}$
$=(8 \text{ m}-2 \text{ m})+(56 \text{ cm}-21 \text{ cm})$
$=6 \text{ m } 35 \text{ cm}$

11 (현태와 민경이가 가지고 있는 끈의 길이의 합)
$=5 \text{ m } 47 \text{ cm}+7 \text{ m } 18 \text{ cm}$
$=(5 \text{ m}+7 \text{ m})+(47 \text{ cm}+18 \text{ cm})$
$=12 \text{ m } 65 \text{ cm}$

12 $2 \times 3=6$이므로 연우가 잰 화단의 길이는 약 3 m이고, $6 \times 4=24$이므로 승현이가 잰 식탁의 길이는 약 4 m입니다.
따라서 $3 \text{ m}<4 \text{ m}$이므로 더 짧은 길이를 어림한 사람은 연우입니다.

13 (집에서 학교까지의 거리)
$=$(집에서 도서관까지의 거리)
$\qquad -$(학교에서 도서관까지의 거리)
$=23 \text{ m } 15 \text{ cm}-8 \text{ m } 46 \text{ cm}$
$=14 \text{ m } 69 \text{ cm}$

14 ⓒ $6 \text{ m } 30 \text{ cm}=630 \text{ cm}$
ⓒ $6 \text{ m } 4 \text{ cm}=604 \text{ cm}$
$\Rightarrow$ ㉠ $603 \text{ cm}<$ⓒ $604 \text{ cm}<$ⓒ 630 cm

15 ㉠ $2 \text{ m } 62 \text{ cm}+5 \text{ m } 21 \text{ cm}=7 \text{ m } 83 \text{ cm}$
ⓒ $8 \text{ m } 87 \text{ cm}-1 \text{ m } 45 \text{ cm}=7 \text{ m } 42 \text{ cm}$
$\Rightarrow$ ㉠ $7 \text{ m } 83 \text{ cm}>$ⓒ $7 \text{ m } 42 \text{ cm}$

16 $3 \text{ m } 55 \text{ cm}>2 \text{ m } 8 \text{ cm}>1 \text{ m } 40 \text{ cm}$이 므로 가장 긴 길이는 $3 \text{ m } 55 \text{ cm}$, 가장 짧은 길이는 $1 \text{ m } 40 \text{ cm}$입니다.
$\Rightarrow 3 \text{ m } 55 \text{ cm}+1 \text{ m } 40 \text{ cm}=4 \text{ m } 95 \text{ cm}$

17 • 왼쪽 가로등에서 분수대까지의 거리: 약 6 m
• 분수대의 길이: 약 6 m
• 분수대에서 오른쪽 가로등까지의 거리: 약 3 m
$\Rightarrow 6+6+3=15$이므로 가로등과 가로등 사이의 거리는 약 15 m입니다.

18 (지희 동생의 키)$=$(지희의 키)-11 cm
$\qquad\qquad\qquad\quad =1 \text{ m } 35 \text{ cm}-11 \text{ cm}$
$\qquad\qquad\qquad\quad =1 \text{ m } 24 \text{ cm}$
$\Rightarrow$ (지희와 지희 동생의 키의 합)
$\qquad =1 \text{ m } 35 \text{ cm}+1 \text{ m } 24 \text{ cm}$
$\qquad =2 \text{ m } 59 \text{ cm}$

19 예 신발장의 길이는 1 m의 약 5배입니다. ❶
따라서 신발장의 길이는 약 5 m입니다. ❷

채점 기준	
❶ 신발장의 길이는 1 m의 약 몇 배인지 구하기	3점
❷ 신발장의 길이는 약 몇 m인지 구하기	2점

20 예 이서가 사용한 끈의 길이에 24 cm를 더하면 되므로 $3 \text{ m } 64 \text{ cm}+24 \text{ cm}$를 계산합니다. ❶
따라서 유진이가 사용한 끈은
$3 \text{ m } 64 \text{ cm}+24 \text{ cm}=3 \text{ m } 88 \text{ cm}$입니다. ❷

채점 기준	
❶ 문제에 알맞은 식 만들기	2점
❷ 유진이가 사용한 끈의 길이 구하기	3점

4. 시각과 시간

1 (1) 2 (2) 5, 10
2

1 (1) 1 (2) 7, 11 **2**

1
2 (1) 10, 20 (2) 3, 45
3

1 시계의 긴바늘이 가리키는 숫자가 2이면 10분, 5이면 25분, 7이면 35분, 8이면 40분, 11이면 55분을 나타냅니다.

2 (1) 짧은바늘은 10과 11 사이를 가리키고, 긴바늘은 4를 가리키므로 10시 20분입니다.
　(2) 짧은바늘은 3과 4 사이를 가리키고, 긴바늘은 9를 가리키므로 3시 45분입니다.

3 • 짧은바늘은 4와 5 사이를 가리키고, 긴바늘은 7을 가리키므로 4시 35분입니다.
　• 짧은바늘은 4와 5 사이를 가리키고, 긴바늘은 3을 가리키므로 4시 15분입니다.
　• 짧은바늘은 7과 8 사이를 가리키고, 긴바늘은 2를 가리키므로 7시 10분입니다.
　• 디지털시계에서 ':' 왼쪽의 수는 시를 나타내고, 오른쪽의 수는 분을 나타내므로 각각 4시 35분, 7시 10분, 4시 15분을 나타냅니다.

1
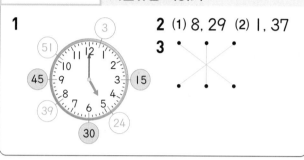
2 (1) 8, 29 (2) 1, 37
3

1 • 긴바늘이 12에서 작은 눈금으로 3칸 더 간 부분을 가리키면 3분입니다.
　• 긴바늘이 4에서 작은 눈금으로 4칸 더 간 부분을 가리키면 24분입니다.
　• 긴바늘이 7에서 작은 눈금으로 4칸 더 간 부분을 가리키면 39분입니다.
　• 긴바늘이 10에서 작은 눈금으로 1칸 더 간 부분을 가리키면 51분입니다.

2 (1) 짧은바늘은 8과 9 사이를 가리키고, 긴바늘은 5에서 작은 눈금으로 4칸 더 간 부분을 가리키므로 8시 29분입니다.
　(2) 짧은바늘은 1과 2 사이를 가리키고, 긴바늘은 7에서 작은 눈금으로 2칸 더 간 부분을 가리키므로 1시 37분입니다.

3 • 짧은바늘은 9와 10 사이를 가리키고, 긴바늘은 5에서 작은 눈금으로 1칸 더 간 부분을 가리키므로 9시 26분입니다.
　• 짧은바늘은 6과 7 사이를 가리키고, 긴바늘은 10에서 작은 눈금으로 2칸 더 간 부분을 가리키므로 6시 52분입니다.
　• 짧은바늘은 9와 10 사이를 가리키고, 긴바늘은 3에서 작은 눈금으로 1칸 더 간 부분을 가리키므로 9시 16분입니다.
　• 디지털시계는 각각 9시 16분, 6시 52분, 9시 26분을 나타냅니다.

개념책 94쪽 | 개념 ❸

1 (1) 6, 50 (2) 10 (3) 7, 10

2

개념책 95쪽 | 기본유형 익히기

1 (1) 50, 10 (2) 55, 5
2 (1) 5 (2) 2, 50 **3**

1 (1) 시계가 나타내는 시각은 4시 50분입니다.
4시 50분에서 5시가 되려면 10분이 더 지나야 하므로 5시 10분 전이라고도 합니다.
(2) 시계가 나타내는 시각은 11시 55분입니다.
11시 55분에서 12시가 되려면 5분이 더 지나야 하므로 12시 5분 전이라고도 합니다.

2 (1) 10시 55분에서 11시가 되려면 5분이 더 지나야 하므로 11시 5분 전입니다.
(2) 3시가 되려면 10분이 더 지나야 하는 시각은 2시 50분입니다.

3 • 1시 55분에서 2시가 되려면 5분이 더 지나야 하므로 2시 5분 전입니다.
• 3시 50분에서 4시가 되려면 10분이 더 지나야 하므로 4시 10분 전입니다.

개념책 96쪽 | 개념 ❹

1 (1) 9시 10분 20분 30분 40분 50분 10시

(2) 60, 1

1 (2) 시간 띠에서 1칸은 10분을 나타내고, 6칸을 색칠했으므로 요리를 하는 데 걸린 시간은 60분=1시간입니다.

개념책 97쪽 | 기본유형 익히기

1 (1) 1 (2) 60

2 2시 10분 20분 30분 40분 50분 3시 10분 20분 30분 40분 50분 4시

60분 또는 1시간

3 2

2 시간 띠에서 1칸은 10분을 나타내고, 6칸을 색칠했으므로 농구를 하는 데 걸린 시간은 60분(=1시간)입니다.

3 4시부터 5시까지 긴바늘을 1바퀴, 5시부터 6시까지 긴바늘을 1바퀴 돌려야 합니다.
따라서 영화를 보는 데 걸린 시간을 구하려면 긴바늘을 2바퀴 돌려야 합니다.

개념책 98쪽 | 개념 ❺

1 (1) 2시 10분 20분 30분 40분 50분 3시 10분 20분 30분 40분 50분 4시

(2) 1, 30, 90

1 (2) 시간 띠에서 1칸은 10분을 나타내고, 9칸을 색칠했으므로 문제집을 푸는 데 걸린 시간은 90분=1시간 30분입니다.

개념책 99쪽 | 기본유형 익히기

1 (1) 1, 50 (2) 150
2 (1) 2시 10분 20분 30분 40분 50분 3시 10분 20분 30분 40분 50분 4시

(2) 1, 10, 70
3 (○) ( )

1 (1) 110분=60분+50분=1시간 50분
(2) 2시간 30분=60분+60분+30분
=150분

2 (2) 시간 띠에서 1칸은 10분을 나타내고, 7칸을 색칠했으므로 서울에서 대전까지 이동하는 데 걸린 시간은 70분=1시간 10분입니다.

3 • 전통 과자 만들기: 9시 $\xrightarrow{\text{I시간 후}}$ I0시

$\xrightarrow{\text{I0분 후}}$ I0시 I0분

⇨ I시간 I0분

• 종이 접기: 2시 $\xrightarrow{\text{I시간 후}}$ 3시

$\xrightarrow{\text{I0분 후}}$ 3시 I0분

⇨ I시간 I0분

• 부채 꾸미기: 4시 $\xrightarrow{\text{30분 후}}$ 4시 30분

⇨ 30분

따라서 전통 과자 만들기와 걸린 시간이 같은 체험은 종이 접기입니다.

개념책 101~103쪽 **실전유형 다지기**

🔖 서술형 문제는 풀이를 꼭 확인하세요.

1 2, 40 　　　　　　**2** 6, 5
3 (1) I20 (2) 3 (3) I60 (4) 3, 30
4

（시계 그림: 짧은바늘이 I0과 II 사이, 긴바늘이 I0을 가리킴）

5 7, I4 / 예 양치를 했습니다.
6

（시계 그림: 짧은바늘이 I과 2 사이, 긴바늘이 8을 가리킴）

7 윤서

🖊**8** 풀이 참고 　　　　　**9** II시 43분
10 당근 　　　　　　　**11** I0분
12 I2시 50분 　　　　**13** I시간 50분
14

（선 잇기: 교차선）

15 3바퀴
16 3시 　　　　　　　**17** 2시간 40분

---

1 짧은바늘은 2와 3 사이를 가리키고, 긴바늘은 8을 가리키므로 2시 40분입니다.

2 5시 55분에서 6시가 되려면 5분이 더 지나야 하므로 6시 5분 전입니다.

---

3 (1) 2시간＝60분＋60분＝I20분
(2) I80분＝60분＋60분＋60분＝3시간
(3) 2시간 40분＝60분＋60분＋40분
＝I60분
(4) 2I0분＝60분＋60분＋60분＋30분
＝3시간 30분

4 5시가 되려면 I0분이 더 지나야 하는 시각은 4시 50분입니다. 따라서 50분을 나타내야 하므로 긴바늘이 I0을 가리키도록 그립니다.

5 짧은바늘은 7과 8 사이를 가리키고, 긴바늘은 2에서 작은 눈금으로 4칸 더 간 부분을 가리키므로 7시 I4분입니다.
따라서 준우는 7시 I4분에 양치를 하였습니다.

6 시계의 긴바늘이 한 바퀴 도는 데 60분이 걸리므로 시계의 긴바늘이 2를 가리키도록 그립니다.

7 • 시계가 나타내는 시각은 8시 50분입니다.
• 8시 50분에서 9시가 되려면 I0분이 더 지나야 하므로 9시 I0분 전이라고도 합니다.
따라서 바르게 말한 사람은 윤서입니다.

🖊**8** 예 시계의 긴바늘이 가리키는 5를 25분이 아니라 5분이라고 잘못 읽었습니다.」❶
따라서 바르게 읽은 시각은 2시 25분입니다.」❷

채점 기준
❶ 시각을 잘못 읽은 이유 쓰기
❷ 바르게 읽은 시각 쓰기

9 짧은바늘은 II과 I2 사이를 가리키고, 긴바늘은 8에서 작은 눈금으로 3칸 더 간 부분을 가리키므로 II시 43분입니다.

10

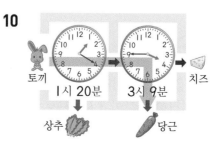

토끼　I시 20분　3시 9분　치즈
상추　당근

11 3시부터 1시간 동안 청소를 하면 4시에 끝납니다.

따라서 현재 시각 3시 50분에서 4시가 되려면 10분이 더 지나야 하므로 청소를 10분 더 해야 합니다.

12 1시 10분 전의 시각은 12시 50분이므로 재욱이가 약속 장소에 도착한 시각은 12시 50분입니다.

13 • 시작한 시각: 4시   • 끝난 시각: 5시 50분

4시 $\xrightarrow{\text{1시간 후}}$ 5시 $\xrightarrow{\text{50분 후}}$ 5시 50분

⇨ 1시간 50분

따라서 어린이 뮤지컬이 공연하는 데 걸린 시간은 1시간 50분입니다.

14 • 아침 식사: 8시 30분 $\xrightarrow{\text{1시간 후}}$ 9시 30분
$\xrightarrow{\text{30분 후}}$ 10시
⇨ 1시간 30분

• 동화책 읽기: 11시 $\xrightarrow{\text{40분 후}}$ 11시 40분
⇨ 40분

• 그림 그리기: 9시 20분 $\xrightarrow{\text{40분 후}}$ 10시
⇨ 40분

• 블록 놀이: 2시 $\xrightarrow{\text{1시간 후}}$ 3시
$\xrightarrow{\text{30분 후}}$ 3시 30분
⇨ 1시간 30분

15 멈춘 시계의 시각을 읽어 보면 8시 30분이고, 현재 시각은 11시 30분입니다.

따라서 8시 30분에서 11시 30분이 되려면 긴바늘을 3바퀴만 돌리면 됩니다.

16 60분이 1시간이고, 30분씩 4가지 공연을 관람했으므로 공연을 관람한 시간은 2시간입니다.

따라서 공연이 시작한 시각이 1시이므로 공연이 끝난 시각은 3시입니다.

17

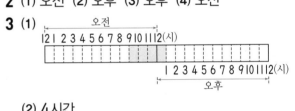

따라서 유미가 우주 체험관에서 보낸 시간은 2시간 40분입니다.

개념책 104쪽　**개념 ❻**

1 (1) 오전, 오후 (2) 24

개념책 105쪽　**기본유형 익히기**

1 (1) 24 (2) 1 (3) 48 (4) 1, 6
2 (1) 오전 (2) 오후 (3) 오후 (4) 오전
3 (1)

```
                     오전
  12 1 2 3 4 5 6 7 8 9 10 11 12(시)
  [ㅣㅣㅣㅣㅣㅣㅣㅣㅣㅣㅣㅣㅣㅣㅣㅣㅣㅣㅣㅣㅣㅣㅣ]
                       1 2 3 4 5 6 7 8 9 10 11 12(시)
                              오후
```

(2) 4시간

1 (2) 24시간=1일
(3) 2일=24시간+24시간=48시간
(4) 30시간=24시간+6시간=1일 6시간

2 (1) 아침: 날이 새면서 오전 반나절쯤까지의 동안
(2) 저녁: 해가 질 무렵부터 밤이 되기까지의 사이
(3) 낮: 아침이 지나고 저녁이 되기 전까지의 동안
(4) 새벽: (주로 자정 이후 일출 전의 시간 단위 앞에 쓰여) '오전'의 뜻을 이르는 말

3 (2) 시간 띠에서 1칸은 1시간을 나타내고, 오전 9시부터 오후 1시까지 4칸을 색칠했으므로 시후가 학교에 있었던 시간은 4시간입니다.

개념책 106쪽　**개념 ❼**

1 (1) 31 (2) 금, 토 (3) 7
2 12

1 (1) 14 (2) 1 (3) 24 (4) 3
2 (1) 4 (2) 목 (3) 8   **3** 31, 30, 30
4

11월

일요일	월요일	화요일	수요일	목요일	금요일	토요일
			1	2	3	4
5	6	7	8	9	10	11
12	13	14	15	16	17	18
19	20	21	22	23	24	25
26	27	28	29	30		

1 (1) 2주일=7일+7일=14일
   (2) 12개월=1년
   (3) 2년=12개월+12개월=24개월
   (4) 21일=7일+7일+7일=3주일

2 (1) 일요일은 4일, 11일, 18일, 25일로 모두
      4번 있습니다.
   (3) 1주일은 7일이므로 삼일절부터 1주일 후는
      3월 1+7=8(일)입니다.

4 • 달력에서 월요일 다음은 화요일입니다.
   • 같은 요일은 7일마다 반복되므로 11월 8일
     수요일의 1주일 후는 15일, 2주일 후는 22일
     입니다.
   • 11월은 30일까지 있습니다.

✏ 서술형 문제는 풀이를 꼭 확인하세요.

1 (   )   **2** (   )
   (○)   (○)
                 (   )

3 오후, 1   **4** 8일
5 진규   **6** 지희
7 35시간
8

10월

일	월	화	수	목	금	토
1	2	3	4	5	6	7
8	9	10	11	12	13	14
15	16	17	⑱	19	20	21
22	23	24	25	26	27	28
29	30	31				

9 10월 17일
10 11월 6일

1 • 1일 3시간=24시간+3시간=27시간
   • 50시간=24시간+24시간+2시간
              =2일 2시간

2 • 3월: 31일, 6월: 30일
   • 5월: 31일, 10월: 31일
   • 8월: 31일, 9월: 30일

3 오전 10시의 3시간 후는 오후 1시입니다.

4 2월에 화요일은 2일, 9일, 16일, 23일로 4일
   이고, 목요일은 4일, 11일, 18일, 25일로 4일
   입니다.
   따라서 2월에 등산하는 날은 모두
   4+4=8(일)입니다.

✏5 ❶ 예 1년 2개월=12개월+2개월=14개월
      입니다.
   ❷ 예 15개월이 14개월보다 길므로 피아노를
      더 오래 배운 사람은 진규입니다.

6 다음날 오전에 아침 식사를 했습니다.

7 오전 7시부터 다음날 오전 7시까지는 24시간
   이고, 오전 7시부터 오후 6시까지는 11시간입
   니다.
   따라서 준호네 가족이 여행하는 데 걸린 시간은
   모두 24+11=35(시간)입니다.

8 달력에서 셋째 수요일을 찾아보면 18일입니다.
   따라서 수지가 발표를 하는 날은 10월 18일입
   니다.

9 2주일 후는 7+7=14(일) 후입니다. 따라서
   3일의 2주일 후는 3+14=17(일)입니다.

10 10월 31일은 화요일이므로 11월 1일은 수요일
   입니다.
   따라서 11월 첫째 월요일은 11월 6일이므로
   슬기가 11월에 처음으로 수학 학원에 가는 날은
   11월 6일입니다.

개념책 110~111쪽 응용유형 다잡기

1 (1) 전 (2) 4시 10분
2 2시 20분
3 (1) 18일 (2) 7일 (3) 25일
4 23일
5 (1) 1시간 30분, 1시간 40분 (2) 현우
6 지혜
7 은주

1 영화가 끝난 시각에서 영화를 본 시간만큼 되돌려 영화가 시작한 시각을 구합니다.

5시 30분 $\xrightarrow{\text{1시간 전}}$ 4시 30분 $\xrightarrow{\text{20분 전}}$ 4시 10분

따라서 영화가 시작한 시각은 4시 10분입니다.

2 봉사 활동을 끝낸 시각에서 봉사 활동을 한 시간만큼 되돌려 봉사 활동을 시작한 시각을 구합니다.

3시 50분 $\xrightarrow{\text{1시간 전}}$ 2시 50분 $\xrightarrow{\text{30분 전}}$ 2시 20분

따라서 봉사 활동을 시작한 시각은 2시 20분입니다.

3 (1) 5월은 31일까지 있으므로 5월 14일부터 31일까지는 18일입니다.
(2) 6월 1일부터 7일까지는 7일입니다.
(3) 18+7=25(일)

4 9월은 30일까지 있으므로 9월 17일부터 30일까지는 14일이고, 10월 1일부터 9일까지는 9일입니다.
따라서 연주회를 하는 기간은 14+9=23(일)입니다.

5 (1) 미희: 6시 10분 $\xrightarrow{\text{1시간 후}}$ 7시 10분 $\xrightarrow{\text{30분 후}}$ 7시 40분
⇨ 1시간 30분

현우: 6시 20분 $\xrightarrow{\text{1시간 후}}$ 7시 20분 $\xrightarrow{\text{40분 후}}$ 8시
⇨ 1시간 40분

6 민하: 3시 $\xrightarrow{\text{1시간 후}}$ 4시 $\xrightarrow{\text{20분 후}}$ 4시 20분
⇨ 1시간 20분

지혜: 3시 10분 $\xrightarrow{\text{1시간 후}}$ 4시 10분 $\xrightarrow{\text{50분 후}}$ 5시
⇨ 1시간 50분

따라서 운동을 더 오래 한 사람은 지혜입니다.

7 • 재우: 두 시계가 나타내는 시각은 11시 50분이지만 12시 5분 전은 11시 55분을 나타냅니다.
• 은주: 두 시계와 1시 5분 전은 모두 12시 55분을 나타냅니다.
따라서 모두 같은 시각을 나타내는 카드를 가진 사람은 은주이므로 이긴 사람은 은주입니다.

개념책 112~114쪽 단원 마무리

📝 서술형 문제는 풀이를 꼭 확인하세요.

1 (위에서부터) 3, 9 / 5, 30, 50
2 1, 17
3 오전
4
5 ( )(○)
6 1, 9
7 54
8 (○)( )
9 ( )(○)
10 목요일
11 12월 7일
12
13 오후, 9, 12
14 80분
15 7시 30분
16 1시 30분
17 준우
18 28일
19 5번
20 10시

1 시계의 긴바늘이 가리키는 숫자가 1이면 5분, 6이면 30분, 10이면 50분을 나타내고, 나타내는 분이 15분, 45분이면 긴바늘이 가리키는 숫자는 각각 3, 9입니다.

2 짧은바늘은 1과 2 사이를 가리키고, 긴바늘은 3에서 2칸 더 간 부분을 가리키므로 1시 17분입니다.

3 전날 밤 12시부터 낮 12시까지를 오전이라고 합니다.

4 8시 10분 전의 시각은 7시 50분입니다.
따라서 50분을 나타내야 하므로 긴바늘이 10을 가리키도록 그립니다.

5 7시 13분은 짧은바늘이 7과 8 사이를 가리키고, 긴바늘이 2에서 3칸 더 간 부분을 가리키므로 오른쪽 시계가 7시 13분입니다.

6 21개월=12개월+9개월=1년 9개월

7 2일 6시간=24시간+24시간+6시간
　　　　　　=54시간

8 1시간 20분=60분+20분=80분
　⇨ 100분이 80분보다 더 깁니다.

9 ・4월: 30일, 10월: 31일
　・6월: 30일, 11월: 30일

10 12월 14일은 목요일이므로 도영이의 생일은 목요일입니다.

11 도영이의 생일이 12월 14일이므로 수민이의 생일은 12월 14일의 1주일 전인 12월 7일입니다.

12 2시 5분 전의 시각은 1시 55분입니다.
따라서 55분을 나타내야 하므로 긴바늘이 11을 가리키도록 그립니다.

13 시계가 나타내는 시각은 9시 12분입니다.
짧은바늘을 한 바퀴 돌리면 12시간이 지나므로 오후 9시 12분입니다.

14 3시 40분 $\xrightarrow{\text{1시간 후}}$ 4시 40분 $\xrightarrow{\text{20분 후}}$ 5시
　⇨ 1시간 20분=60분+20분=80분

15 60분이 1시간이고, 30분씩 6가지 전통 놀이를 체험했으므로 전통 놀이 체험을 한 시간은 3시간입니다.
따라서 전통 놀이 체험을 시작한 시각은 4시 30분이므로 전통 놀이 체험이 끝난 시각은 7시 30분입니다.

16 등산을 끝낸 시각에서 등산을 한 시간만큼 되돌려 등산을 시작한 시각을 구합니다.
2시 40분 $\xrightarrow{\text{1시간 전}}$ 1시 40분
　　　　 $\xrightarrow{\text{10분 전}}$ 1시 30분
따라서 등산을 시작한 시각은 1시 30분입니다.

17 ・선하: 3시 30분 $\xrightarrow{\text{1시간 후}}$ 4시 30분
　　　　　 $\xrightarrow{\text{10분 후}}$ 4시 40분
　　　⇨ 1시간 10분
　・준우: 5시 $\xrightarrow{\text{1시간 후}}$ 6시 $\xrightarrow{\text{20분 후}}$ 6시 20분
　　　⇨ 1시간 20분
따라서 숙제를 더 오래 한 사람은 준우입니다.

18 3월은 31일까지 있으므로 3월 12일부터 31일까지는 20일이고, 4월 1일부터 8일까지는 8일입니다. 따라서 도서 박람회가 열리는 기간은 20+8=28(일)입니다.

19 예 화요일은 1일, 8일, 15일, 22일, 29일입니다.」❶
따라서 화요일은 모두 5번 있습니다.」❷

채점 기준	
❶ 화요일인 날짜 모두 구하기	3점
❷ 화요일은 모두 몇 번 있는지 구하기	2점

20 예 1교시 수업이 끝난 시각은 9시에서 50분 후인 9시 50분입니다.」❶
따라서 2교시 수업이 시작하는 시각은 9시 50분에서 10분 후인 10시입니다.」❷

채점 기준	
❶ 1교시 수업이 끝난 시각 구하기	3점
❷ 2교시 수업이 시작하는 시각 구하기	2점

5. 표와 그래프

개념책 118쪽 **개념 ❶**

1 (1) 서윤, 지원 / 준서, 민우, 민지
　　(2) 3, 2, 3, 8

1 (2) (합계)=3+2+3=8(명)

개념책 119쪽 **기본유형 익히기**

1 🌷　　　　　　　**2** 4, 3, 3, 2, 12

3 ㉣, ㉡, ㉢

2 꽃별로 빠뜨리거나 두 번 세지 않도록 표시를 하면서 세어 표의 빈칸에 씁니다.

4 참고 자료를 조사하는 방법에는 붙임 종이에 적어 모으는 방법, 한 사람씩 말하는 방법, 손을 들어 그 수를 세는 방법, 붙임딱지를 붙이는 방법 등이 있습니다.

개념책 120쪽 **개념 ❷**

1 (1) 1, 2, 3, 1, 7
　　(2) 재인이네 모둠 학생들이 좋아하는 색깔별 학생 수

3			◯	
2		◯	◯	
1	◯	◯	◯	◯
학생 수(명) / 색깔	빨강	노랑	초록	파랑

1 (1) 색깔별로 빠뜨리거나 두 번 세지 않도록 표시를 하면서 세어 표의 빈칸에 씁니다.
　　(2) 좋아하는 색깔별 학생 수만큼 ◯를 한 칸에 하나씩, 아래에서 위로 빈칸 없이 채워서 나타냅니다.

개념책 121쪽 **기본유형 익히기**

1 효민이네 모둠 학생들의 장래 희망별 학생 수

4		×		
3	×	×	×	
2	×	×	×	×
1	×	×	×	×
학생 수(명) / 장래 희망	선생님	연예인	경찰	의사

2 학생 수

3 효민이네 모둠 학생들의 장래 희망별 학생 수

의사	/	/	/	/
경찰	/	/	/	
연예인	/	/	/	/
선생님	/	/		
장래 희망 / 학생 수(명)	1	2	3	4

4 장래 희망

개념책 122쪽 **개념 ❸**

1 8 / 꿀떡, 백설기

개념책 123쪽 **기본유형 익히기**

1 2, 3, 4, 3, 12
2 동규네 모둠 학생들이 배우고 싶은 악기별 학생 수

4			/	
3			/	/
2		/	/	/
1	/	/	/	/
학생 수(명) / 악기	드럼	바이올린	오카리나	피아노

3 3명
4 오카리나

2 배우고 싶은 악기별 학생 수만큼 /을 한 칸에 하나씩, 아래에서 위로 빈칸 없이 채워서 나타냅니다.

3 표에서 피아노를 배우고 싶은 학생 수를 찾으면 3명입니다.

4 그래프에서 /의 수가 가장 많은 악기는 오카리나입니다.

🖊 서술형 문제는 풀이를 꼭 확인하세요.

1 선미, 은지　　　　**2** 2, 4, 2, 8

3 ㉣, ㉡, ㉢　　　🖊**4** 풀이 참조

5 〈예〉 은주네 반 학생들의 취미별 학생 수

운동	○	○	○	○	○	○
게임	○	○				
독서	○	○	○			
취미＼학생 수(명)	1	2	3	4	5	6

6 〈예〉 2월 날씨별 날수

날씨	맑음	흐림	비	눈	합계
날수(일)	8	7	6	7	28

7 〈예〉 2월 날씨별 날수

8	×			
7	×	×		×
6	×	×	×	×
5	×	×	×	×
4	×	×	×	×
3	×	×	×	×
2	×	×	×	×
1	×	×	×	×
날수(일)＼날씨	맑음	흐림	비	눈

8 시소　　　　　　**9** 2명

10 11, 시소

---

2 음식별로 빠뜨리거나 두 번 세지 않도록 표시를 하면서 세어 표의 빈칸에 씁니다.

🖊**4** 〈예〉 왼쪽에서부터 빈칸 없이 그려야 하는데 게임과 독서에 그려진 ○는 중간에 빈칸이 있으므로 잘못 그렸습니다.」❶

> **채점 기준**
> ❶ 그래프에서 잘못된 부분을 찾아 이유 쓰기

5 취미별 학생 수만큼 ○를 한 칸에 하나씩, 왼쪽에서 오른쪽으로 빈칸 없이 채워서 나타냅니다.

8 그네: 4명, 시소: 5명, 미끄럼틀: 2명
⇨ 4명보다 많은 학생들이 좋아하는 놀이 기구는 시소입니다.

9 그네: 4명, 미끄럼틀: 2명
⇨ 4－2＝2(명)

---

1 (1) 딸기　(2) 딸기

2 사랑 마을

3 (1) 3명, 1명

(2) 좋아하는 악기별 학생 수

3	○		
2	○		○
1	○	○	○
학생 수(명)＼악기	피아노	플루트	하프

4 좋아하는 간식별 학생 수

케이크	○	○	
젤리	○	○	○
아이스크림	○	○	
간식＼학생 수(명)	1	2	3

5 (1) 7명　(2) 5명　　**6** 8장

7 (위에서부터) 5, 3, 1, 9 / 2, 4

---

1 자료를 보고 과일별로 학생 수를 세어 보면 사과 2명, 딸기 2명, 포도 1명입니다.
따라서 자료와 표의 학생 수가 다른 과일은 딸기이므로 다희가 좋아하는 과일은 딸기입니다.

2 자료를 보고 마을별로 학생 수를 세어 보면 희망 2명, 별빛 1명, 사랑 2명입니다.
따라서 자료와 표의 학생 수가 다른 마을은 사랑 마을이므로 진주가 사는 마을은 사랑 마을입니다.

3 (하프를 좋아하는 학생 수)＝6－3－1＝2(명)

4 (젤리를 좋아하는 학생 수)＝7－2－2＝3(명)

5 (1) (여름에 태어난 학생 수)
　＝(봄에 태어난 학생 수)＋3＝4＋3＝7(명)
(2) (가을에 태어난 학생 수)＝22－4－7－6
　＝5(명)

6 ・(민재가 모은 우표 수)
　＝(원우가 모은 우표 수)－1＝4－1＝3(장)
・(수지가 모은 우표 수)＝24－4－3－9
　＝8(장)

7 모양을 만드는 데 사용한 조각 수를 세어 표로 나타내고, 5개씩 있던 조각 수와 만드는 데 사용한 조각 수를 비교하여 남은 조각 수를 구합니다.
・(남은 ■ 조각 수)＝5－3＝2(개)
・(남은 ◢ 조각 수)＝5－1＝4(개)

개념책 128~130쪽 **단원 마무리**

♥서술형 문제는 풀이를 꼭 확인하세요.

1  **2** 승미

3 4, 5, 2, 1, 12 **4** 5명

5 12명 **6** 2, 4, 1, 3, 10

7 준서가 일주일 동안 먹은 과일별 수

4		○		
3		○		○
2	○	○		○
1	○	○	○	○
과일 수(개) / 과일	배	복숭아	감	사과

8 과일 **9** 복숭아

10 퀴즈 대회 예선을 통과한 반별 학생 수

4		/		
3		/		/
2		/		/
1	/	/	/	/
학생 수(명) / 반	1반	2반	3반	4반

11 4반 **12** ㉡

13 **예** 정우네 반 학생들이 좋아하는
민속놀이별 학생 수

비사치기	×					
팽이치기	×	×	×			
딱지치기	×	×	×	×	×	×
연날리기	×	×	×	×	×	
민속놀이 / 학생 수(명)	1	2	3	4	5	6

14 팽이치기, 비사치기 **15** 8명

16 경주네 모둠 학생들이 먹고 싶은 도시락별 학생 수

5	○			
4	○			
3	○	○		○
2	○	○	○	○
1	○	○	○	○
학생 수(명) / 도시락	김밥	주먹밥	초밥	샌드위치

17 주먹밥, 샌드위치 **18** 6마리

♥**19** 풀이 참조 ♥**20** 2권

3 곤충별로 빠뜨리거나 두 번 세지 않도록 표시를 하면서 세어 표의 빈칸에 씁니다.

5 표에서 합계를 보면 모두 12명입니다.

7 과일별 수만큼 ○를 한 칸에 하나씩, 아래에서 위로 빈칸 없이 채워서 나타냅니다.

9 그래프에서 ○의 수가 가장 많은 과일은 복숭아 입니다.

10 반별 학생 수만큼 /을 한 칸에 하나씩, 아래에서 위로 빈칸 없이 채워서 나타냅니다.

11 그래프에서 /의 수가 두 번째로 많은 반은 4반 입니다.

12 ㉠ 현지네 학교 2학년 학생의 여학생 수와 남학생 수는 그래프를 보고 알 수 없습니다.

14 연날리기: 5명, 딱지치기: 6명, 팽이치기: 3명, 비사치기: 1명
  ➡ 4명보다 적은 학생들이 좋아하는 민속놀이는 팽이치기, 비사치기입니다.

15 연날리기: 5명, 팽이치기: 3명
  ➡ 5+3=8(명)

16 (주먹밥 도시락을 먹고 싶은 학생 수)
  =13-5-2-3=3(명)

17 ○의 수가 같은 도시락은 주먹밥과 샌드위치입 니다.

18 (돼지의 수)=(오리의 수)+3=2+3=5(마리)
  ➡ (소의 수)=17-5-2-4=6(마리)

♥**19** **예** 가장 적은 학생들이 가고 싶은 나라는 미국입 니다.」❶

채점 기준	
❶ 그래프를 보고 알 수 있는 내용 쓰기	5점

♥**20** **예** 기하가 읽은 책은 6권이고 소영이가 읽은 책 은 4권입니다.」❶
따라서 기하는 소영이보다 책을 6-4=2(권) 더 많이 읽었습니다.」❷

채점 기준	
❶ 기하와 소영이가 읽은 책 수 각각 구하기	3점
❷ 기하는 소영이보다 책을 몇 권 더 많이 읽었는지 구하기	2점

6. 규칙 찾기

개념책 134쪽   개념 ❶

1 초록색, 노란색   **2** ○ / 파란색

개념책 135쪽   **기본유형 익히기**

1 (1) ⬜🔴🔴   (2) 🔴, ⚪, 🔴

2 ▲

3 (1) ♣, ♠, ♥
　　(2) (위에서부터) 3, 1, 2, 3, 1
　　　/ 2, 3, 1, 2, 3

2 □, △, □이 반복됩니다.

개념책 136쪽   개념 ❷

1 시계 방향   **2** 1

개념책 137쪽   **기본유형 익히기**

1 ◀🔴   **2** (2×2 격자 도형)

3 (8등분 원)

4
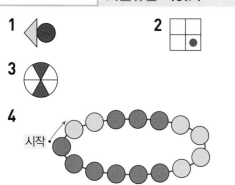
시작

1 모양이 시계 방향으로 돌아가는 규칙으로 그립니다.

2 ●을 시계 반대 방향으로 돌아가는 규칙으로 그립니다.

3 보라색으로 색칠된 부분이 시계 방향으로 돌아가도록 그림을 완성합니다.

4 파란색, 노란색이 반복되면서 수가 1개씩 늘어납니다.
　　⇨ 노란색 4개 다음이므로 파란색 5개를 색칠합니다.

개념책 138쪽   개념 ❸

1 왼쪽   **2** 1

개념책 139쪽   **기본유형 익히기**

1 2, 1   **2** 3, 2
3 1   **4** (○) (　)

개념책 140~141쪽   **실전유형 다지기**

🖊 서술형 문제는 풀이를 꼭 확인하세요.

1 ◆   **2** (○) (　)

3 ▼   **4** (원 도형)

5 (1) ⬜🔴▲   (2) 🔴, ⬜

6 예 쌓기나무의 수가 왼쪽에서 오른쪽으로 3개, 1개씩 반복됩니다.

7
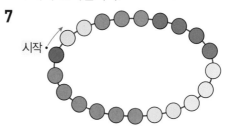
시작

🖊**8** 6개
9 (1) (위에서부터) 1, 2, 1, 3, 1, 2 /
　　　1, 3, 1, 2, 1, 3 / 1, 2, 1, 3, 1, 2
　　(2) 예 1, 2, 1, 3이 반복됩니다.
10 6개

2 쌓기나무가 2층, 1층으로 반복됩니다.
　　⇨ 2층 다음에 쌓을 모양은 1층입니다.

3 모양이 시계 반대 방향으로 돌아가는 규칙으로 그립니다.

4 큰 원 안에 있는 작은 4개의 원 중에서 1개를 시계 방향으로 돌려 가며 색칠하고, 노란색과 빨간색이 반복되는 규칙으로 색칠합니다.

5 • □, ○, △이 반복됩니다.
 • 초록색, 파란색, 파란색이 반복됩니다.

7 빨간색, 노란색, 파란색이 반복되면서 수가 1개씩 늘어납니다.
 ⇨ 노란색이 5개, 파란색이 6개가 되도록 색칠합니다.

8 ❶ 예 쌓기나무가 오른쪽으로 1개씩 늘어납니다.
 ❷ 예 마지막 모양에 쌓은 쌓기나무가 5개이므로 다음에 이어질 모양에 쌓을 쌓기나무는 모두 5+1=6(개)입니다.

10 쌓기나무가 1층에서 왼쪽으로 2층, 3층, 4층으로 쌓입니다.
 규칙에 따라 쌓아 보면 빈칸에 들어갈 모양은 왼쪽부터 3층, 2층, 1층으로 쌓은 모양입니다.
 따라서 필요한 쌓기나무는 모두
 3+2+1=6(개)입니다.

개념책 142쪽 개념❹

1 (1) (위에서부터) 12, 14 / 14, 16 / 18
 (2) 2 (3) 4

개념책 143쪽 기본유형 익히기

1 (위에서부터) 12 / 12, 13 / 12, 13, 14
 / 14, 15
2 1 　　　　　**3** 1
4 2

2 3 4 5 6 7 8 9 10
 +1 +1 +1 +1 +1 +1 +1
 ⇨ 1씩 커집니다.

3 4 5 6 7 8 9 10 11
 +1 +1 +1 +1 +1 +1 +1
 ⇨ 1씩 커집니다.

4 6 8 10 12 ⇨ 2씩 커집니다.
 +2 +2 +2

개념책 144쪽 개념❺

1 (1) (위에서부터) 35, 45 / 35, 63 / 45, 63
 (2) 6 (3) 홀수

개념책 145쪽 기본유형 익히기

1 (위에서부터) 40 / 36, 42, 48 / 42, 49
 / 40, 48
2 2 　　　　　**3** 4
4 5

2 2 4 6 8 10 12 14 16
 +2 +2 +2 +2 +2 +2 +2
 ⇨ 2씩 커집니다.

3 4 8 12 16 20 24 28 32
 +4 +4 +4 +4 +4 +4 +4
 ⇨ 4씩 커집니다.

개념책 146쪽 개념❻

1 빨간색

개념책 147쪽 기본유형 익히기

1 ▼ 　　　　**2** 7 / 7
3 (위에서부터) 5 / 11 / 25 / 33

2 같은 요일에 있는 수는 아래로 내려갈수록 7씩 커집니다.

3 오른쪽으로 갈수록 1씩 커지고, 아래로 내려갈수록 9씩 커집니다.

실전유형 다지기

🖊 서술형 문제는 풀이를 꼭 확인하세요.

1 1

2 (위에서부터) 2, 8 / 2, 8 / 6, 8, 10
/ 8, 12, 14 / 8, 12, 16
/ ㉡

3 예 같은 줄에서 위로 올라갈수록 3씩 커집니다.

4

×	6	7	8	9
6	36	42	48	54
7	42	49	56	63
8	48	56	64	72
9	54	63	72	81

5 (위에서부터) 4, 6, 8 / 4, 16 / 8, 32
/ 예 곱셈표에 있는 수들은 모두 짝수입니다.

6 (1) 10

(2)

무대

1	2	3	4	5	6	7	8	9	10
11	12	13	14	15	16	17	18	19	20
21	22	23	24	25	26	27	28	㉙	30
31	32	33	34	35	36	37	38	39	40

/ 3, 9

7 (1) (위에서부터) 4 / 3, 5

(2) (위에서부터) 15 / 15, 16 / 17

8 (1) (위에서부터) 12 / 12, 16

(2) (위에서부터) 40 / 45, 54, 63

---

1 6시 30분 $\xrightarrow{1시간\ 후}$ 7시 30분
$\xrightarrow{1시간\ 후}$ 8시 30분……

2 ㉠ 오른쪽으로 갈수록 2씩 커집니다.

3 위로 올라갈수록 3씩 커지고, 오른쪽으로 갈수록 1씩 커집니다.

4 ❶ 예 오른쪽으로 갈수록 7씩 커집니다.

❷

×	6	7	8	9
6	36	42	48	54
7	42	49	56	63
8	48	56	64	72
9	54	63	72	81

6 (1) 뒤로 갈수록 10씩 커지는 규칙이 있습니다.

(2) 앞에서 3번째 줄의 9번째 자리가 29번입니다.

---

7 • 오른쪽으로 갈수록 1씩 커집니다.

• 아래로 내려갈수록 1씩 커집니다.

8 • 오른쪽으로 갈수록 단의 수만큼 커집니다.

• 아래로 내려갈수록 단의 수만큼 커집니다.

응용유형 다잡기

1 (1) 7 (2) 17일   **2** 25일

3 (1) 예 귤 2개, 사과 1개가 반복됩니다.

(2) 사과

4 감

5 (1) 예 쌓기나무가 2개씩 늘어납니다.

(2) 4번째

6 5번째

7 ②, ①, ③, ②, ①, ③, ②, ①

---

1 (2) 둘째 화요일은 3+7=10(일), 셋째 화요일은 10+7=17(일)입니다.

2 7일마다 같은 요일이 반복됩니다.
따라서 둘째 토요일은 4+7=11(일)이고, 셋째 토요일은 11+7=18(일), 넷째 토요일은 18+7=25(일)입니다.

3 3+3+3+3+3=15이므로 15번째에는 세 번째 과일과 같은 사과를 놓습니다.

4 배 2개, 감 2개가 반복됩니다.
따라서 4+4+4+4+4=20이므로 20번째에는 네 번째 과일과 같은 감을 놓습니다.

5 (1) 쌓기나무가 4개, 6개, 8개로 2개씩 늘어납니다.

(2) 3번째로 쌓은 모양이 8개이고,
8+2=10(개)이므로 10개를 사용하여 쌓은 모양은 4번째입니다.

6 쌓기나무가 1개, 3개, 5개로 2개씩 늘어납니다.
따라서 3번째로 쌓은 모양이 5개이고,
5+2=7(개), 7+2=9(개)이므로 9개를 사용하여 쌓은 모양은 5번째입니다.

7 ③번, ②번, ①번 동작이 반복됩니다.

 개념책 152~154쪽 **단원 마무리**

🖋 서술형 문제는 풀이를 꼭 확인하세요.

1 (위에서부터) 6 / 8, 10

2 2

3 4

4 2, 3

5 ③

6 ⬤ , ⬤

7 (위에서부터) 3, 1, 2 / 3, 1, 2, 3, 1, 2, 3, 1

8

9 (위에서부터) 8 / 14 / 20

10 ⬛

11 ⟨예⟩ 같은 줄에서 아래로 내려갈수록 3씩 커집니다.

12 ⟨예⟩ 쌓기나무의 수가 왼쪽에서 오른쪽으로 2개, 1개씩 반복됩니다.

13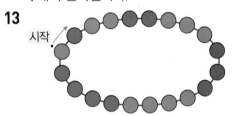

14 (위에서부터) 6 / 8, 12, 16

15 (위에서부터) 24, 32 / 27, 36

16 7개

17 16일

18 딸기

🖋 **19**

🖋 **20** 9개

2 4 ⌢ 6 ⌢ 8 ⌢ 10
  +2 +2 +2
 ⇨ 2씩 커집니다.

3 2 ⌢ 6 ⌢ 10 ⌢ 14
  +4 +4 +4
 ⇨ 4씩 커집니다.

5 보라색, 노란색, 파란색이 반복됩니다.

6 노란색 다음에 올 색깔은 파란색, 보라색입니다.

8 색칠된 부분이 시계 반대 방향으로 돌아가도록 그림을 완성합니다.

9 오른쪽으로 갈수록 1씩 커지고, 아래로 내려갈수록 8씩 커지는 규칙입니다.

10 △, □, □이 반복되고, 빨간색, 파란색, 파란색이 반복됩니다.

11 아래로 내려갈수록 3씩 커지고, 오른쪽으로 갈수록 1씩 커집니다.

13 파란색과 빨간색이 각각 1개씩 늘어나며 반복됩니다.
⇨ 파란색이 4개, 빨간색이 4개가 되도록 색칠합니다.

16 쌓기나무가 왼쪽, 오른쪽, 위로 1개씩 늘어납니다. 규칙에 따라 쌓아 보면 빈칸에 들어갈 모양은 1층에 5개, 2층에 1개, 3층에 1개로 쌓은 모양입니다.
따라서 필요한 쌓기나무는 모두 5+1+1=7(개)입니다.

17 달력에는 7일마다 같은 요일이 반복됩니다.
따라서 둘째 수요일은 2+7=9(일)이고, 셋째 수요일은 9+7=16(일)입니다.

18 레몬 1개, 딸기 2개가 반복됩니다.
따라서 3+3+3+3+3+3=18이므로 18번째에는 세 번째 과일과 같은 딸기를 놓습니다.

🖋 **19** ⟨예⟩ 모양이 시계 방향으로 돌아갑니다. ⌋❶

🚩 ⌋❷

채점 기준	
❶ 모양의 규칙 찾기	3점
❷ 빈칸에 알맞은 모양 그리기	2점

🖋 **20** ⟨예⟩ 1층 가운데 쌓기나무가 1개씩 늘어납니다. ⌋❶
따라서 마지막 모양에 쌓은 쌓기나무가 8개이므로 다음에 이어질 모양에 쌓을 쌓기나무는 모두 8+1=9(개)입니다. ⌋❷

채점 기준	
❶ 쌓기나무를 쌓은 규칙 찾기	3점
❷ 다음에 이어질 모양에 쌓을 쌓기나무의 수 구하기	2점

1. 네 자리 수

복습책 4~6쪽 기초력 기르기

❶ 천

1 1000 **2** 1000
3 1000 **4** 1000
5 400 **6** 30
7 1

❷ 몇천

1 2000 **2** 4000
3 5000 **4** 8000
5 삼천 **6** 육천
7 7000 **8** 9000

❸ 네 자리 수

1 1584 **2** 2057
3 7193 **4** 육천삼백이십오
5 오천사십구 **6** 3471
7 4602

❹ 각 자리의 숫자가 나타내는 값

1 5000 **2** 700
3 40 **4** 백, 600
5 십, 20 **6** 일, 3

❺ 뛰어 세기

1 2761, 2861 **2** 7835, 7837
3 3144, 3154 **4** 3720, 5720
5 4309, 4409, 4509
6 9539, 9541, 9542

❻ 수의 크기 비교

1 > **2** <
3 > **4** <
5 < **6** >
7 < **8** <
9 >

복습책 7~8쪽 기본유형 익히기

1 1000 **2** 1000
3 700
4

| 100 | 100 | 100 | 100 | 100 |
| 100 | 100 | 100 | 100 | 100 |

5 예

| 1000 | 1000 | 1000 | 1000 | 1000 |
| 1000 | 1000 | 1000 | 1000 | |

6 3000 **7**

8 3, 2, 5, 1, 3251, 삼천이백오십일
9 2140 **10** 7562
11 (1) 1, 1000 (2) 6, 6
12 ( )( )(○)
13

| 1000 | 1000 | 1 | 1 |
| 100 | 100 | 10 | 10 |

---

4 100이 10개이면 1000이므로 100을 6개 더
그립니다.

6 1000원짜리 지폐가 2장, 100원짜리 동전이
10개이면 3000입니다.

7 • 백 모형 50개 ⇨ 5000 ⇨ 오천
• 천 모형 6개, 백 모형 10개 ⇨ 7000 ⇨ 칠천

9 지우개가 1000개씩 2상자, 100개씩 1상자,
10개씩 4상자이므로 2140입니다.

10 1000이 7개이면 7000, 100이 5개이면
500, 10이 6개이면 60, 1이 2개이면 2이므로
7562입니다.

12 각 수에서 백의 자리 숫자를 알아봅니다.
6803 ⇨ 8, 3190 ⇨ 1, 9024 ⇨ 0

13 밑줄 친 숫자 2는 십의 자리 숫자이고, 20을 나타냅니다.

| 복습책 9~10쪽 | 실전유형 다지기 |

🖊 서술형 문제는 풀이를 꼭 확인하세요.

1 500 **2** 오천
3 8513 **4** 500, 0
5
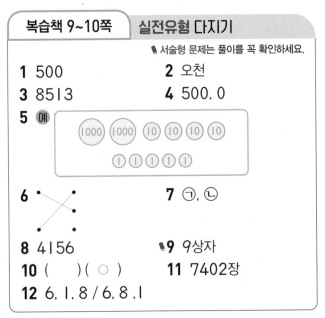

6 · ·
7 ㉠, ㉢
· ·

8 4156 **🖊9** 9상자
10 ( )(○) **11** 7402장
12 6, 1, 8 / 6, 8, 1

---

3 1000이 8개, 100이 5개, 10이 1개, 1이 3개이면 8513입니다.

4 6509에서 천의 자리 숫자 6은 6000을, 백의 자리 숫자 5는 500을, 십의 자리 숫자 0은 0을, 일의 자리 숫자 9는 9를 나타냅니다.
⇨ 6509=6000+500+0+9

5 2045는 ⑩⑩ 2개, ⑩ 4개, ① 5개로 그릴 수 있습니다.

6 · 수 모형은 400을 나타내므로 1000이 되려면 600이 더 있어야 합니다.
· ⑩이 1개, ⑩이 10개이면 200이므로 1000이 되려면 800이 더 있어야 합니다.

7 각 수에서 십의 자리 숫자를 알아봅니다.
㉠ 5903 ⇨ 0   ㉢ 이천오백일(2501) ⇨ 0
㉢ 7640 ⇨ 4   ㉣ 팔천사십(8040) ⇨ 4

---

8 · 3896은 삼천팔백구십육이라고 읽습니다.
· 4156은 사천백오십육이라고 읽습니다.
· 6374는 육천삼백칠십사라고 읽습니다.

🖊9 예 9000은 1000이 9개인 수입니다. ❶
따라서 빨대를 9상자에 담을 수 있습니다. ❷

채점 기준
❶ 9000은 1000이 몇 개인 수인지 구하기
❷ 빨대를 몇 상자에 담을 수 있는지 구하기

10 각 수에서 숫자 5가 나타내는 값을 알아봅니다.
3851 ⇨ 50, 5427 ⇨ 5000
따라서 50<5000이므로 숫자 5가 나타내는 값이 더 큰 수는 5427입니다.

11 1000장씩 7상자는 7000장, 100장씩 4상자는 400장입니다.
따라서 색종이는 모두 7402장입니다.

12 천의 자리 숫자가 4이고 백의 자리 숫자가 600을 나타내는 네 자리 수는 46□□입니다.
· 십의 자리 숫자가 1이면 일의 자리 숫자는 8이므로 4618입니다.
· 십의 자리 숫자가 8이면 일의 자리 숫자는 1이므로 4681입니다.

| 복습책 11쪽 | 기본유형 익히기 |

1 100
2
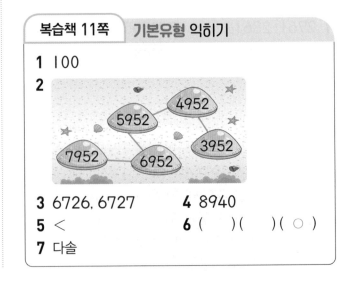

3 6726, 6727 **4** 8940
5 < **6** ( )( )(○)
7 다솔

2 3952부터 천의 자리 수가 1씩 커지는 수들을 선으로 잇습니다.

3 6723에서 6724로 일의 자리 수가 1만큼 더 커졌으므로 1씩 뛰어 센 것입니다.

5 천의 자리 수가 같으므로 백의 자리 수를 비교합니다.
⇨ 7208<7613
　　└2<6┘

6 천의 자리 수를 비교하면 3>2이므로 가장 작은 수는 2997입니다.

복습책 12~13쪽 | **실전유형 다지기**

✎ 서술형 문제는 풀이를 꼭 확인하세요.

1 2184
2 9615, 9616, 9617
3 2590, 2490, 2290
4 7603
5 (왼쪽에서부터) 5891, 5901
6 영수
7 (1) 8720, 8820, 8920, 9020, 9120
　　(2) 7620, 6620, 5620, 4620, 3620
8 4570　　　✎**9** 승민
10 6094에 ○표, 5783에 △표
11 3380원 / 3480원 / 3580원
12 2039

---

3 100씩 거꾸로 뛰어 세면 백의 자리 수가 1씩 작아집니다.

4 7531>7528, 7531<7603,
　　└3>2┘　　└5<6┘
7531>6947
└7>6┘
따라서 7531보다 더 큰 수는 7603입니다.

---

5 5861−5871−5881−[5891]−[5901]−5911

참고 백의 자리로 올림이 있는 경우는 백의 자리 숫자까지 함께 생각합니다.

6 1915<1932이므로 붙임 딱지를 더 많이 모
└1<3┘
은 사람은 영수입니다.

7 (1) 8620에서 출발하여 100씩 뛰어 세면 백의 자리 수가 1씩 커집니다.
　　(2) 8620에서 출발하여 1000씩 거꾸로 뛰어 세면 천의 자리 수가 1씩 작아집니다.

8 4270에서 100씩 3번 뛰어 세면
4270−4370−4470−4570입니다.
따라서 4270에서 100씩 3번 뛰어 센 수는 4570입니다.

✎**9** 예 1000이 6개, 10이 8개, 1이 5개인 수는 6085입니다.」❶
6102>6085이므로 더 큰 수를 말한 사람은 승민입니다.」❷

채점 기준
❶ 1000이 6개, 10이 8개, 1이 5개인 수 구하기
❷ 더 큰 수를 말한 사람 구하기

10 • 천의 자리 수를 비교하면 5<6이므로 가장 큰 수는 6094입니다.
• 5783<5921이므로 가장 작은 수는 5783
└7<9┘
입니다.

11 하루에 100원씩 계속 저금하므로 6일부터 8일까지 100씩 뛰어 셉니다.
⇨ 3280−3380−3480−3580
　　5일　　6일　　7일　　8일

12 비법

가장 작은 수를 만들려면 천의 자리부터 차례대로 작은 수를 놓습니다.

천의 자리에는 0이 올 수 없으므로 두 번째로 작은 2를 놓고 백의 자리부터 차례대로 작은 수를 놓으면 2039입니다.

1 7000개
2 예

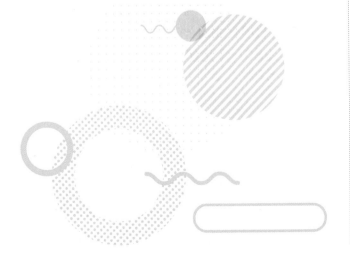

/ 1400원

3 6　　　　　　　**4** 종, 이, 접, 기

1 100개씩 10상자는 1000개이므로 70상자에 들어 있는 귤은 모두 7000개입니다.

2 초코우유의 가격만큼 묶었을 때 묶이지 않은 돈이 딸기우유의 가격입니다.
따라서 딸기우유는 1400원입니다.

3 3264와 32□1의 천, 백의 자리 수가 각각 같으므로 일의 자리 수를 비교하면 4>1입니다.
　　⇨ □ 안에는 6과 같거나 6보다 작은 1, 2, 3, 4, 5, 6이 들어갈 수 있습니다.
따라서 □ 안에 들어갈 수 있는 가장 큰 수는 6입니다.

4 · 100씩 뛰어 세기: 5430－5530－ 5630
　　　　　　　　　　　　　　　　　기
　　　　　　 －5730－ 5830 －5930
　　　　　　　　　　　　이
· 1씩 뛰어 세기: 6780－6781－ 6782
　　　　　　　　　　　　　　　　접
　　　　　 － 6783 －6784－6785
　　　　　　　종

2. 곱셈구구

① 2단 곱셈구구

1 3, 6	**2** 5, 10
3 4	**4** 8
5 14	**6** 12
7 18	

② 5단 곱셈구구

1 4, 20	**2** 6, 30
3 5	**4** 15
5 40	**6** 35
7 45	

③ 3단, 6단 곱셈구구

1 4, 12	**2** 8, 24
3 6	**4** 15
5 27	**6** 9
7 18	**8** 3, 18
9 5, 30	**10** 12
11 36	**12** 6
13 48	**14** 42

④ 4단, 8단 곱셈구구

1 2, 8	**2** 6, 24
3 4	**4** 16
5 28	**6** 20
7 36	**8** 4, 32
9 3, 24	**10** 40
11 8	**12** 56
13 16	**14** 72

⑤ 7단 곱셈구구

1 5, 35 **2** 7, 49
3 21 **4** 56
5 7 **6** 42
7 28

⑥ 9단 곱셈구구

1 3, 27 **2** 4, 36
3 9 **4** 45
5 72 **6** 63
7 18

⑦ 1단 곱셈구구와 0의 곱

1 2 **2** 5
3 8 **4** 4
5 1 **6** 7
7 9 **8** 6
9 3 **10** 0
11 0 **12** 0
13 0 **14** 0
15 0 **16** 0
17 0 **18** 0

⑧ 곱셈표 만들기

1 (위에서부터) 3, 2, 6
2 (위에서부터) 20, 20, 36
3 (위에서부터) 56, 72, 63

⑨ 곱셈구구를 이용하여 문제 해결하기

1 2×9=18 / 18마리
2 4×9=36 / 36권
3 5×5=25 / 25개

복습책 22~23쪽 **기본유형 익히기**

1 6 / 6 **2** (1) 10 (2) 12
3 (1) 4 (2) 14 **4** 9 / 2
5 2, 10
6 예 / 4, 20
7 (1) 5 (2) 45 **8** 7 / 5
9 1, 3 / 2, 6 **10** 4, 24
11 (1) 12 (2) 12 **12** 18 / 6

1 신발은 2씩 3묶음이므로 2의 3배입니다.
   ⇨ 곱셈식으로 나타내면 2×3=6입니다.

2 (1) 2씩 5묶음이므로 2의 5배입니다.
      ⇨ 2×5=10
   (2) 2씩 6묶음이므로 2의 6배입니다.
      ⇨ 2×6=12

5 감은 5씩 2묶음이므로 5의 2배입니다.
   ⇨ 5×2=10

6 과자를 5개씩 묶으면 4묶음이므로 5×4=20
   입니다.

9 •구슬이 3씩 1묶음이므로 3의 1배입니다.
      ⇨ 3×1=3
   •구슬이 3씩 2묶음이므로 3의 2배입니다.
      ⇨ 3×2=6

10 개미의 다리는 6개이고, 개미는 4마리이므로
   6×4=24입니다.

11 (1) 3씩 4번 뛰어 세면 12입니다.
      ⇨ 3×4=12
   (2) 6씩 2번 뛰어 세면 12입니다.
      ⇨ 6×2=12

12 18을 3씩 묶으면 6묶음이 되므로 3의 6배입니
   다.

   참고 3의 6배와 같으므로 3단 곱셈구구
   3×6=18로 구할 수도 있습니다.

복습책 24~25쪽	실전유형 다지기

🖊 서술형 문제는 풀이를 꼭 확인하세요.

1 20

2

3 (1) 9 (2) 2

4 24, 30

5 <

🖊6 18개

7 ㉠, ㉣

8 3 / 5 / 3, 15, 15

9 30개, 35개

10 예 ◯◯ / 12, 2, 3, 6
     ◯◯
     ◯◯

1 길이가 5 cm인 색 테이프 4장의 길이는
5×4=20(cm)입니다.

2 2×2=4, 2×8=16, 2×4=8

4 6×4=24, 6×5=30이므로 6단 곱셈구구
의 값은 24, 30입니다.

5 3×7=21, 5×8=40 ⇨ 21<40

🖊6 예 세발자전거 한 대에 있는 바퀴의 수에 자전거
의 수를 곱하면 되므로 3×6을 계산합니다.」❶
따라서 세발자전거 6대에 있는 바퀴는 모두
3×6=18(개)입니다.」❷

채점 기준
❶ 문제에 알맞은 식 만들기
❷ 세발자전거 6대에 있는 바퀴의 수 구하기

7 ㉡ 3×5에 3을 더해서 구합니다.
㉢ 6×3의 곱으로 구합니다.

8 • 5씩 3묶음이므로 5씩 3번 더하면 구할 수 있
습니다.
• 5×2에 5를 더해서 구할 수 있습니다.
• 5씩 3묶음이므로 5의 3배입니다.
⇨ 5×3=15

9 • 풀의 수: 6×5=30(개)
• 자의 수: 5×7=35(개)

10 2×6=12이고 2×6은 2×3보다 2개씩
3묶음 더 많게 그리면 되므로 6만큼 더 큽니다.

복습책 26~27쪽	기본유형 익히기

1

2 3, 24

3 (1) 20 (2) 32 (3) 8 (4) 48

4

11	⑫	13	14	15
⑯	17	18	19	⑳
21	22	23	㉔	25
26	27	㉘	29	30

5 2, 14

6 ✕

7 3, 21

8 7, 7, 35

9 2, 18

10 (1) 27 (2) 54

11 (   )(◯)(◯)

12 63

1 4×3=12는 4씩 3묶음이므로 빈 접시에 ◯를
4개씩 그립니다.

2 토마토는 8씩 3묶음이므로 8의 3배입니다.
⇨ 8×3=24

4 • 4×3=12, 4×4=16, 4×5=20,
4×6=24, 4×7=28
• 8×2=16, 8×3=24

5 7씩 2번 뛰었으므로 7×2=14입니다.

6 7×4=28, 7×6=42, 7×7=49

7 7 cm씩 3번 이동했으므로
7×3=21(cm)입니다.

9 야구공은 상자 한 개에 9개씩 2상자 있으므로
9×2=18입니다.

11 9×4=36, 9×9=81

12 • 9개씩 3묶음 ⇨ 9×3=27
• 9개씩 4묶음 ⇨ 9×4=36
따라서 27+36=63입니다.

복습책 28~29쪽 **실전유형 다지기**

✎ 서술형 문제는 풀이를 꼭 확인하세요.

1 5, 45

2 (선 연결)

3 1, 8 / 4, 16

4 (1) 9 (2) 5

5

출발 → 7 6 10 31 63 → 도착
14 15 42 49 56
21 28 35 54 39
17 26 29 38 45

6 6, 24, 24 / 3, 24, 24

7

36	16	27	32	63
60	9	81	72	47
54	52	45	24	18

8 승우

9 9, 8, 1

✎**10** 풀이 참조

---

1 9 cm씩 5번 이동했으므로 $9 \times 5 = 45$(cm)입니다.

2 $9 \times 2 = 18$, $7 \times 4 = 28$, $8 \times 9 = 72$

3 $8 \times 1 = 8$이므로 ㉠에 알맞은 수는 8이고, $4 \times 4 = 16$이므로 ㉡에 알맞은 수는 16입니다.

5 $7 \times 1 = 7$, $7 \times 2 = 14$, $7 \times 3 = 21$, $7 \times 4 = 28$, $7 \times 5 = 35$, $7 \times 6 = 42$, $7 \times 7 = 49$, $7 \times 8 = 56$, $7 \times 9 = 63$

6 • 4단 곱셈구구를 이용하면 $4 \times 6 = 24$입니다.
   ⇨ 24개
   • 8단 곱셈구구를 이용하면 $8 \times 3 = 24$입니다.
   ⇨ 24개

7 $9 \times 4 = 36$, $9 \times 3 = 27$, $9 \times 7 = 63$, $9 \times 1 = 9$, $9 \times 9 = 81$, $9 \times 8 = 72$, $9 \times 6 = 54$, $9 \times 5 = 45$, $9 \times 2 = 18$

8 승우: 7씩 3번 더해야 합니다.

---

9 $9 \times \square$의 $\square$ 안에 수 카드 중에서 작은 수부터 차례대로 넣어서 계산해 봅니다.
$9 \times 1 = 9$, $9 \times 8 = 72$, $9 \times 9 = 81$이므로 수 카드 1, 8, 9를 한 번씩만 사용하여 만들 수 있는 곱셈식은 $9 \times 9 = 81$입니다.

✎**10** **방법1** 예 9씩 3개 있으므로 공은 모두 $9 \times 3 = 27$(개)입니다. ❶
   방법2 예 3×3을 3번 더하면 됩니다. $3 \times 3 = 9$이므로 공은 모두 $9 + 9 + 9 = 27$(개)입니다. ❷

채점 기준

❶ 한 가지 방법으로 설명하기
❷ 다른 한 가지 방법으로 설명하기

참고 '9×2에 9를 더해서 구합니다.' 등과 같이 설명할 수 있습니다.

복습책 30~31쪽 **기본유형 익히기**

1 4, 4

2 5, 0

3 (1) 0 (2) 0 (3) 6 (4) 9

4 0, 4, 0

5 (위에서부터) 0 / 4, 16 / 16, 24 / 0, 36 / 32, 64

6 (위에서부터) 12 / 6 / 20 / 15 / 24

7 6×3

8 5×2

9 14

10 $4 \times 3 = 12$ / 12개

11 (1) $2 \times 8 = 16$ / 16개
   (2) $8 \times 2 = 16$ / 16개

12 $3 \times 5 = 15$ / 15명

---

1 감은 바구니 한 개에 1개씩 바구니 4개에 있습니다.
   ⇨ $1 \times 4 = 4$

2 상자에는 트로피가 없으므로 $0 \times 5 = 0$입니다.

4 0이 4번 나왔으므로 $0 \times 4 = 0$입니다.

7 6단에서 곱이 18인 곱셈구구를 찾아보면 6×3입니다.

8 곱셈에서 곱하는 두 수의 순서를 서로 바꾸어도 곱은 같으므로 곱셈표에서 2×5와 곱이 같은 곱셈구구를 찾아보면 5×2입니다.

9 $7 \times 2 = 14$이므로 연필 2자루의 길이는 14 cm입니다.

10 사각형 모양 한 개를 만드는 데 성냥개비가 4개 필요하므로 사각형 모양 3개를 만드는 데 필요한 성냥개비는 모두 $4 \times 3 = 12$(개)입니다.

12 의자 한 개에 3명이 앉을 수 있으므로 의자 5개에 앉을 수 있는 사람은 모두 $3 \times 5 = 15$(명)입니다.

복습책 32~ 33쪽 실전유형 다지기

✎ 서술형 문제는 풀이를 꼭 확인하세요.

1 1, 5, 5

2

×	3	4	5	6	7
3					
4					
5					♥
6					
7			★		

3 (1) 0 (2) 7

4
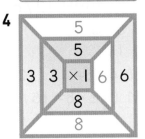

5 14명   ✎**6** 45세

7 (위에서부터) 1, 3, 4, 5 / 2, 4, 6, 10 / 6, 12, 15 / 4, 8, 12 / 5, 15, 20, 25

8 2, 2, 4 / 4, 1, 4   **9** 2점

10 2, 14 / 4, 14   **11** 1, 6 / 0, 0 / 6

---

1 바나나는 접시 한 개에 1개씩 5접시 있으므로 $1 \times 5 = 5$입니다.

2 점선을 따라 접었을 때 ★과 만나는 곳을 찾습니다.

4

ⓐ $5 \times 1 = 5$
ⓑ 어떤 수와 1의 곱이 6이므로 어떤 수는 6입니다.
ⓒ $8 \times 1 = 8$

5 핸드볼은 한 팀의 선수가 7명이므로 2팀의 선수는 모두 $7 \times 2 = 14$(명)입니다.

✎**6** **예** 연희 어머니의 나이는 연희 나이의 5배이므로 9×5를 계산합니다.
따라서 $9 \times 5 = 45$이므로 연희 어머니의 나이는 45세입니다.

채점 기준
❶ 문제에 알맞은 식 만들기
❷ 연희 어머니의 나이 구하기

8 $1 \times 4 = 4$이므로 곱셈표에서 곱이 4인 곱셈구구를 모두 찾으면 2×2, 4×1입니다.

9 ·2가 1번: $2 \times 1 = 2$(점)
·3이 0번: $3 \times 0 = 0$(점)
➡ $2 + 0 = 2$(점)

10 ·시우: $4 \times 2 = 8$, $3 \times 2 = 6$
➡ $8 + 6 = 14$(개)
·은영: $5 \times 4 = 20$ ➡ $20 - 6 = 14$(개)

11 6개를 걸었으므로 $1 \times 6 = 6$이고, 2개를 걸지 못했으므로 $0 \times 2 = 0$입니다.
따라서 준호가 받은 점수는 모두 6점입니다.

응용유형 다잡기

복습책 34쪽

1 9개	**2** 48
3 63	**4** 12점

1 (오이의 수)=6×9=54(개)
⇨ 오이는 당근보다 54−45=9(개) 더 많습니다.

2 8>6>3>1이므로 가장 큰 수는 8이고, 두 번째로 큰 수는 6입니다.
⇨ 가장 큰 곱은 8×6=48입니다.

3 9단 곱셈구구의 수는 9, 18, 27, 36, 45, 54, 63, 72, 81입니다.
이 중에서 홀수는 9, 27, 45, 63, 81입니다.
따라서 십의 자리 숫자가 60을 나타내는 수는 63이므로 설명에서 나타내는 수는 63입니다.

4 지호가 3번 이겼으므로 지호가 얻은 점수는 모두 4×3=12(점)입니다.

3. 길이 재기

기초력 기르기

복습책 36~38쪽

① cm보다 더 큰 단위

1 1, 90	**2** 380
3 4, 70	**4** 560
5 8, 35	**6** 346
7 7, 3	**8** 908

② 자로 길이 재기

1 1	**2** 109
3 1, 17	**4** 140
5 1, 2	

③ 길이의 합

1 5, 40	**2** 7, 85
3 6, 67	**4** 8, 60
5 9, 45	**6** 8, 89
7 7, 56	

④ 길이의 차

1 2, 10	**2** 3, 26
3 5, 54	**4** 2, 20
5 3, 22	**6** 2, 30
7 4, 12	

⑤ 길이 어림하기

1 ( ) (○) ( )	**2** ( ) (○) ( )
3 (○) ( ) ( )	**4** ( ) ( ) (○)
5 1 m	**6** 2 m
7 60 m	**8** 10 m
9 5 m	**10** 20 m

기본유형 익히기

1 (1) 3 (2) 600 (3) 4, 19 (4) 852

2

3 (1) cm (2) cm (3) m

4 ( ) (○)　　　　**5** 120 / 1, 20

6 1, 80

7 (1) 4, 95 (2) 8, 28 (3) 7, 70 (4) 6, 28

8 9 m 29 cm

9 4 m 32 cm＋3 m 51 cm＝7 m 83 cm
／ 7 m 83 cm

10 (1) 3, 48 (2) 6, 73 (3) 3, 60 (4) 2, 61

11 2 m 54 cm

12 3 m 78 cm－2 m 66 cm＝1 m 12 cm
／ 1 m 12 cm

13 4

14 (1) 2 m (2) 50 m (3) 1 m

15 9

2 ・516 cm＝500 cm＋16 cm
　　　　　　＝5 m＋16 cm
　　　　　　＝5 m 16 cm

・501 cm＝500 cm＋1 cm
　　　　　　＝5 m＋1 cm
　　　　　　＝5 m 1 cm

・510 cm＝500 cm＋10 cm
　　　　　　＝5 m＋10 cm
　　　　　　＝5 m 10 cm

6 한 줄로 놓인 물건의 오른쪽 끝에 있는 눈금이
180이므로 전체 길이는
180 cm＝1 m 80 cm입니다.

7 (3)　　4 m 20 cm　(4)　　5 m　 5 cm
　　　＋3 m 50 cm　　　＋1 m 23 cm
　　　　7 m 70 cm　　　　6 m 28 cm

8 6 m 27 cm＋3 m 2 cm
　＝(6 m＋3 m)＋(27 cm＋2 cm)
　＝9 m 29 cm

9 (민호가 가지고 있는 철사의 길이)
　＋(혜림이가 가지고 있는 철사의 길이)
　＝4 m 32 cm＋3 m 51 cm
　＝(4 m＋3 m)＋(32 cm＋51 cm)
　＝7 m 83 cm

10 (3)　　6 m 90 cm　(4)　　7 m 64 cm
　　　－3 m 30 cm　　　－5 m　 3 cm
　　　　3 m 60 cm　　　　2 m 61 cm

11 5 m 85 cm－3 m 31 cm
　＝(5 m－3 m)＋(85 cm－31 cm)
　＝2 m 54 cm

12 (방 긴 쪽의 길이)－(방 짧은 쪽의 길이)
　＝3 m 78 cm－2 m 66 cm
　＝(3 m－2 m)＋(78 cm－66 cm)
　＝1 m 12 cm

13 벽의 긴 쪽의 길이는 약 1 m의 4배이므로 약
4 m입니다.

15 건물의 높이는 약 3 m의 3배이므로 약 9 m입
니다.

실전유형 다지기

🖊 서술형 문제는 풀이를 꼭 확인하세요.

1 1 m 40 cm　　　　　**2** 약 2 m

3 (1) 6 m 39 cm (2) 3 m 93 cm

4 하나, 502 cm　　　　**5** 시아

🖊**6** 풀이 참조　　　　　**7** 27 m 68 cm

8 1 m 14 cm　　　　　**9** ㉠, ㉣

10 승주　　　　　　　　**11** 11 m 39 cm

12 16

2 문의 짧은 쪽의 길이는 1 m의 약 2배이므로 약 2 m입니다.

3 (1) 받아올림이 있는 길이의 합을 구할 때에는 100 cm=1 m임을 이용합니다.

$$\begin{array}{r} 1 \\ 4\ m\ 67\ cm \\ +\ 1\ m\ 72\ cm \\ \hline 6\ m\ 39\ cm \end{array}$$

(2) 받아내림이 있는 길이의 차를 구할 때에는 1 m=100 cm임을 이용합니다.

$$\begin{array}{r} 5 \quad 100 \\ \cancel{6}\ m\ 43\ cm \\ -\ 2\ m\ 50\ cm \\ \hline 3\ m\ 93\ cm \end{array}$$

4 5 m 2 cm=5 m+2 cm
  =500 cm+2 cm
  =502 cm

5 • 민규: 4 m 8 cm=4 m+8 cm
       =400 cm+8 cm
       =408 cm
 • 진영: 4 m 50 cm=4 m+50 cm
        =400 cm+50 cm
        =450 cm
따라서 470 cm>450 cm>408 cm이므로 가장 긴 길이를 말한 사람은 시아입니다.

6 예 책상의 한끝을 줄자의 눈금 0에 맞추지 않고 10에 맞추었기 때문에 책상의 길이는 160 cm가 아닙니다.」❶

채점 기준
❶ 길이 재기가 잘못 된 이유 쓰기

7 (굴렁쇠가 굴러간 거리)
  =10 m 42 cm+17 m 26 cm
  =27 m 68 cm

8 (선생님이 더 뛴 거리)
  =(선생님이 뛴 거리)−(희연이가 뛴 거리)
  =2 m 45 cm−1 m 31 cm
  =1 m 14 cm

10 7×2=14이므로 승주가 잰 침대의 길이는 약 2 m이고, 2×5=10이므로 서현이가 잰 축구 골대의 길이는 약 5 m입니다.
따라서 2 m<5 m이므로 더 짧은 길이를 어림한 사람은 승주입니다.

11 7 m 9 cm>5 m 27 cm>4 m 30 cm이므로 가장 긴 길이는 7 m 9 cm, 가장 짧은 길이는 4 m 30 cm입니다.
⇨ 7 m 9 cm+4 m 30 cm=11 m 39 cm

12 • 왼쪽 가로등에서 자동차까지의 거리: 약 6 m
 • 자동차의 길이: 약 4 m
 • 자동차에서 오른쪽 가로등까지의 거리: 약 6 m
⇨ 6+4+6=16이므로 가로등과 가로등 사이의 거리는 약 16 m입니다.

복습책 44쪽 **응용유형 다잡기**

1 7, 5, 1	**2** 2 m 62 cm
3 약 12 m	**4** 6, 5, 4 / 바다표범

1 가장 긴 길이를 만들려면 m 단위부터 큰 수를 차례대로 놓아야 합니다.
따라서 7>5>1이므로 가장 긴 길이는 7 m 51 cm입니다.

2 (혜미 동생의 키)
  =(혜미의 키)−20 cm
  =1 m 41 cm−20 cm=1 m 21 cm
⇨ (혜미와 혜미 동생의 키의 합)
   =1 m 41 cm+1 m 21 cm
   =2 m 62 cm

3 4×4=16이므로 약 16걸음은 4걸음씩 약 4번입니다.
따라서 3 m의 약 4배는 약 12 m이므로 횡단보도 긴 쪽의 길이는 약 12 m입니다.

4 4 m<5 m<6 m이므로 몸길이가 가장 짧은 동물은 바다표범입니다.

3. 길이 재기 **41**

4. 시각과 시간

복습책 46~48쪽 기초력 기르기

❶ 5분 단위까지 몇 시 몇 분 읽기

1 10, 5　　　　　**2** 4, 40

❷ 1분 단위까지 몇 시 몇 분 읽기

1 9, 13　　　　　**2** 5, 47

❸ 여러 가지 방법으로 시각 읽기

1 50 / 8, 10　　　**2** 5, 55 / 6, 5

3

4

❹ 1시간

1 60　　　　**2** 1　　　　**3** 120

4 2시 10분 20분 30분 40분 50분 3시 / 60

5 8시 10분 20분 30분 40분 50분 9시 10분 20분 30분 40분 50분 10시 / 1

❺ 걸린 시간

1 1, 10　　　**2** 100　　　**3** 1, 30

4 6시 10분 20분 30분 40분 50분 7시 10분 20분 30분 40분 50분 8시 / 1, 20

5 4시 10분 20분 30분 40분 50분 5시 10분 20분 30분 40분 50분 6시 / 1, 50

❻ 하루의 시간

1 24　　　　**2** 31　　　　**3** 52
4 2　　　　**5** 2, 9　　　**6** 오전
7 오후　　　**8** 오전　　　**9** 오후

❼ 달력

1 30　　　　**2** 화　　　　**3** △
4 ○　　　　**5** 2　　　　**6** 24

복습책 49~51쪽 기본유형 익히기

1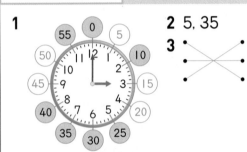

2 5, 35

3

4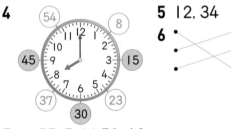

5 12, 34

6

7 (1) 55, 5　(2) 50, 10

8 (1) 5　(2) 7, 50

9　　　　　　　　　　**10** 2

11 10시 10분 20분 30분 40분 50분 11시 10분 20분 30분 40분 50분 12시

／ 1시간 또는 60분

12 2

13 (1) 1 30　(2) 1, 20

14 (1) 4시 10분 20분 30분 40분 50분 5시 10분 20분 30분 40분 50분 6시

(2) 1, 30, 90

15 (　　) (○)

1 시계의 긴바늘이 가리키는 숫자가 1이면 5분, 3이면 15분, 4이면 20분, 9이면 45분, 10이면 50분을 나타냅니다.

2 짧은바늘은 5와 6 사이를 가리키고, 긴바늘은 7을 가리키므로 5시 35분입니다.

3 • 짧은바늘은 5와 6 사이를 가리키고, 긴바늘은 9를 가리키므로 5시 45분입니다.
• 짧은바늘은 5와 6 사이를 가리키고, 긴바늘은 1을 가리키므로 5시 5분입니다.
• 짧은바늘은 1과 2 사이를 가리키고, 긴바늘은 4를 가리키므로 1시 20분입니다.
• 디지털시계는 각각 1시 20분, 5시 5분, 5시 45분을 나타냅니다.

4 • 긴바늘이 1에서 작은 눈금으로 3칸 더 간 부분을 가리키면 8분입니다.
• 긴바늘이 4에서 작은 눈금으로 3칸 더 간 부분을 가리키면 23분입니다.
• 긴바늘이 7에서 작은 눈금으로 2칸 더 간 부분을 가리키면 37분입니다.
• 긴바늘이 10에서 작은 눈금으로 4칸 더 간 부분을 가리키면 54분입니다.

5 짧은바늘은 12와 1 사이를 가리키고, 긴바늘은 6에서 4칸 더 간 부분을 가리키므로 12시 34분입니다.

6 • 짧은바늘은 10과 11 사이를 가리키고, 긴바늘은 5에서 작은 눈금으로 4칸 더 간 부분을 가리키므로 10시 29분입니다.
• 짧은바늘은 3과 4 사이를 가리키고, 긴바늘은 8에서 작은 눈금으로 2칸 더 간 부분을 가리키므로 3시 42분입니다.
• 짧은바늘은 10과 11 사이를 가리키고, 긴바늘은 3에서 작은 눈금으로 4칸 더 간 부분을 가리키므로 10시 19분입니다.
• 디지털시계는 각각 3시 42분, 10시 19분, 10시 29분을 나타냅니다.

7 (1) 시계가 나타내는 시각은 6시 55분입니다. 6시 55분에서 7시가 되려면 5분이 더 지나야 하므로 7시 5분 전이라고도 합니다.
(2) 시계가 나타내는 시각은 2시 50분입니다. 2시 50분에서 3시가 되려면 10분이 더 지나야 하므로 3시 10분 전이라고도 합니다.

8 (1) 11시 55분에서 12시가 되려면 5분이 더 지나야 하므로 12시 5분 전입니다.
(2) 8시가 되려면 10분이 더 지나야 하는 시각은 7시 50분입니다.

11 시간 띠에서 1칸은 10분을 나타내고, 6칸을 색칠했으므로 60분(=1시간)이 지났습니다.

12 9시부터 10시까지 긴바늘을 1바퀴, 10시부터 11시까지 긴바늘을 1바퀴 돌려야 합니다.
따라서 공연을 보는 데 걸린 시간을 구하려면 긴바늘을 2바퀴 돌려야 합니다.

13 (1) 2시간 10분=60분+60분+10분
　　　　　　　　=130분
(2) 80분=60분+20분=1시간 20분

14 (2) 시간 띠에서 1칸은 10분을 나타내고, 9칸을 색칠했으므로 행복 마을에서 사랑 마을까지 이동하는 데 걸린 시간은 90분=1시간 30분입니다.

15 • 독서: 1시 $\xrightarrow{\text{1시간 후}}$ 2시 $\xrightarrow{\text{20분 후}}$ 2시 20분
　　　⇨ 1시간 20분
• 미술: 5시 $\xrightarrow{\text{50분 후}}$ 5시 50분 ⇨ 50분
• 수영: 3시 $\xrightarrow{\text{1시간 후}}$ 4시 $\xrightarrow{\text{20분 후}}$ 4시 20분
　　　⇨ 1시간 20분
따라서 독서와 걸린 시간이 같은 활동은 수영입니다.

🖋 서술형 문제는 풀이를 꼭 확인하세요.

1 2, 15

2 5, 5

3 (1) 180 (2) 4 (3) 150 (4) 3, 20

4

5 3, 48 /
예 운동장에서 친구들과 축구를 했습니다.

6

7 정우

🖋**8** 풀이 참조

9 5시 39분

10 ㉡

11 20분

12 12시 55분

13 2시간 30분

14 (선 연결)

15 2바퀴

16 9시

17 2시간 50분

---

1 짧은바늘은 2와 3 사이를 가리키고, 긴바늘은
3을 가리키므로 2시 15분입니다.

2 4시 55분에서 5시가 되려면 5분이 더 지나야
하므로 5시 5분 전입니다.

3 (1) 3시간＝60분＋60분＋60분＝180분
(2) 240분＝60분＋60분＋60분＋60분
＝4시간
(3) 2시간 30분＝60분＋60분＋30분
＝150분
(4) 200분＝60분＋60분＋60분＋20분
＝3시간 20분

4 9시가 되려면 10분이 더 지나야 하는 시각은 8시
50분입니다.
따라서 50분을 나타내야 하므로 긴바늘이 10
을 가리키도록 그립니다.

5 짧은바늘은 3과 4 사이를 가리키고, 긴바늘은
9에서 작은 눈금으로 3칸 더 간 부분을 가리키
므로 3시 48분입니다.
따라서 주용이는 3시 48분에 운동장에서 친구
들과 축구를 했습니다.

6 시계의 긴바늘이 한 바퀴 도는 데 60분이 걸리
므로 시계의 긴바늘이 3을 가리키도록 그립니다.

7 시계가 나타내는 시각은 2시 55분입니다.
2시 55분에서 3시가 되려면 5분이 더 지나야
합니다.

🖋**8** 예 시계의 긴바늘이 가리키는 1을 5분이 아니
라 1분이라고 잘못 읽었습니다.」❶
따라서 바르게 읽은 시각은 8시 5분입니다.」❷

채점 기준
❶ 시각을 잘못 읽은 이유 쓰기
❷ 바르게 읽은 시각 쓰기

9 짧은바늘은 5와 6 사이를 가리키고, 긴바늘은
7에서 작은 눈금으로 4칸 더 간 부분을 가리키
므로 5시 39분입니다.

10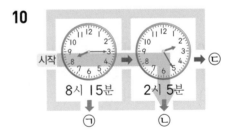

8시 15분   2시 5분
㉠   ㉡

11 9시부터 1시간 동안 피아노 연습을 하면 10시에
끝납니다.
따라서 현재 시각 9시 40분에서 10시가 되려면
20분이 더 지나야 하므로 피아노 연습을 20분
더 해야 합니다.

12 1시 5분 전의 시각은 12시 55분이므로 현주가 학원에 도착한 시각은 12시 55분입니다.

13 • 시작한 시각: 3시
• 끝난 시각: 5시 30분
3시 $\xrightarrow{2\text{시간 후}}$ 5시 $\xrightarrow{30\text{분 후}}$ 5시 30분
⇨ 2시간 30분
따라서 영화를 보는 데 걸린 시간은 2시간 30분입니다.

14 • 팽이 만들기: 2시 40분 $\xrightarrow{1\text{시간 후}}$ 3시 40분
$\xrightarrow{20\text{분 후}}$ 4시
⇨ 1시간 20분
• 등산: 10시 30분 $\xrightarrow{30\text{분 후}}$ 11시 ⇨ 30분
• 저녁 식사: 6시 $\xrightarrow{30\text{분 후}}$ 6시 30분 ⇨ 30분
• 말 타기: 2시 $\xrightarrow{1\text{시간 후}}$ 3시 $\xrightarrow{20\text{분 후}}$ 3시 20분
⇨ 1시간 20분

15 멈춘 시계의 시각을 읽어 보면 2시 20분이고, 현재 시각은 4시 20분입니다.
따라서 2시 20분에서 4시 20분이 되려면 긴바늘을 2바퀴 돌리면 됩니다.

16 60분이 1시간이고, 30분씩 4번 시험을 봤으므로 시험을 본 시간은 2시간입니다.
따라서 시험이 시작한 시각이 7시이므로 시험이 끝난 시각은 9시입니다.

17

6시	10분 20분 30분 40분 50분	7시 10분 20분 30분 40분 50분	8시 10분 20분 30분 40분 50분	9시
	피아노	쉬는시간	바이올린	

1시간   1시간   50분

따라서 수지가 연주회장에서 보낸 시간은 2시간 50분입니다.

복습책 55쪽 **기본유형 익히기**

1 (1) 72   (2) 1, 5
2 (1) 오전   (2) 오후
3 (1)

오전
12 1 2 3 4 5 6 7 8 9 10 11 12(시)

1 2 3 4 5 6 7 8 9 10 11 12(시)
오후

(2) 5시간
4 4   **5** 10
6 31, 30, 30
7 7월

일	월	화	수	목	금	토
						1
2	3	4	5	6	7	8
9	10	11	12	13	14	15
16	17	18	19	20	21	22
23	24	25	26	27	28	29
30	31					

1 (1) 3일＝24시간＋24시간＋24시간＝72시간
(2) 29시간＝24시간＋5시간＝1일 5시간

2 (1) 새벽: (주로 자정 이후 일출 전의 시간 단위 앞에 쓰여) '오전'의 뜻을 이르는 말
(2) 저녁: 해가 질 무렵부터 밤이 되기까지의 사이

3 (2) 시간 띠에서 1칸은 1시간을 나타내고, 오전 10시부터 오후 3시까지 5칸을 색칠했으므로 솔아가 숲에 있었던 시간은 5시간입니다.

4 28일＝7일＋7일＋7일＋7일＝4주일

5 1주일은 7일이므로 개천절부터 1주일 후는 3＋7＝10(일)입니다.

7 • 같은 요일은 7일마다 반복되므로 7월 6일 목요일의 1주일 후는 13일, 2주일 후는 20일입니다.
• 7월은 31일까지 있습니다.

복습책 56~57쪽	실전유형 다지기

🖋 서술형 문제는 풀이를 꼭 확인하세요.

1 (○)
　(　)

2 (　)
　(　)
　(○)

3 오후, 3

4 9일

🖋**5** 나래

6 태수

7 34시간

8

5월

일	월	화	수	목	금	토
1	2	3	4	5	6	7
8	9	10	11	12	⑬	14
15	16	17	18	19	20	21
22	23	24	25	26	27	28
28	30	31				

9 5월 26일

10 6월 7일

3 오전 11시의 4시간 후는 오후 3시입니다.

4 1월에 월요일은 6일, 13일, 20일, 27일로 4일 이고, 금요일은 3일, 10일, 17일, 24일, 31일 로 5일입니다.
따라서 1월에 도서관에 가는 날은 모두
4+5=9(일)입니다.

🖋**5** **예** 2년 4개월=12개월+12개월+4개월
　　　　　=28개월입니다.」❶
따라서 28개월이 20개월보다 길므로 수영을 더 오래 배운 사람은 나래입니다.」❷

채점 기준	
❶ 2년 4개월은 몇 개월인지 구하기	
❷ 수영을 더 오래 배운 사람 구하기	

6 다음날 오전에 아침 식사를 했습니다.

7 오전 10시부터 다음날 오전 10시까지는 24시간 이고, 오전 10시부터 오후 8시까지는 10시간 입니다.
따라서 승현이네 가족이 여행하는 데 걸린 시간 은 모두 24+10=34(시간)입니다.

8 달력에서 둘째 금요일을 찾아보면 13일입니다.
따라서 은희가 발표하는 날은 5월 13일입니다.

9 3주일 후는 7+7+7=21(일) 후입니다.
따라서 5일의 3주일 후는 5+21=26(일)입니다.

10 5월 31일은 화요일이므로 6월 1일은 수요일입니다.
따라서 6월 첫째 화요일은 6월 7일이므로 주희가 6월에 처음으로 영어 학원에 가는 날은 6월 7일입니다.

복습책 58쪽	응용유형 다잡기

1 2시 20분

2 37일

3 윤미

4 성호

1 영어 공부를 끝낸 시각에서 영어 공부를 한 시간 만큼 되돌려 영어 공부를 시작한 시각을 구합니다.

4시 50분 $\xrightarrow{2시간 전}$ 2시 50분
$\xrightarrow{30분 전}$ 2시 20분

따라서 영어 공부를 시작한 시각은 2시 20분입니다.

2 3월은 31일까지 있으므로 3월 10일부터 31일 까지는 22일이고, 4월 1일부터 15일까지는 15일입니다. 따라서 전시회를 하는 기간은 22+15=37(일)입니다.

3 ・주혁: 5시 20분 $\xrightarrow{1시간 후}$ 6시 20분
$\xrightarrow{20분 후}$ 6시 40분
⇨ 1시간 20분

・윤미: 4시 30분 $\xrightarrow{1시간 후}$ 5시 30분
$\xrightarrow{30분 후}$ 6시
⇨ 1시간 30분

따라서 일기를 더 오래 쓴 사람은 윤미입니다.

4 ・성호: 두 시계와 3시 5분 전은 모두 2시 55분을 나타냅니다.

・은재: 가운데 시계와 4시 10분 전은 3시 50분 을 나타내지만 디지털시계는 4시 50분을 나타냅니다.

따라서 모두 같은 시각을 나타내는 카드를 가진 사람은 성호이므로 이긴 사람은 성호입니다.

5. 표와 그래프

❶ 자료를 분류하여 표로 나타내기

1 3, 4, 3, 12 **2** 1, 4, 2, 12

❷ 자료를 분류하여 그래프로 나타내기

1 진우네 반 학생들의 혈액형별 학생 수

학생 수(명) / 혈액형	A형	B형	O형	AB형
5				○
4	○			○
3	○	○		○
2	○	○	○	○
1	○	○	○	○

2 선아네 반 학생들이 기르고 싶은 동물별 학생 수

동물 / 학생 수(명)	1	2	3	4	5
고양이	○	○	○		
토끼	○	○	○		
강아지	○	○	○	○	○
햄스터	○	○	○		

❸ 표와 그래프를 보고 알 수 있는 내용

1 4명 **2** 3명

3 우유 **4** 코코아

5 8, 8, 7, 5

6
2월 날씨별 날수

날수(일) / 날씨	맑음	흐림	비	눈
8	×	×		
7	×	×	×	
6	×	×	×	
5	×	×	×	×
4	×	×	×	×
3	×	×	×	×
2	×	×	×	×
1	×	×	×	×

1 ⚾ **2** 3, 4, 3, 10

3 ㉢, ㉣, ㉠

4 윤아네 모둠 학생들이 받고 싶은 선물별 학생 수

학생 수(명) / 선물	가방	인형	책	신발
3	×			
2	×	×	×	
1	×	×	×	×

5 학생 수

6 윤아네 모둠 학생들이 받고 싶은 선물별 학생 수

선물 / 학생 수(명)	1	2	3
신발	/		
책	/	/	
인형	/	/	
가방	/	/	/

7 선물 **8** 3, 3, 1, 5, 12

9 유주네 모둠 학생들이 좋아하는 계절별 학생 수

학생 수(명) / 계절	봄	여름	가을	겨울
5				/
4				/
3	/	/		/
2	/	/		/
1	/	/	/	/

10 5명 **11** 가을

3 참고 자료를 조사하는 방법에는 붙임 종이에 적어 모으는 방법, 한 사람씩 말하는 방법, 손을 들어 그 수를 세는 방법, 붙임딱지를 붙이는 방법 등이 있습니다.

4 선물별 학생 수만큼 ×를 한 칸에 하나씩, 아래에서 위로 빈칸 없이 채워서 나타냅니다.

6 선물별 학생 수만큼 /을 한 칸에 하나씩, 왼쪽에서 오른쪽으로 빈칸 없이 채워서 나타냅니다.

8 계절별로 빠뜨리거나 두 번 세지 않도록 표시를 하면서 세어 표의 빈칸에 씁니다.

9 좋아하는 계절별 학생 수만큼 /을 한 칸에 하나씩, 아래에서 위로 빈칸 없이 채워서 나타냅니다.

10 표에서 겨울을 좋아하는 학생 수를 찾으면 **5**명 입니다.

11 그래프에서 /의 수가 가장 적은 계절은 가을입 니다.

8 딱지치기: **3**명, 땅따먹기: **2**명, 공기놀이: **5**명
  ⇨ **3**명보다 적은 학생들이 원하는 교실 놀이는 땅따먹기입니다.

9 딱지치기: **3**명, 공기놀이: **5**명
  ⇨ **5**−**3**=**2**(명)

복습책 64~65쪽 **실전유형 다지기**

🖊 서술형 문제는 풀이를 꼭 확인하세요.

1 영민, 나경   **2** 4, 4, 2, 10
3 ㉢, ㉣, ㉤   🖊**4** 풀이 참조
5 예 재효네 모둠 학생들이 사는 곳별 학생 수

아파트	/	/	/	/	/
주택	/	/			
빌라	/	/	/		
사는 곳 / 학생 수(명)	1	2	3	4	5

6 예 6월에 입은 옷의 색깔별 날수

색깔	빨강	노랑	초록	파랑	합계
날수(일)	7	6	9	8	30

7 예 6월에 입은 옷의 색깔별 날수

9				/
8				/
7		/		/
6		/		/
5	/	/		/
4	/	/		/
3	/	/		/
2	/	/		/
1	/	/		/
날수(일) / 색깔	빨강	노랑	초록	파랑

8 땅따먹기   **9** 2명
10 10, 공기놀이

🖊**4** 예 왼쪽에서부터 빈칸 없이 그려야 하는데 주택 과 빌라에 그려진 /은 중간에 빈칸이 있으므로 잘못 그렸습니다.」❶

채점 기준
❶ 그래프에서 잘못된 부분을 찾아 이유 쓰기

5 사는 곳별 학생 수만큼 /을 한 칸에 하나씩, 왼 쪽에서 오른쪽으로 빈칸 없이 채워서 나타냅니 다.

복습책 66쪽 **응용유형 다잡기**

1 튤립
2 혜림이네 반 학생들이 사는 마을별 학생 수

6	×		
5	×	×	
4	×	×	×
3	×	×	×
2	×	×	×
1	×	×	×
학생 수(명) / 마을	미소	행복	사랑

3 2병   **4** 3, 5, 2, 10 / 2, 3

1 자료를 보고 꽃별로 학생 수를 세어 보면 장미 **3**명, 튤립 **3**명, 무궁화 **2**명입니다.
따라서 자료와 표의 학생 수가 다른 꽃은 튤립이 므로 수지가 좋아하는 꽃은 튤립입니다.

2 (행복 마을에 사는 학생 수)=15−6−4
  =5(명)

3 • (정태가 모은 빈 병)=3+2=5(병)
  • (윤아가 모은 빈 병)=17−3−5−7
  =2(병)

4 모양을 만드는 데 사용한 조각 수를 세어 표로 나타내고, 5개씩 있던 조각 수와 만드는 데 사용 한 조각 수를 비교하여 남은 조각 수를 구합니다.
  • (남은 ▲ 조각 수)=5−3=2(개)
  • (남은 ◢ 조각 수)=5−2=3(개)

6. 규칙 찾기

복습책 68~71쪽 기초력 기르기

❶ 무늬에서 색깔과 모양의 규칙 찾기

1 노란색 **2** 노란색
3 초록색 **4** ○
5 ○ **6** □ / 빨간색

❷ 무늬에서 방향과 수의 규칙 찾기

1 시계 방향 **2** 시계 반대 방향
3 시계 방향 **4** 1
5 1 **6** 1
7 1

❸ 쌓은 모양에서 규칙 찾기

1 3 **2** 2
3 1 **4** 3

❹ 덧셈표에서 규칙 찾기

1 (위에서부터) 4, 5 / 5, 6
2 1 **3** 1
4 2

❺ 곱셈표에서 규칙 찾기

1 (위에서부터) 15, 18 / 20, 24 / 30
2 6 **3** 4

❻ 생활에서 규칙 찾기

1 1 **2** 7
3 3

복습책 72~73쪽 기본유형 익히기

1 (1) ○ ○ ○
(2) ○, ○, ○
2 ○
3 (1) ●, ♥, ♠ (2) 3, 1, 2, 3, 1
4 ◢◣
5
6
7

시작

8 2, 3 **9** 2, 3
10 1 **11** (○)
( )

1 (1) 노란색, 초록색, 파란색이 반복됩니다.

2 ○, □, ○이 반복됩니다.

3 (1) ♠, ●, ♥이 반복됩니다.

4 모양이 시계 반대 방향으로 돌아가는 규칙으로 그립니다.

5 ●을 시계 방향으로 돌아가는 규칙으로 그립니다.

6 분홍색으로 색칠된 부분이 시계 반대 방향으로 돌아가도록 그림을 완성합니다.

7 빨간색, 파란색이 반복되면서 1개씩 수가 늘어납니다.
⇨ 파란색 4개 다음이므로 빨간색 5개를 색칠합니다.

복습책 74~75쪽 | **실전유형 다지기**

🖋 서술형 문제는 풀이를 꼭 확인하세요.

1 ●

2 (○)( )

3 ▽

4 ◣

5 (1) ◼ ● △

(2) △, ●

6 예 쌓기나무의 수가 왼쪽에서 오른쪽으로 3개, 2개씩 반복됩니다.

7

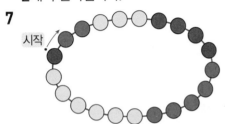

시작

🖋**8** 5개

9 (1) (위에서부터) 1, 3, 1, 2, 1, 3 / 1, 2, 1, 3, 1, 2 / 1, 3, 1, 2, 1, 3

(2) 예 1, 3, 1, 2가 반복됩니다.

10 9개

---

1 ○, △, △이 반복됩니다.

⇨ ○을 그립니다.

2 쌓기나무가 3층, 1층으로 반복됩니다.

⇨ 다음에 쌓을 모양은 1층입니다.

3 모양이 시계 방향으로 돌아가는 규칙으로 그립니다.

4 사각형 안에 있는 원의 일부분을 시계 방향으로 돌려 가며 색칠하고, 빨간색과 파란색이 반복되는 규칙으로 색칠합니다.

5 • ◻, ○, △이 반복됩니다.

• 파란색, 파란색, 노란색이 반복됩니다.

7 빨간색, 파란색, 노란색이 반복되면서 수가 1개씩 늘어납니다.

⇨ 파란색이 5개, 노란색이 6개가 되도록 색칠합니다.

🖋**8** 예 쌓기나무가 위로 1개씩 늘어납니다.」❶

따라서 마지막 모양에 쌓은 쌓기나무가 4개이므로 다음에 이어질 모양에 쌓을 쌓기나무는 모두 4+1=5(개)입니다.」❷

채점 기준
❶ 쌓기나무를 쌓은 규칙 찾기
❷ 다음에 이어질 모양에 쌓을 쌓기나무의 수 구하기

10 1층에 있는 쌓기나무가 1개씩 늘어나고 위로 1층씩 늘어납니다. 규칙에 따라 쌓아 보면 빈칸에 들어갈 모양은 3개씩 3층인 모양입니다.

따라서 필요한 쌓기나무는 모두 9개입니다.

복습책 76~77쪽 | **기본유형 익히기**

1 (위에서부터) 6, 7 / 7, 8

2 1   **3** 1

4 2

5 (위에서부터) 48, 54 / 56, 63 / 64, 72 / 72, 81

6 5   **7** 7

8 8   **9** ▽

10 7 / 7

11 (위에서부터) 4 / 9 / 21 / 27

2 4 ⌒ 5 ⌒ 6 ⌒ 7 ⌒ 8
　　+1　+1　+1　+1

⇨ 1씩 커집니다.

3 5 ⌒ 6 ⌒ 7 ⌒ 8 ⌒ 9
　　+1　+1　+1　+1

⇨ 1씩 커집니다.

4 3 ⌒ 5 ⌒ 7 ⌒ 9
　　+2　+2　+2

⇨ 2씩 커집니다.

6 25　30　35　40　45
　　+5　+5　+5　+5

⇨ 5씩 커집니다.

7 35 42 49 56 63
　　⌣ ⌣ ⌣ ⌣
　　+7 +7 +7 +7
⇨ 7씩 커집니다.

10 같은 요일에 있는 수는 아래로 내려갈수록 7씩 커집니다.

11 오른쪽으로 갈수록 1씩 커지고, 아래로 내려갈수록 7씩 커집니다.

4 예 오른쪽으로 갈수록 6씩 커집니다.」❶

×	4	5	6	7
4	16	20	24	28
5	20	25	30	35
6	24	30	36	42
7	28	35	42	49 |」❷

채점 기준

❶ 분홍색으로 색칠한 곳의 규칙 찾기
❷ 곱셈표에서 분홍색으로 색칠한 곳과 규칙이 같은 곳을 찾아 색칠하기

7 • 오른쪽으로 갈수록 1씩 커집니다.
　 • 아래로 내려갈수록 1씩 커집니다.

8 • 오른쪽으로 갈수록 단의 수만큼 커집니다.
　 • 아래로 내려갈수록 단의 수만큼 커집니다.

복습책 78~79쪽 　**실전유형 다지기**

🖊 서술형 문제는 풀이를 꼭 확인하세요.

1 1

2 (위에서부터) 2, 4, 6 / 6, 10 / 4, 6, 10 / 10, 12 / 8, 10, 16 / ㉠

3 예 같은 줄에서 위로 올라갈수록 3씩 커집니다.

4
×	4	5	6	7
4	16	20	24	28
5	20	25	30	35
6	24	30	36	42
7	28	35	42	49

5 (위에서부터) 3, 7 / 5 / 9 / 15, 35 / 7 / 예 곱셈표에 있는 수들은 모두 홀수입니다.

6 (1) 10

(2)
| 무대 | / 4, 7 |

1 2 3 4 5 6 7 8 9 10
11 12 13 14 15 16 17 18 19 20
21 22 23 24 25 26 27 28 29 30
31 32 33 34 35 36 (37) 38 39 40

7 (위에서부터) 13, 15 / 16

8 (위에서부터) 20, 25 / 30

---

1 7시 30분 ──1시간 후──▶ 8시 30분
　　　　　　　　──1시간 후──▶ 9시 30분……

2 ㉡ 덧셈표에 있는 수들은 모두 짝수입니다.

복습책 80쪽 　**응용유형 다잡기**

1 19일　　　　　　　**2** 흰색

3 4번째

4 ③, ②, ①, ③, ②, ①

1 7일마다 같은 요일이 반복됩니다.
따라서 둘째 금요일은 5+7=12(일)이고,
셋째 금요일은 12+7=19(일)입니다.

2 검은색 바둑돌 1개, 흰색 바둑돌 2개가 반복됩니다.
따라서 3+3+3+3+3+3=18이므로
18번째에는 세 번째 바둑돌과 같은 흰색 바둑돌을 놓아야 합니다.

3 쌓기나무가 3개, 5개, 7개로 2개씩 늘어납니다.
따라서 3번째로 쌓은 모양이 7개이고,
7+2=9(개)이므로 9개를 사용하여 쌓은 모양은 4번째입니다.

4 ①번, ③번, ②번 동작이 반복됩니다.

1. 네 자리 수

평가책 2~4쪽 **단원 평가 1회**

● 서술형 문제는 풀이를 꼭 확인하세요.

1 1000   **2** 6000

3 3596   **4** ( )(×)

5 800   **6**

7 8000, 300, 20, 4   **8** 4221, 4241, 4251

9 >   **10** (○)( )

11 4139

12

2518
2718
2418
2618
2818

13 8053, 8023, 8013

14 1학년   **15** 2000개

16 5428, 5361, 4075

17 6089   **18** 1, 2, 3

●**19** 8000장   ●**20** 55

11 3721 ⇨ 3000, 5703 ⇨ 3,
4139 ⇨ 30, 9325 ⇨ 300

14 1246>1239이므로 딱지를 더 많이 모은 학년
   └4>3┘
은 1학년입니다.

15 100개씩 10상자는 1000개이므로 20상자에
들어 있는 구슬은 모두 2000개입니다.

16 •천의 자리 수를 비교하면 5>4이므로 가장 작
은 수는 4075입니다.
•5361<5428이므로 가장 큰 수는 5428입
니다.
⇨ 5428>5361>4075

17 천의 자리에는 0이 올 수 없으므로 두 번째로 작
은 6을 놓고 백의 자리부터 차례대로 작은 수를
놓으면 6089입니다.

18 3□08과 3324의 천의 자리 수가 같으므로 십
의 자리 수를 비교하면 0<2입니다.
   ⇨ □ 안에는 3과 같거나 3보다 작은 1, 2, 3
이 들어갈 수 있습니다.

●**19** 예 1000이 8개인 수는 8000입니다.」❶
따라서 8상자에 들어 있는 색종이는 모두
8000장입니다.」❷

채점 기준	
❶ 1000이 8개인 수 구하기	3점
❷ 8상자에 들어 있는 색종이는 모두 몇 장인지 구하기	2점

●**20** 예 ㉠이 나타내는 값은 50이고, ㉡이 나타내는
값은 5입니다.」❶
따라서 ㉠이 나타내는 값과 ㉡이 나타내는 값의
합은 50+5=55입니다.」❷

채점 기준	
❶ ㉠과 ㉡이 나타내는 값 각각 구하기	4점
❷ ㉠과 ㉡이 나타내는 값의 합 구하기	1점

평가책 5~7쪽 **단원 평가 2회**

● 서술형 문제는 풀이를 꼭 확인하세요.

1 300   **2** 삼천

3 100, 2   **4** 3284

5 400   **6** <

7 7891, 7892, 7893

8 ㉢, ㉣   **9** 9000장

10 ㉢   **11** 4370

12 8405   **13** (○)
( )

14 ㉡

15

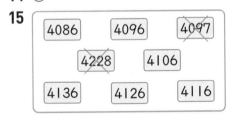

16 ㉡, ㉢   **17** 30개

18 6, 0, 3 / 6, 3, 0   ●**19** 9305개

●**20** 8960원

11 3870에서 100씩 5번 뛰어 세면
3870-3970-4070-4170-4270-
4370입니다.
따라서 3870에서 100씩 5번 뛰어 센 수는
4370입니다.

13 ・육천구십팔 ⇨ 6098
・1000이 6개, 100이 3개, 1이 5개인 수
⇨ 6305
따라서 6098<6305입니다.
└0<3┘

14 ㉠ 4507 ⇨ 1개   ㉡ 6030 ⇨ 2개
㉢ 2109 ⇨ 1개
따라서 수로 썼을 때 0의 개수가 가장 많은 것은
㉡입니다.

15 4086부터 10씩 뛰어 세면
4086-4096-4106-4116-4126-
4136입니다.
따라서 4086부터 10씩 뛰어 센 수 카드가 아
닌 것은 4097, 4228입니다.

16 5090<5178<5180<5194<5200
  ㉠   ㉡   ㉢
<5230
 ㉣

17 1000원짜리 지폐 1장을 100원짜리 동전으로
바꾸면 동전은 10개입니다.
따라서 1000원짜리 지폐 3장을 모두 100원
짜리 동전으로 바꾸면 동전은 30개입니다.

18 천의 자리 숫자가 5이고 백의 자리 숫자가 600
을 나타내는 네 자리 수는 56□□입니다.
・십의 자리 숫자가 0이면 일의 자리 숫자는 3이
므로 5603입니다.
・십의 자리 숫자가 3이면 일의 자리 숫자는 0이
므로 5630입니다.

♦19 〔예〕 1000개씩 9상자는 9000개, 100개씩
3상자는 300개입니다.」❶
따라서 사탕은 모두 9305개입니다.」❷

채점 기준

❶ 1000개씩 9상자, 100개씩 3상자는 각각 몇 개인지 구하기	3점
❷ 사탕은 모두 몇 개인지 구하기	2점

♦20 〔예〕 매일 1000원씩 8월부터 12월까지 저금하
므로 3960에서 1000씩 5번 뛰어 셉니다.」❶
따라서 3960-4960-5960-6960-
7960-8960이므로 8월부터 12월까지 한
달에 1000원씩 저금한다면 12월에는
8960원이 됩니다.」❷

채점 기준

❶ 3960에서 1000씩 몇 번 뛰어 세어야 하는지 구하기	2점
❷ 12월에는 얼마가 되는지 구하기	3점

평가책 8~9쪽   **서술형 평가**

●풀이를 꼭 확인하세요.

1 300원   **2** 4251
3 4상자   **4** 윤서

1 ❶ 〔예〕 100원짜리 동전 7개는
700원입니다.」2점
❷ 〔예〕 1000은 700보다 300만큼 더 큰 수이
므로 1000원짜리 공책을 사려면 300원이
더 있어야 합니다.」3점

2 ❶ 〔예〕 숫자 4가 나타내는 값을 알아보면 1347
은 40, 9468은 400, 4251은 4000입
니다.」3점
❷ 〔예〕 숫자 4가 나타내는 값이 가장 큰 수는
4251입니다.」2점

3 〔예〕 4000은 1000이 4개인 수입니다.」❶
따라서 옷핀을 4상자 사야 합니다.」❷

채점 기준

❶ 4000은 1000이 몇 개인 수인지 구하기	3점
❷ 옷핀을 몇 상자 사야 하는지 구하기	2점

4 〔예〕 7650과 7780은 천의 자리 수가 같고 백의
자리 수를 비교하면 6<7이므로
7650<7780입니다.」❶
따라서 돈을 더 많이 가지고 있는 사람은 윤서입
니다.」❷

채점 기준

❶ 두 수의 크기 비교하기	3점
❷ 돈을 더 많이 가지고 있는 사람 구하기	2점

2. 곱셈구구

평가책 10~12쪽 **단원 평가 1회**

🖋 서술형 문제는 풀이를 꼭 확인하세요.

1 (○) ( ) **2** 7, 35

3 (위에서부터) 9, 27, 9, 36

4 예 / 5, 15

5 2 **6**

7 (1) 16 (2) 16

8 (위에서부터) 1, 3, 4 / 4, 10 / 3, 12 / 8, 12, 20 / 15, 25

9 5 **10** 2×4

11

7	20	56	25	62
35	72	63	48	12
8	52	30	18	24

12 (위에서부터) 40, 56, 72

13 ⑤ **14** 45개

15 12개, 14개 **16** 4, 2, 8

17 예 **18** 4개

19 24개 **20** 21살

---

7 (1) 4씩 4번 뛰어 세면 16입니다.
  ⇨ 4×4=16
(2) 8씩 2번 뛰어 세면 16입니다.
  ⇨ 8×2=16

10 곱셈에서 곱하는 두 수의 순서를 서로 바꾸어도 곱은 같으므로 곱셈표에서 4×2와 곱이 같은 곱셈구구를 찾아보면 2×4입니다.

12 5×8=40, 7×8=56, 9×8=72

13 ① 2×3=6 ② 1×6=6 ③ 6×1=6
  ④ 3×2=6 ⑤ 0×6=0

14 예지는 귤을 하루에 9개씩 먹으므로 예지가 5일 동안 먹는 귤은 모두 9×5=45(개)입니다.

15 • 풀의 수: 3×4=12(개)
  • 자의 수: 7×2=14(개)

---

16 7×□의 □ 안에 수 카드 중에서 작은 수부터 차례대로 넣어서 계산해 봅니다.
7×2=14, 7×4=28, 7×8=56이므로 수 카드 2 , 4 , 8 을 한 번씩만 사용하여 만들 수 있는 곱셈식은 7×4=28입니다.

17 4×3=12이고, 4×5는 4×3보다 4개씩 2묶음 더 많게 그려야 하므로 8만큼 더 큽니다.

18 (사과의 수)=6×4=24(개)
⇨ 사과는 감보다 24−20=4(개) 더 많습니다.

19 예 한 사람에게 나누어 준 초콜릿의 수에 사람 수를 곱하면 되므로 3×8을 계산합니다.」❶
따라서 나누어 준 초콜릿은 모두 3×8=24(개)입니다.」❷

채점 기준	
❶ 문제에 알맞은 식 만들기	2점
❷ 나누어 준 초콜릿의 수 구하기	3점

20 예 연주 이모의 나이는 연주 나이의 3배이므로 7×3을 계산합니다.」❶
따라서 7×3=21이므로 연주 이모의 나이는 21살입니다.」❷

채점 기준	
❶ 문제에 알맞은 식 만들기	2점
❷ 연주 이모의 나이 구하기	3점

평가책 13~15쪽 **단원 평가 2회**

🖋 서술형 문제는 풀이를 꼭 확인하세요.

1 3, 12

2 (위에서부터) 12, 18 / 20 / 15, 35 / 24 / 21, 42

3 같습니다 **4** 6×3

5 6, 48 **6** 9

7 2, 14 **8** 20, 35

9 ㉡, ㉢ **10** <

11

출발 3 6 2 7 11 / 10 9 12 15 25 / 5 20 16 18 21 도착

---

12 8, 16 / 4, 16   **13** 63개

14 2점   **15** 1, 3 / 0, 0 / 3

16 1, 16 / 3, 16   **17** 56

18 25   **19** 12개

20 풀이 참조

---

9 $3 \times 0 = 0$

㉠ $5 \times 1 = 5$ ㉡ $0 \times 7 = 0$

㉢ $8 \times 0 = 0$ ㉣ $1 \times 9 = 9$

따라서 3×0과 곱이 같은 것은 ㉡, ㉢입니다.

10 $6 \times 8 = 48$, $7 \times 7 = 49 \Rightarrow 48 < 49$

11 $3 \times 1 = 3$, $3 \times 2 = 6$, $3 \times 3 = 9$,

$3 \times 4 = 12$, $3 \times 5 = 15$, $3 \times 6 = 18$,

$3 \times 7 = 21$

12 • 2단 곱셈구구를 이용하면 $2 \times 8 = 16$입니다.

    $\Rightarrow$ 16개

• 4단 곱셈구구를 이용하면 $4 \times 4 = 16$입니다.

    $\Rightarrow$ 16개

13 통조림이 한 줄에 9개씩 7줄로 놓여 있으므로

통조림은 모두 $9 \times 7 = 63$(개)입니다.

14 • 2가 1번: $2 \times 1 = 2$(점)

• 4가 0번: $4 \times 0 = 0$(점)

    $\Rightarrow$ $2 + 0 = 2$(점)

15 3개를 걸었으므로 $1 \times 3 = 3$이고,

2개를 걸지 못했으므로 $0 \times 2 = 0$입니다.

따라서 민규가 받은 점수는 모두 3점입니다.

16 • 소희: $6 \times 2 = 12$, $4 \times 1 = 4$

       $\Rightarrow$ $12 + 4 = 16$(개)

• 희주: $6 \times 3 = 18 \Rightarrow 18 - 2 = 16$(개)

17 $8 > 7 > 5 > 4$이므로 가장 큰 수는 8이고, 두

번째로 큰 수는 7입니다.

    $\Rightarrow$ 가장 큰 곱은 $8 \times 7 = 56$입니다.

18 5단 곱셈구구의 수는 5, 10, 15, 20, 25,

30, 35, 40, 45입니다. 이 중에서 홀수는 5,

15, 25, 35, 45입니다.

따라서 십의 자리 숫자가 20을 나타내는 수는

25이므로 설명에서 나타내는 수는 25입니다.

---

19 예 공이 6개씩 2묶음이므로 6×2를 계산합니다.」❶

따라서 $6 \times 2 = 12$이므로 공은 모두 12개입니다.」❷

채점 기준	
❶ 문제에 알맞은 식 만들기	2점
❷ 공의 수 구하기	3점

20 방법1 예 7×5에 7을 더합니다.」❶

방법2 예 7×4와 7×2를 구해 더합니다.」❷

채점 기준	
❶ 한 가지 방법으로 설명하기	1개 2점,
❷ 다른 한 가지 방법으로 설명하기	2개 5점

평가책 16~17쪽   **서술형 평가**

●풀이를 꼭 확인하세요.

1 42개   **2** 32살

3 2개   **4** 3통

1 ❶ 예 한 봉지에 들어 있는 사탕의 수에 봉지 수

를 곱하면 되므로 7×6을 계산합니다.」2점

❷ 예 6봉지에 들어 있는 사탕은 모두

$7 \times 6 = 42$(개)입니다.」3점

2 ❶ 예 연우 아버지의 나이는 연우의 나이의 4배

이므로 8×4를 계산합니다.」2점

❷ 예 $8 \times 4 = 32$이므로 연우 아버지의 나이는

32살입니다.」3점

3 예 3단 곱셈구구를 이용하면 $3 \times 8 = 24$,

$3 \times 6 = 18$입니다.」❶

따라서 3단 곱셈구구의 값은 24, 18로

모두 2개입니다.」❷

채점 기준	
❶ 3단 곱셈구구의 값 찾기	4점
❷ 3단 곱셈구구의 값이 몇 개인지 구하기	1점

4 예 수박은 $9 \times 4 = 36$(통)입니다.」❶

따라서 수박은 멜론보다 $36 - 33 = 3$(통) 더

많습니다.」❷

채점 기준	
❶ 수박의 수 구하기	4점
❷ 수박은 멜론보다 몇 통 더 많은지 구하기	1점

3. 길이 재기

평가책 18~20쪽 | **단원 평가 1회**

🖊️ 서술형 문제는 풀이를 꼭 확인하세요.

1 100, 미터   **2** 2, 83

3 6, 80   **4** (○)( )

5 1 m 10 cm   **6** 약 3 m

7 (선 잇기)

8 7, 25

9 약 4 m   **10** 9 m 15 cm

11 >   **12** 5, 15

13 ㉡, ㉣   **14** 7 m 45 cm

15 약 5 m   **16** 41 m 57 cm

17 1, 4, 8   **18** 51 cm

19 풀이 참조   **20** 9 m 70 cm

10
$$
\begin{array}{r}
1 \\
5 \text{ m } \ 60 \text{ cm} \\
+ 3 \text{ m } \ 55 \text{ cm} \\
\hline
9 \text{ m } \ 15 \text{ cm}
\end{array}
$$

11 7 m 5 cm = 7 m + 5 cm
$$= 700 \text{ cm} + 5 \text{ cm}$$
$$= 705 \text{ cm}$$
⇨ 755 cm > 7 m 5 cm

12 6 m 78 cm − 1 m 63 cm
= (6 m − 1 m) + (78 cm − 63 cm)
= 5 m 15 cm

14 (파란색 끈과 빨간색 끈의 길이의 합)
= 3 m 25 cm + 4 m 20 cm
= (3 m + 4 m) + (25 cm + 20 cm)
= 7 m 45 cm

15 7 × 5 = 35이므로 책장의 길이는 약 5 m입니다.

16 (집에서 문구점을 거쳐 학교까지 가는 거리)
= 17 m 30 cm + 24 m 27 cm
= 41 m 57 cm

17 가장 짧은 길이를 만들려면 m 단위부터 작은 수를 차례대로 놓아야 합니다.
따라서 1 < 4 < 8이므로 가장 짧은 길이는 1 m 48 cm입니다.

18 (민영이가 더 날린 거리)
= 2 m 89 cm − 2 m 38 cm
= 51 cm

19 예 책상의 한끝을 줄자의 눈금 0에 맞추지 않고 1에 맞추었기 때문에 책상의 길이는 170 cm가 아닙니다. ❶

채점 기준	
❶ 길이 재기가 잘못 된 이유 쓰기	5점

20 예 처음에 있던 색 테이프의 길이에서 사용한 색 테이프의 길이를 빼면 되므로
15 m 95 cm − 6 m 25 cm를 계산합니다. ❶
따라서 남은 색 테이프는
15 m 95 cm − 6 m 25 cm = 9 m 70 cm입니다. ❷

채점 기준	
❶ 문제에 알맞은 식 만들기	2점
❷ 남은 색 테이프의 길이 구하기	3점

평가책 21~23쪽 | **단원 평가 2회**

🖊️ 서술형 문제는 풀이를 꼭 확인하세요.

1 4   **2** cm

3 2 m 70 cm   **4** 약 8 m

5 3, 46   **6** ㉡

7 (선 잇기)

8 5 m 21 cm

9 3 m   **10** 7 m 69 cm

11 9 m 82 cm / 3 m 52 cm

12 10 m 80 cm   **13** 영호

14 ㉡   **15** 4 m 48 cm

16 3 m 59 cm   **17** 1 m 12 cm

18 3 m 2 cm   **19** 약 5 m

20 3 m 14 cm

14 ㉠ 3 m 16 cm+2 m 40 cm
=5 m 56 cm
㉡ 6 m 73 cm−1 m 21 cm
=5 m 52 cm
⇨ ㉡ 5 m 52 cm<㉠ 5 m 56 cm

15 (두 상자를 포장하는 데 사용한 끈의 길이)
=2 m 58 cm+1 m 90 cm
=3 m+148 cm=3 m+1 m 48 cm
=4 m 48 cm

16 386 cm=3 m 86 cm
⇨ 7 m 45 cm−3 m 86 cm
=6 m 145 cm−3 m 86 cm
=3 m 59 cm

17 (처음보다 더 늘어난 길이)
=2 m 74 cm−1 m 62 cm
=1 m 12 cm

18 (지우의 키)=1 m 76 cm−50 cm
=1 m 26 cm
⇨ (아버지와 지우의 키의 합)
=1 m 76 cm+1 m 26 cm
=2 m+102 cm
=2 m+1 m 2 cm
=3 m 2 cm

19 예 10걸음은 두 걸음씩 5번입니다.」❶
따라서 혜정이의 두 걸음이 1 m이고, 약 10걸음
인 방 긴 쪽의 길이는 1 m가 약 5번이므로 약
5 m입니다.」❷

채점 기준	
❶ 10걸음은 두 걸음씩 몇 번인지 알아보기	2점
❷ 방 긴 쪽의 길이는 약 몇 m인지 구하기	3점

20 예 6 m 46 cm>5 m 83 cm>3 m 32 cm
이므로 가장 긴 변의 길이는 6 m 46 cm이고,
가장 짧은 변의 길이는 3 m 32 cm입니다.」❶
따라서 가장 긴 변과 가장 짧은 변의 길이의 차는
6 m 46 cm−3 m 32 cm=3 m 14 cm
입니다.」❷

채점 기준	
❶ 가장 긴 변과 가장 짧은 변의 길이 각각 구하기	2점
❷ 가장 긴 변과 가장 짧은 변의 길이의 차 구하기	3점

평가책 24~25쪽 서술형 평가

●풀이를 꼭 확인하세요.

1 우주
2 9 m 48 cm
3 약 10 m
4 도서관, 15 m 40 cm

1 ❶ 예 우주의 키는 1 m 32 cm=132 cm입니다.」 2점
❷ 예 132 cm>119 cm이므로 우주의 키가
더 큽니다.」 3점

2 ❶ 예 5 m 30 cm>5 m 6 cm>4 m 18 cm
이므로 가장 긴 길이는 5 m 30 cm이고,
가장 짧은 길이는 4 m 18 cm입니다.」 2점
❷ 예 가장 긴 길이와 가장 짧은 길이의 합은
5 m 30 cm+4 m 18 cm=9 m 48 cm
입니다.」 3점

3 예 교실 게시판 긴 쪽의 길이는 약 2 m의 5배
입니다.」❶
따라서 교실 게시판 긴 쪽의 길이는 약 10 m입
니다.」❷

채점 기준	
❶ 교실 게시판 긴 쪽의 길이는 약 2 m의 몇 배인지 구하기	3점
❷ 교실 게시판 긴 쪽의 길이는 약 몇 m인지 구하기	2점

4 예 24 m 42 cm<39 m 82 cm이므로 수진
이네 집에서 도서관이 더 가깝습니다.」❶
따라서 수진이네 집에서 도서관이
39 m 82 cm−24 m 42 cm
=15 m 40 cm 더 가깝습니다.」❷

채점 기준	
❶ 도서관과 수영장 중 더 가까운 곳 찾기	2점
❷ 몇 m 몇 cm 더 가까운지 구하기	3점

4. 시각과 시간

평가책 26~28쪽 **단원 평가 1회**

🖊 서술형 문제는 풀이를 꼭 확인하세요.

1

2 1, 36

3 1, 15

4 오전

5 6, 50 / 7, 10

6 (선 교차 연결)

7 5번

8 수요일

9

10 나래

11 ⑤

12 ⓒ

13 8시 15분

14 성재

15 4시간

16 1바퀴

17 4시 20분

18 민재

🖊**19** 풀이 참조

🖊**20** 34시간

---

14 70분＝60분＋10분＝1시간 10분
따라서 1시간 20분이 1시간 10분보다 길므로 축구를 더 오래 한 사람은 성재입니다.

16 멈춘 시계의 시각을 읽어 보면 1시 20분입니다. 1시 20분에서 2시 20분이 되려면 긴바늘을 1바퀴만 돌리면 됩니다.

17 5시 30분 $\xrightarrow{1시간 전}$ 4시 30분
$\xrightarrow{10분 전}$ 4시 20분
따라서 정아가 텔레비전을 보기 시작한 시각은 4시 20분입니다.

18 • 민재: 4시 40분 $\xrightarrow{1시간 후}$ 5시 40분
$\xrightarrow{20분 후}$ 6시
⇨ 1시간 20분
• 진아: 3시 30분 $\xrightarrow{1시간 후}$ 4시 30분
$\xrightarrow{10분 후}$ 4시 40분
⇨ 1시간 10분
따라서 피아노를 더 오래 친 사람은 민재입니다.

🖊**19** 예 시계의 긴바늘이 가리키는 11을 55분이 아니라 11분이라고 잘못 읽었습니다.」❶
따라서 바르게 읽은 시각은 11시 55분입니다.」❷

채점 기준	
❶ 시각을 잘못 읽은 이유 쓰기	2점
❷ 바르게 읽은 시각 쓰기	3점

🖊**20** 예 오전 9시부터 다음날 오전 9시까지는 24시간입니다.」❶
다음날 오전 9시부터 오후 7시까지는 10시간입니다.」❷
따라서 주원이네 가족이 여행하는 데 걸린 시간은 모두 24＋10＝34(시간)입니다.」❸

채점 기준	
❶ 오전 9시부터 다음날 오전 9시까지의 시간 구하기	2점
❷ 오전 9시부터 오후 7시까지의 시간 구하기	2점
❸ 주원이네 가족이 여행하는 데 걸린 시간 구하기	1점

평가책 29~31쪽 **단원 평가 2회**

🖊 서술형 문제는 풀이를 꼭 확인하세요.

1 9, 15

2 오전, 오후

3 6시 5분 전

4 (선 교차 연결)

5 28

6 (시계 그림)

7 30, 31

8 오전, 2, 25

9

7월

일	월	화	수	목	금	토
						1
2	3	4	5	6	7	8
9	10	11	12	13	14	15
16	17	18	19	20	21	22
23	24	25	26	27	28	29
30	31					

10 일요일

11 오후, 1

12 2바퀴

13 5시 10분

14 1시간 40분

15 16일

16 9시간

17 2, 20

18 화요일

🖊**19** 61일

🖊**20** 우주 탐험

14 9시 20분 $\xrightarrow{\text{1시간 후}}$ 10시 20분 $\xrightarrow{\text{40분 후}}$ 11시

$\Rightarrow$ 1시간 40분

15 10월 10일부터 10월 25일까지는 16일입니다.

따라서 콩나물을 관찰한 기간은 16일입니다.

16
```
어제                          오늘
  8 9 101112 1 2 3 4 5 6 7 8(시)
┌┬┬┬┬┬┬┬┬┬┬┬┬┬┐
└┴┴┴┴┴┴┴┴┴┴┴┴┴┘
```
시간 띠에서 1칸은 1시간을 나타내고, 9칸을 색칠했으므로 승우가 잠을 잔 시간은 9시간입니다.

17
```
6시 10분 20분 30분 40분 50분 7시 10분 20분 30분 40분 50분 8시 10분 20분 30분 40분 50분 9시
┌──┬1부┬──┬쉬는시간┬──┬2부┬──┬──┬──┐
  └─1시간─┘ └─1시간─┘ └20분┘
```
따라서 민규가 공연장에서 보낸 시간은 2시간 20분입니다.

18 11월은 30일까지 있고, 7일마다 같은 요일이 반복되므로 11월의 마지막 날과 요일이 같은 날짜는 30일, 30−7=23(일), 23−7=16(일), 16−7=9(일), 9−7=2(일)입니다.

따라서 11월 2일은 화요일이므로 11월의 마지막 날인 30일도 화요일입니다.

✏19 예 3월의 날수는 31일이고, 9월의 날수는 30일입니다.」❶

따라서 3월과 9월의 날수는 모두 31+30=61(일)입니다.」❷

채점 기준	
❶ 3월과 9월의 날수 각각 구하기	3점
❷ 3월과 9월의 날수의 합 구하기	2점

✏20 예 '동물 왕국'의 상영 시간은 8시 30분부터 10시 까지이므로 1시간 30분입니다.」❶

'우주 탐험'의 상영 시간은 10시 50분부터 12시 30분까지이므로 1시간 40분입니다.」❷

따라서 1시간 40분이 1시간 30분보다 길므로 상영 시간이 더 긴 것은 '우주 탐험'입니다.」❸

채점 기준	
❶ '동물 왕국'의 상영 시간 구하기	2점
❷ '우주 탐험'의 상영 시간 구하기	2점
❸ 상영 시간이 더 긴 것 구하기	1점

●풀이를 꼭 확인하세요.

1 4번	**2** 6시 30분
3 연재	**4** 1시간 50분

1 ❶ 예 월요일은 7일, 14일, 21일, 28일입니다.」 3점

❷ 예 월요일은 7일, 14일, 21일, 28일로 모두 4번 있습니다.」 2점

2 ❶ 예 시계의 긴바늘이 2바퀴 도는 데 걸리는 시간은 2시간입니다.」 3점

❷ 예 4시 30분에서 2시간 후의 시각은 6시 30분입니다.」 2점

3 예 2년 3개월은 12개월+12개월+3개월 =27개월입니다.」❶

따라서 28개월이 27개월보다 길므로 발레를 더 오래 배운 사람은 연재입니다.」❷

채점 기준	
❶ 2년 3개월은 몇 개월인지 구하기	3점
❷ 발레를 더 오래 배운 사람 구하기	2점

4 예 시훈이가 공원에 도착한 시각은 오전 11시 10분이고, 공원에서 나온 시각은 오후 1시입니다.」❶

따라서 오전 11시 10분부터 낮 12시까지는 50분이고, 낮 12시부터 오후 1시까지는 1시간이므로 시훈이가 공원에 있었던 시간은 1시간 50분입니다.」❷

채점 기준	
❶ 공원에 도착한 시각과 공원에서 나온 시각 각각 구하기	2점
❷ 공원에 있었던 시간 구하기	3점

5. 표와 그래프

평가책 34~36쪽 · 단원 평가 ①

🖊 서술형 문제는 풀이를 꼭 확인하세요.

1 🥛 **2** 진교

3 12명 **4** 5, 3, 3, 1, 12

5 2명 **6** ㄹ, ㄴ, ㄱ

7 동하네 모둠 학생들의 취미별 학생 수

3	/			
2	/	/		
1	/	/	/	/
학생 수(명) / 취미	독서	게임	운동	요리

8 지예네 모둠 학생들이 좋아하는 운동별 학생 수

4			○
3		○	○
2		○	○
1	○	○	○
학생 수(명) / 운동	야구	축구	농구

9 학생 수

10 지예네 모둠 학생들이 좋아하는 운동별 학생 수

농구	×	×	×	×
축구	×	×	×	
야구	×			
운동 / 학생 수(명)	1	2	3	4

11 운동 **12** 4, 3, 2, 3, 12

13 예 주호가 가지고 있는 색깔별 구슬 수

4	○			
3	○	○		○
2	○	○		○
1	○	○	○	○
구슬 수(개) / 색깔	빨강	파랑	노랑	초록

14 2개 **15** 노랑

16 나온 눈의 횟수

5					○	
4				×	×	
3			×	×	×	
2	×	×	×	×	×	
1	×	×	×	×	×	×
횟수(번) / 눈	⚀	⚁	⚂	⚃	⚄	⚅

17 9번 **18** 감자
🖊**19** 풀이 참조 🖊**20** 풀이 참조

14 빨강: 4개, 노랑: 2개 ⇨ 4−2=2(개)

15 그래프에서 ○의 수가 가장 적은 색깔은 노랑입니다.

16 (⚄가 나온 횟수)=17−2−3−4−5−1
=2(번)

17 ⚂: 4번, ⚄: 5번 ⇨ 4+5=9(번)

18 자료를 보고 채소별로 학생 수를 세어 보면 감자 2명, 당근 2명, 오이 1명입니다.
따라서 자료와 표의 학생 수가 다른 채소는 감자이므로 준호가 좋아하는 채소는 감자입니다.

🖊**19** 예 가은이네 모둠 학생은 모두 11명입니다.」❶
가은이가 가지고 있는 공책은 3권입니다.」❷

채점 기준	
❶ 표를 보고 알 수 있는 내용 한 가지 쓰기	1개 2점,
❷ 표를 보고 알 수 있는 다른 내용 한 가지 쓰기	2개 5점

🖊**20** 예 아래에서부터 빈칸 없이 그려야 하는데 지수에 그려진 ○는 아래에 빈칸이 있어 잘못 그렸습니다.」❶

채점 기준	
❶ 그래프에서 잘못된 부분을 찾아 이유 쓰기	5점

평가책 37~39쪽 · 단원 평가 ②

🖊 서술형 문제는 풀이를 꼭 확인하세요.

1 은성 **2** 1, 3, 4, 2, 10
3 3명 **4** ㄱ, ㄴ
5 3, 2, 3, 8

6 선아네 모둠 학생들이 가 보고 싶은 나라별 학생 수

3	○		○
2	○	○	○
1	○	○	○
학생 수(명) / 나라	미국	프랑스	독일

7 예 | 선아네 모둠 학생들이 가 보고 싶은 나라별 학생 수

독일	/	/	/
프랑스	/	/	
미국	/	/	/
나라 / 학생 수(명)	1	2	3

8 4명
9 2명
10 3, 5, 1, 2, 11
11 예능, 5명
12 4시간
13 1시간
14 4, 1 / 준서네 모둠 학생별 컴퓨터를 사용한 시간

4		/		
3		/	/	
2		/	/	/
1	/	/	/	/
시간(시간) / 이름	준서	규림	병준	정민

15 규림, 병준, 준서, 정민
16 4, 2, 3, 9
17 10점
18 15점
19 3명
20 2명

---

8 예능: 5명, 드라마: 1명 ⇨ 5−1=4(명)

9 11−3−5−1=2(명)

15 그래프에서 /의 수가 많은 학생부터 차례대로 쓰면 규림, 병준, 준서, 정민입니다.

17 재인이가 맞힌 문제는 2개입니다.
⇨ (재인이의 점수)=5×2=10(점)

18 맞힌 문제 수가 가장 많은 민주의 점수가 가장 높습니다.
민주가 맞힌 문제는 3개입니다.
⇨ (민주의 점수)=5×3=15(점)

19 예 봄을 좋아하는 학생은 6명이고 겨울을 좋아하는 학생은 3명입니다.」❶
따라서 봄을 좋아하는 학생은 겨울을 좋아하는 학생보다 6−3=3(명) 더 많습니다.」❷

채점 기준	
❶ 봄과 겨울을 좋아하는 학생 수 각각 구하기	3점
❷ 봄과 겨울을 좋아하는 학생 수의 차 구하기	2점

20 예 사과를 좋아하는 학생은 1+2=3(명)입니다.」❶
따라서 배를 좋아하는 학생은
8−1−3−2=2(명)입니다.」❷

채점 기준	
❶ 사과를 좋아하는 학생 수 구하기	3점
❷ 배를 좋아하는 학생 수 구하기	2점

평가책 40~41쪽 **서술형 평가**

● 풀이를 꼭 확인하세요.

1 7명
2 9권
3 3명
4 7일

1 ❶ 예 파란색을 좋아하는 학생은 3명, 보라색을 좋아하는 학생은 4명입니다.」3점
❷ 예 파란색을 좋아하는 학생과 보라색을 좋아하는 학생은 모두 3+4=7(명)입니다.」2점

2 ❶ 예 종류별 읽은 책 수를 알아보면 위인전 1권, 동화책 3권, 만화책 3권, 과학책 2권입니다.」3점
❷ 예 송이가 지난달에 읽은 책은 모두 1+3+3+2=9(권)입니다.」2점

3 예 양배추를 좋아하는 학생은 5+3=8(명)입니다.」❶
따라서 오이를 좋아하는 학생은
20−5−8−4=3(명)입니다.」❷

채점 기준	
❶ 양배추를 좋아하는 학생 수 구하기	3점
❷ 오이를 좋아하는 학생 수 구하기	2점

4 예 수영장에 가장 많이 간 월은 6월로 11일이고, 가장 적게 간 월은 5월로 4일입니다.」❶
따라서 수영장에 가장 많이 간 월은 가장 적게 간 월보다 11−4=7(일) 더 많이 갔습니다.」❷

채점 기준	
❶ 수영장에 가장 많이 간 월과 가장 적게 간 월의 날수 각각 구하기	3점
❷ 수영장에 가장 많이 간 월은 가장 적게 간 월보다 며칠 더 많이 갔는지 구하기	2점

6. 규칙 찾기

평가책 42~44쪽 단원 평가 **1**회

🖊 서술형 문제는 풀이를 꼭 확인하세요.

1 (위에서부터) 4 / 3, 5

2 1

3 1

4

5 현수

6 32, 48, 64

7 짝수

8 📷 같은 줄에서 위로 올라갈수록 6씩 커집니다.

9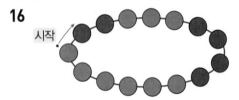

10 ■, ■, ■

11 (위에서부터) 3 / 3, 1, 2, 3, 3, 1, 2 / 3, 3, 1, 2, 3, 3, 1

12 📷 뒤에 있는 쌓기나무 오른쪽으로 쌓기나무가 1개씩 늘어납니다.

13 5개

14 5, 6

15 (위에서부터) 11 / 12 / 11 / 12

16

시작

17 9개

18 21일

🖊**19**

🖊**20**

×	3	4	5	6
3	9	12	15	18
4	12	16	20	24
5	15	20	25	30
6	18	24	30	36

2 3 ⌒ 4 ⌒ 5 ⌒ 6
　　+1　+1　+1
⇨ 1씩 커집니다.

3 2 ⌒ 3 ⌒ 4 ⌒ 5
　　+1　+1　+1
⇨ 1씩 커집니다.

4 모양이 시계 방향으로 돌아가는 규칙으로 그립니다.

5 빨간색, 파란색, 노란색이 반복되는 규칙이 있습니다.

7 두 수의 곱을 이용하여 빈칸에 알맞은 수를 구합니다.

13 마지막 모양에 쌓은 쌓기나무가 4개이므로 다음에 이어질 모양에 쌓을 쌓기나무는 모두 4+1=5(개)입니다.

16 파란색과 빨간색이 반복되면서 수가 1개씩 늘어납니다.

17 규칙에 따라 쌓아 보면 빈칸에 들어갈 모양은 1층에 4개, 2층에 3개, 3층에 2개로 쌓은 모양이므로 필요한 쌓기나무는 모두 4+3+2=9(개)입니다.

18 7일마다 같은 요일이 반복됩니다.
따라서 둘째 금요일은 7+7=14(일)이고, 셋째 금요일은 14+7=21(일)입니다.

🖊**19** 📷 색칠된 부분이 시계 반대 방향으로 돌아갑니다.❶
◻❷

채점 기준	
❶ 색칠된 부분의 규칙 찾기	3점
❷ 그림 완성하기	2점

🖊**20** 📷 오른쪽으로 갈수록 4씩 커집니다.❶

×	3	4	5	6
3	9	12	15	18
4	12	16	20	24
5	15	20	25	30
6	18	24	30	36 |❷

채점 기준	
❶ 분홍색으로 색칠한 곳의 규칙 찾기	3점
❷ 규칙이 같은 곳을 찾아 색칠하기	2점

평가책 45~47쪽 단원 평가 **2**회

🖊 서술형 문제는 풀이를 꼭 확인하세요.

1 (○)( )

2 (위에서부터) 12 / 10, 14 / 12

3 2

4 4

5 (위에서부터) 10 / 15 / 12 / 10, 15

6 4 **7** 1

8 3 **9** 1

10 1 **11**

12 예 쌓기나무가 2층, 1층, 2층이 반복됩니다.

13 ● **14** 16 / 10, 20

15 40 / 42, 49

16 예 위에서 3번째 줄의 왼쪽에서 2번째 자리인 20번을 찾습니다.

17 노란색 **18** 5번째

19 ▲ **20** 7개

---

3 6 8 10 12 14
　+2 +2 +2 +2
　⇨ 2씩 커집니다.

4 0 4 8 12 16
　+4 +4 +4 +4
　⇨ 4씩 커집니다.

5 두 수의 곱을 이용하여 빈칸에 알맞은 수를 구합니다.

6 4 8 12 16 20
　+4 +4 +4 +4
　⇨ 4씩 커집니다.

7 1 2 3 4 5
　+1 +1 +1 +1
　⇨ 1씩 커집니다.

11 색칠된 부분이 시계 방향으로 돌아가도록 그림을 완성합니다.

13 • ○, △이 반복됩니다.
　• 빨간색, 노란색, 파란색이 반복됩니다.

16 아래로 내려갈수록 9씩 커지고, 오른쪽으로 갈수록 1씩 커집니다.

17 노란색 풍선, 파란색 풍선, 노란색 풍선이 반복됩니다.
　따라서 3+3+3+3+3=15이므로 16번째에는 첫 번째 풍선과 같은 노란색 풍선을 놓아야 합니다.

---

18 쌓기나무가 1개, 3개, 5개로 2개씩 늘어납니다.
5+2=7(개), 7+2=9(개)이므로 9개를 사용하여 쌓은 모양은 5번째입니다.

19 예 ○, △, △이 반복됩니다.」❶
　▲」❷

채점 기준	
❶ 모양의 규칙 찾기	3점
❷ 빈칸에 알맞은 모양 그리고 색칠하기	2점

20 예 왼쪽으로 쌓기나무가 1개씩 늘어납니다.」❶
　따라서 다음에 이어질 모양에 쌓을 쌓기나무는 모두 6+1=7(개)입니다.」❷

채점 기준	
❶ 쌓기나무를 쌓은 모양의 규칙 찾기	3점
❷ 다음에 이어질 모양에 쌓을 쌓기나무의 수 구하기	2점

평가책 48~49쪽 **서술형 평가**

● 풀이를 꼭 확인하세요.

1 풀이 참조 **2** 7개
3 풀이 참조 **4** ●

1 ❶ 예 같은 줄에서 오른쪽으로 갈수록 1씩 커집니다.」 [2점]
　❷ 예 같은 줄에서 아래로 내려갈수록 3씩 작아집니다.」 [3점]

2 ❶ 예 쌓기나무가 오른쪽으로 1개씩 늘어나는 규칙이 있습니다.」 [3점]
　❷ 예 마지막 모양에 쌓은 쌓기나무가 6개이므로 다음에 이어질 모양에 쌓을 쌓기나무는 모두 6+1=7(개)입니다.」 [2점]

3 예 • 오른쪽으로 갈수록 2씩 커집니다.」❶
　• 아래로 내려갈수록 2씩 커집니다.」❷

채점 기준	
❶ 한 가지 규칙 찾기	1개 2점,
❷ 다른 한 가지 규칙 찾기	2개 5점

4 예 빨간색, 파란색, 파란색이 반복되고, 삼각형, 원, 원이 반복됩니다.」❶
　따라서 빨간색 삼각형 다음에 올 모양은 파란색 원입니다.」❷

채점 기준	
❶ 규칙 찾기	3점
❷ 빈칸에 알맞은 모양 그리고 색칠하기	2점

평가책 50~52쪽	학업 성취도 평가 1회

🖊 서술형 문제는 풀이를 꼭 확인하세요.

1 1000
2 3, 2, 1, 2, 8
3 장미
4 80
5 약 2 m
6 (교차 연결선)

7 1 m 10 cm
8 8281, 8301, 8311
9 (교차 연결선)

10 (위에서부터) 3 / 6 / 5, 8
11 예 오른쪽으로 갈수록 1씩 커집니다.
12 <
13 2명
14 8개
15 4, 1
16 ◆
17 1시간 20분
18 1, 2, 3
🖊**19** 3906
🖊**20** 1 m 14 cm

18 7□16과 7404는 천의 자리 수가 같으므로 십의 자리 수를 비교하면 1>0입니다.
따라서 □ 안에는 4보다 작은 1, 2, 3이 들어갈 수 있습니다.

🖊**19** 예 각 수에서 숫자 9가 나타내는 값을 알아보면 2193 ⇨ 90, 8259 ⇨ 9, 3906 ⇨ 900입니다.」❶
따라서 숫자 9가 나타내는 값이 가장 큰 수는 3906입니다.」❷

채점 기준	
❶ 각 수에서 숫자 9가 나타내는 값 알아보기	3점
❷ 숫자 9가 나타내는 값이 가장 큰 수는 어느 것인지 구하기	2점

🖊**20** 예 196 cm=1 m 96 cm이므로 가장 긴 길이는 2 m 54 cm이고, 가장 짧은 길이는 1 m 40 cm입니다.」❶
따라서 가장 긴 길이와 가장 짧은 길이의 차는 2 m 54 cm−1 m 40 cm=1 m 14 cm입니다.」❷

채점 기준	
❶ 가장 긴 길이와 가장 짧은 길이 각각 구하기	2점
❷ 가장 긴 길이와 가장 짧은 길이의 차 구하기	3점

평가책 53~55쪽	학업 성취도 평가 2회

🖊 서술형 문제는 풀이를 꼭 확인하세요.

1 6, 30
2 7258
3 2, 5
4 (시계 그림)
5 오전
6 12명

7 수지네 모둠 학생들이 좋아하는 간식별 학생 수

학생 수(명) \ 간식	김밥	피자	떡	과자
4		×		
3	×	×	×	
2	×	×	×	×
1	×	×	×	×

8 과자, 2명
9 1859, 9872
10 2, 30
11 42개
12 (모눈 칸에 ★ 표시)

13~14

×	2	3	4	5	6
2	4	6	8	10	12
3	6	9	12	15	18
4	8	12	16	20	24
5	10	15	20	25	30
6	12	18	24	30	36

15 지윤
16 1467
17 28개
18 2 m 59 cm
🖊**19** 은재
🖊**20** 영주

🖊**19** 예 8시 10분 전은 7시 50분입니다.」❶
따라서 더 일찍 일어난 사람은 7시 40분에 일어난 은재입니다.」❷

채점 기준	
❶ 8시 10분 전을 몇 시 몇 분으로 나타내기	3점
❷ 더 일찍 일어난 사람 구하기	2점

🖊**20** 예 1000이 6개, 100이 4개, 10이 9개인 수는 6490입니다.」❶
따라서 6513>6490이므로 더 큰 수를 말한 사람은 영주입니다.」❷

채점 기준	
❶ 1000이 6개, 100이 4개, 10이 9개인 수 구하기	3점
❷ 더 큰 수를 말한 사람 구하기	2점

우리 아이 인생교재

-수학 편-

$x + y =$

45°

수준별 연산 교재

완자 공부력
계산

하루에 4쪽씩 계산 단원만 집중 연습하여
40일 만에 계산력을 완성하고 싶다면!

하 95% 중 5%

개념+연산
라이트

전 단원(연산, 도형, 측정 등)의 연산 훈련으로
정확성과 빠르기를 잡고 싶다면!

하 90% 중 10%

개념+연산
파워

전 단원(연산, 도형, 측정 등)의
기초, 스킬 업, 문장제 연산으로
응용 연산력을 완성하고 싶다면!

하 50% 상 5% 중 45%

수준별 유형 교재

개념+유형
라이트

기초에서 응용까지 차근차근
기본 실력을 쌓고 싶다면!

하 30% 상 20% 중 50%

개념+유형
파워

기본에서 심화까지 탄탄하게
응용력을 올리고 싶다면!

하 15% 최상 15% 중 40% 상 30%

개념+유형
최상위 탑

최상위 문제까지 완벽하게
수학을 정복하고 싶다면!

중 20% 최상 30% 상 50%

교과서 교재

교과서 개념 잡기

교과서 개념, 4주 만에
완성하고 싶다면!

하 60% 중 40%

교과서 유형 잡기

수학 실력, 유형으로 꽉!
잡고 싶다면!

하 20% 상 20% 중 60%

개념·플러스·유형·시리즈   개념과 유형이 하나로! 가장 효과적인 수학 공부 방법을 제시합니다.

대표전화 1544-0554
주소 경기도 과천시 과천대로2길 54
협의 없는 무단 복제는 법으로 금지되어 있습니다.

✚ 개념·플러스·유형·시리즈 개념과 유형이 하나로! 가장 효과적인 수학 공부 방법을 제시합니다.

비상교재
누리집에
방문해보세요

http://book.visang.com/
발간 이후에 발견되는 오류 비상교재 누리집 › 학습자료실 › 초등교재 › 정오표
본 교재의 정답 비상교재 누리집 › 학습자료실 › 초등교재 › 정답·해설

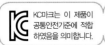

KC마크는 이 제품이
공통안전기준에 적합
하였음을 의미합니다.

초등학교   반   번   이름

품질혁신코드 VS01QI24_1

개념과 유형이 하나로

22 개정 새 교육과정

개념 + 유형
PLUS

초등 수학

2·2

visang

개념+유형

복습책

초등 수학

2·2

복습책에서는

개념책의 문제를 1:1로 복습합니다.

1

네 자리 수

개념복습 기초력 기르기

① 천

(1~7) □ 안에 알맞은 수를 써넣으세요.

1 100이 10개인 수는 □ 입니다.

2 900보다 100만큼 더 큰 수는 □ 입니다.

3 990보다 10만큼 더 큰 수는 □ 입니다.

4 999보다 1만큼 더 큰 수는 □ 입니다.

5 1000은 600보다 □ 만큼 더 큰 수입니다.

6 1000은 970보다 □ 만큼 더 큰 수입니다.

7 1000은 999보다 □ 만큼 더 큰 수입니다.

② 몇천

(1~4) □ 안에 알맞은 수를 써넣으세요.

1 1000이 2개이면 □ 입니다.

2 1000이 4개이면 □ 입니다.

3 1000이 5개이면 □ 입니다.

4 1000이 8개이면 □ 입니다.

(5~6) 수를 바르게 읽은 것에 ○표 하세요.

5 3000 (삼천 , 사천)

6 6000 (오천 , 육천)

(7~8) 수로 써 보세요.

7 칠천 ⇨ ( )

8 구천 ⇨ ( )

③ 네 자리 수

(1~3) ☐ 안에 알맞은 수를 써넣으세요.

1 1000이 1개
100이 5개 ⇨ ☐
10이 8개
1이 4개

2 1000이 2개
100이 0개 ⇨ ☐
10이 5개
1이 7개

3 1000이 7개
100이 1개 ⇨ ☐
10이 9개
1이 3개

(4~5) 수를 바르게 읽은 것에 ◯표 하세요.

4 6325

(육천삼백오십이 , 육천삼백이십오)

5 5049

(오천사십구 , 오천백사십구)

(6~7) 수로 써 보세요.

6 삼천사백칠십일
⇨ ( )

7 사천육백이
⇨ ( )

④ 각 자리의 숫자가 나타내는 값

(1~3) 수를 보고 ☐ 안에 알맞은 수를 써넣으세요.

5748

1 5는 천의 자리 숫자이고,
☐ 을 나타냅니다.

2 7은 백의 자리 숫자이고,
☐ 을 나타냅니다.

3 4는 십의 자리 숫자이고,
☐ 을 나타냅니다.

(4~6) 수를 보고 ☐ 안에 알맞은 수나 말을 써넣으세요.

1623

4 6은 ☐ 의 자리 숫자이고,
☐ 을 나타냅니다.

5 2는 ☐ 의 자리 숫자이고,
☐ 을 나타냅니다.

6 3은 ☐ 의 자리 숫자이고,
☐ 을 나타냅니다.

5 뛰어 세기

(1~6) 뛰어 세어 보세요.

1

2461	2561	2661
		2961

2

| 7833 | 7834 | |
| 7836 | | 7838 |

3

| 3124 | 3134 | |
| | 3164 | 3174 |

4

| 1720 | 2720 | |
| 4720 | | 6720 |

5

| 4109 | 4209 | |
| | | 4609 |

6

| 9537 | 9538 | |
| 9540 | | |

6 수의 크기 비교

(1~9) 두 수의 크기를 비교하여 ◯ 안에 >
또는 <를 알맞게 써넣으세요.

1 2137 ◯ 1976

2 4582 ◯ 4583

3 6174 ◯ 5175

4 3790 ◯ 3890

5 4200 ◯ 5000

6 8611 ◯ 8309

7 9328 ◯ 9330

8 7409 ◯ 7410

9 1825 ◯ 1824

1 단원

① 천

1 그림을 보고 ☐ 안에 알맞은 수를 써넣으세요.

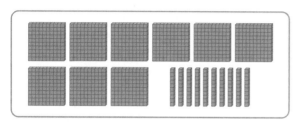

100이 9개, 10이 10개이면

☐ 입니다.

2 ☐ 안에 알맞은 수를 써넣으세요.

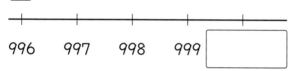

996 997 998 999 ☐

3 그림을 보고 ☐ 안에 알맞은 수를 써넣으세요.

300 400 500 600 700 800 900 1000

300보다 ☐ 만큼 더 큰 수는

1000입니다.

4 1000이 되도록 ⬤100 을 그려 보세요.

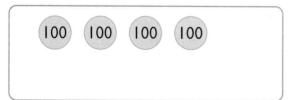

② 몇천

5 8000만큼 색칠해 보세요.

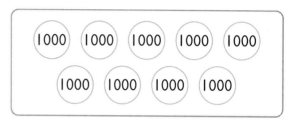

6 그림을 보고 ☐ 안에 알맞은 수를 써넣으세요.

☐

7 관계있는 것끼리 선으로 이어 보세요.

백 모형 50개	천 모형 6개, 백 모형 10개

7000	5000	6000

칠천	팔천	오천

❸ 네 자리 수

8 ☐ 안에 알맞은 수를 써넣고, 그림이 나타내는 수와 말을 써넣으세요.

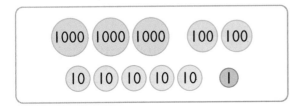

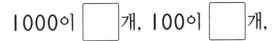

1000이 ☐ 개, 100이 ☐ 개,

10이 ☐ 개, 1이 ☐ 개이면

☐ 이라 쓰고,

☐ 이라고 읽습니다.

9 그림을 보고 ☐ 안에 알맞은 수를 써넣으세요.

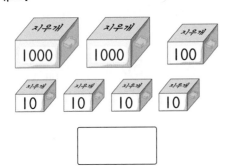

☐

10 ☐ 안에 알맞은 수를 써넣으세요.

1000이 7개 ⎤
100이 5개 ⎥ ⇨ ☐
10이 6개 ⎥
1이 2개 ⎦

❹ 각 자리의 숫자가 나타내는 값

11 수를 보고 ☐ 안에 알맞은 수를 써넣으세요.

1976

(1) 천의 자리 숫자: ☐

⇨ ☐ 을 나타냅니다.

(2) 일의 자리 숫자: ☐

⇨ ☐ 을 나타냅니다.

12 백의 자리 숫자가 0인 수를 찾아 ○표 하세요.

6803	3190	9024
( )	( )	( )

13 밑줄 친 숫자가 나타내는 수만큼 색칠해 보세요.

2222

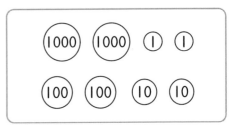

1 ☐ 안에 알맞은 수를 써넣으세요.

> 1000은 500보다 ☐ 만큼
> 더 큰 수입니다.

2 수 모형이 나타내는 수를 바르게 읽은 것에 ◯표 하세요.

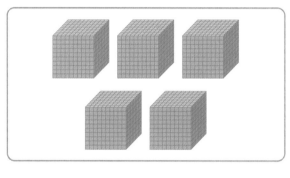

(오천 , 육천)

3 다음이 나타내는 수를 써 보세요.

> 1000이 8개, 100이 5개,
> 10이 1개, 1이 3개인 수

( )

4 〈보기〉와 같이 ☐ 안에 알맞은 수를 써 넣으세요.

> ┌ 〈보기〉 ─────────────
> │ 1374 = 1000 + 300 + 70 + 4
> └─────────────────────

6509
= 6000 + ☐ + ☐ + 9

5 2045를 1000, 100, 10, 1 을 이용하여 그림으로 나타내 보세요.

6 왼쪽과 오른쪽을 연결하여 1000이 되도록 선으로 이어 보세요.

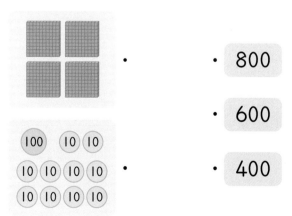

· 800

· 600

· 400

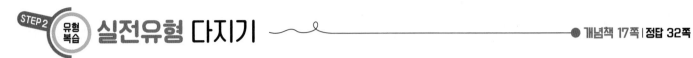
7 십의 자리 숫자가 0인 수를 모두 찾아 기호를 써 보세요.

> ㉠ 5903 ㉡ 이천오백일
> ㉢ 7640 ㉣ 팔천사십

( )

〈 수학 익힘 유형 〉

8 준호가 고른 수 카드를 찾아 ◯표 하세요.

> 내가 고른 수 카드의 수를 읽으면 '사천'으로 시작하고 '육'으로 끝나.

준호

| 3896 | 4156 | 6374 |

〈 서술형 〉

9 빨대 9000개를 상자에 담으려고 합니다. 한 상자에 1000개씩 담는다면 몇 상자에 담을 수 있는지 풀이 과정을 쓰고 답을 구해 보세요.

풀이 _____

_____

_____

답 _____

10 숫자 5가 나타내는 값이 더 큰 수에 ◯표 하세요.

| 3851 | 5427 |

( ) ( )

11 색종이가 1000장씩 7상자, 100장씩 4상자, 낱장으로 2장 있습니다. 색종이는 모두 몇 장일까요?

( )

〈 수학 익힘 유형 〉

12 수 카드 4장을 한 번씩만 사용하여 천의 자리 숫자가 4이고, 백의 자리 숫자가 600을 나타내는 네 자리 수를 2개 만들어 보세요.

| 1 | 4 | 8 | 6 |

4 ☐ ☐ ☐ ,

4 ☐ ☐ ☐

⑤ 뛰어 세기

1 뛰어 센 것을 보고 ☐ 안에 알맞은 수를 써넣으세요.

| 9305 | 9405 | 9505 |
| 9605 | 9705 | 9805 |

⇨ [ ] 씩 뛰어 세었습니다.

2 3952부터 1000씩 뛰어 세면서 선으로 이어 보세요.

3 뛰어 세어 보세요.

| 6723 | 6724 | 6725 |
| | | 6728 |

⑥ 수의 크기 비교

4 그림을 보고 두 수의 크기를 비교하여 더 작은 수에 ◯표 하세요.

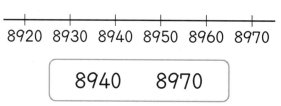

8920 8930 8940 8950 8960 8970

| 8940 | 8970 |

5 두 수의 크기를 비교하여 ◯ 안에 > 또는 <를 알맞게 써넣으세요.

7208 ◯ 7613

6 세 수의 크기를 비교하여 가장 작은 수에 ◯표 하세요.

| 3273 | 3092 | 2997 |

(   ) (   ) (   )

7 네 자리 수의 크기를 비교하는 방법을 바르게 말한 사람은 누구일까요?

• 지민: 천의 자리 숫자가 같으면 일의 자리 숫자를 비교하면 돼.
• 다솔: 천의 자리 숫자가 같으면 백의 자리 숫자를 비교하면 돼.

(   )

1 더 작은 수에 ◯표 하세요.

2184	3709

2 뛰어 세어 보세요.

9612 — 9613 — 9614

◯ — ◯ — ◯

3 100씩 거꾸로 뛰어 세어 보세요.

2790 — 2690 — ◯

◯ — 2390 — ◯

4 7531보다 더 큰 수를 찾아 ◯표 하세요.

7528	7603	6947

5 5861부터 10씩 커지는 수 카드입니다. 빈칸에 알맞은 수를 써넣으세요.

5861   5911

5871   ◯

5881   ◯

6 붙임 딱지를 지성이는 1915장 모았고, 영수는 1932장 모았습니다. 붙임 딱지를 더 많이 모은 사람은 누구일까요?

(   )

7 두 사람의 대화를 읽고 물음에 답하세요.

> • 민희: 8620에서 출발하여 100씩 뛰어 세었어.
> • 유라: 8620에서 출발하여 1000씩 거꾸로 뛰어 세었어.

(1) 민희의 방법으로 뛰어 세어 보세요.

8620 — ◯ — ◯

◯ — ◯ — ◯

(2) 유라의 방법으로 뛰어 세어 보세요.

8620 — ◯ — ◯

◯ — ◯ — ◯

8 다음이 나타내는 수는 얼마일까요?

> 4270에서 100씩 3번 뛰어 센 수

(   )

10 가장 큰 수에 ◯표, 가장 작은 수에 △표 하세요.

> 5783   5921   6094

〔 수학 유형 〕

11 준서의 저금통에는 5일에 3280원이 있습니다. 6일부터 하루에 100원씩 계속 저금한다면 6일, 7일, 8일에는 각각 얼마가 될까요?

6일 (   )
7일 (   )
8일 (   )

〔 서술형 〕

9 더 큰 수를 말한 사람은 누구인지 풀이 과정을 쓰고 답을 구해 보세요.

> • 승민: 6102
> • 준희: 1000이 6개, 10이 8개, 1이 5개인 수

풀이

답

〔 수학 익힘 유형 〕

12 수 카드 4장을 한 번씩만 사용하여 만들 수 있는 네 자리 수 중에서 가장 작은 수는 얼마일까요?

> 2   9   3   0

(   )

1 귤이 한 상자에 100개씩 들어 있습니다. 70상자에 들어 있는 귤은 모두 몇 개인지 구해 보세요.

(   )

(수학 익힘 유형)

2 은지가 초코우유와 딸기우유를 각각 한 개씩 사고 아래 그림과 같이 돈을 냈습니다. 은지가 낸 돈에서 초코우유의 가격만큼 묶어 보고, 딸기우유는 얼마인지 구해 보세요.

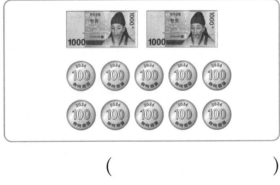

(   )

3 1부터 9까지의 수 중에서 □ 안에 들어갈 수 있는 가장 큰 수를 구해 보세요.

$$3264 > 32\boxed{}1$$

(   )

놀이 수학   (수학 익힘 유형)

4 뛰어 세어 각 수에 해당하는 글자를 찾아 숨겨진 낱말을 완성해 보세요.

· 100씩 뛰어 세기

5430	5530	기	주	이	면

· 1씩 뛰어 세기

6780	6781	접	종	사	용

6783	5830	6782	5630
⇩	⇩	⇩	⇩

실력 확인   [평가책] 단원 평가 2~7쪽 | 서술형 평가 8~9쪽

2

곱셈구구

1 2단 곱셈구구

(1~2) 그림을 보고 알맞은 곱셈식으로 나타내 보세요.

1

$2 \times \boxed{} = \boxed{}$

2

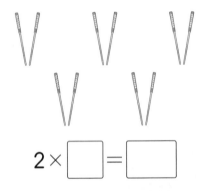

$2 \times \boxed{} = \boxed{}$

(3~7) ☐ 안에 알맞은 수를 써넣으세요.

3 $2 \times 2 = \boxed{}$

4 $2 \times 4 = \boxed{}$

5 $2 \times 7 = \boxed{}$

6 $2 \times 6 = \boxed{}$

7 $2 \times 9 = \boxed{}$

2 5단 곱셈구구

(1~2) 그림을 보고 알맞은 곱셈식으로 나타내 보세요.

1

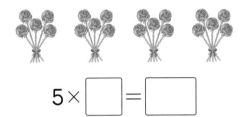

$5 \times \boxed{} = \boxed{}$

2

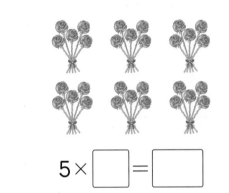

$5 \times \boxed{} = \boxed{}$

(3~7) ☐ 안에 알맞은 수를 써넣으세요.

3 $5 \times 1 = \boxed{}$

4 $5 \times 3 = \boxed{}$

5 $5 \times 8 = \boxed{}$

6 $5 \times 7 = \boxed{}$

7 $5 \times 9 = \boxed{}$

❸ 3단, 6단 곱셈구구

(1~2) 그림을 보고 알맞은 곱셈식으로 나타내 보세요.

1

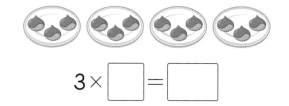

$3 \times \boxed{} = \boxed{}$

2

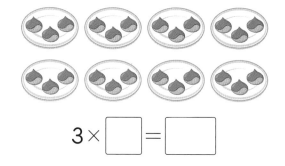

$3 \times \boxed{} = \boxed{}$

(3~7) ☐ 안에 알맞은 수를 써넣으세요.

3 $3 \times 2 = \boxed{}$

4 $3 \times 5 = \boxed{}$

5 $3 \times 9 = \boxed{}$

6 $3 \times 3 = \boxed{}$

7 $3 \times 6 = \boxed{}$

(8~9) 그림을 보고 알맞은 곱셈식으로 나타내 보세요.

8

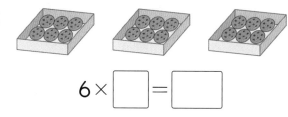

$6 \times \boxed{} = \boxed{}$

9

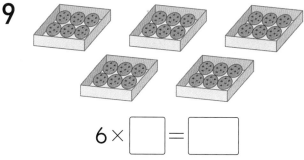

$6 \times \boxed{} = \boxed{}$

(10~14) ☐ 안에 알맞은 수를 써넣으세요.

10 $6 \times 2 = \boxed{}$

11 $6 \times 6 = \boxed{}$

12 $6 \times 1 = \boxed{}$

13 $6 \times 8 = \boxed{}$

14 $6 \times 7 = \boxed{}$

4 4단, 8단 곱셈구구

(1~2) 그림을 보고 알맞은 곱셈식으로 나타내 보세요.

1

$4 \times \boxed{} = \boxed{}$

2

$4 \times \boxed{} = \boxed{}$

(3~7) ☐ 안에 알맞은 수를 써넣으세요.

3 $4 \times 1 = \boxed{}$

4 $4 \times 4 = \boxed{}$

5 $4 \times 7 = \boxed{}$

6 $4 \times 5 = \boxed{}$

7 $4 \times 9 = \boxed{}$

(8~9) 그림을 보고 알맞은 곱셈식으로 나타내 보세요.

8

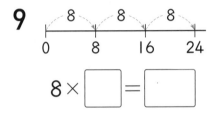

$8 \times \boxed{} = \boxed{}$

9

$8 \times \boxed{} = \boxed{}$

(10~14) ☐ 안에 알맞은 수를 써넣으세요.

10 $8 \times 5 = \boxed{}$

11 $8 \times 1 = \boxed{}$

12 $8 \times 7 = \boxed{}$

13 $8 \times 2 = \boxed{}$

14 $8 \times 9 = \boxed{}$

5 7단 곱셈구구

(1~2) 그림을 보고 알맞은 곱셈식으로 나타내 보세요.

1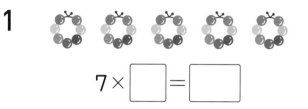

$$7 \times \boxed{} = \boxed{}$$

2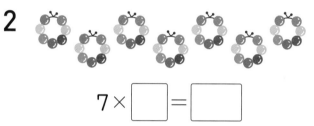

$$7 \times \boxed{} = \boxed{}$$

(3~7) ☐ 안에 알맞은 수를 써넣으세요.

3 $7 \times 3 = \boxed{}$

4 $7 \times 8 = \boxed{}$

5 $7 \times 1 = \boxed{}$

6 $7 \times 6 = \boxed{}$

7 $7 \times 4 = \boxed{}$

6 9단 곱셈구구

(1~2) 그림을 보고 알맞은 곱셈식으로 나타내 보세요.

1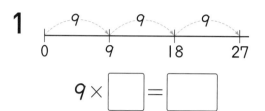

$$9 \times \boxed{} = \boxed{}$$

2

$$9 \times \boxed{} = \boxed{}$$

(3~7) ☐ 안에 알맞은 수를 써넣으세요.

3 $9 \times 1 = \boxed{}$

4 $9 \times 5 = \boxed{}$

5 $9 \times 8 = \boxed{}$

6 $9 \times 7 = \boxed{}$

7 $9 \times 2 = \boxed{}$

2 단원

❼ |단 곱셈구구와 0의 곱

(1~18) ☐ 안에 알맞은 수를 써넣으세요.

1 $1 \times 2 =$ ☐

2 $1 \times 5 =$ ☐

3 $1 \times 8 =$ ☐

4 $1 \times 4 =$ ☐

5 $1 \times 1 =$ ☐

6 $1 \times 7 =$ ☐

7 $1 \times 9 =$ ☐

8 $1 \times 6 =$ ☐

9 $1 \times 3 =$ ☐

10 $0 \times 4 =$ ☐

11 $0 \times 1 =$ ☐

12 $9 \times 0 =$ ☐

13 $0 \times 7 =$ ☐

14 $0 \times 6 =$ ☐

15 $2 \times 0 =$ ☐

16 $0 \times 8 =$ ☐

17 $3 \times 0 =$ ☐

18 $0 \times 5 =$ ☐

8 곱셈표 만들기

(1~3) 빈칸에 알맞은 수를 써넣어 곱셈표를 완성해 보세요.

1

×	1	2	3
1	1	2	
2		4	6
3	3		9

2

×	4	5	6
4	16		24
5		25	30
6	24	30	

3

×	7	8	9
7	49		63
8	56	64	
9		72	81

9 곱셈구구를 이용하여 문제 해결하기

(1~3) 문제를 읽고 알맞은 곱셈식을 이용하여 답을 구해 보세요.

1 상자 한 개에 오징어가 2마리씩 들어 있습니다. 상자 9개에 들어 있는 오징어는 모두 몇 마리일까요?

식 _____

답 _____

2 책꽂이 한 칸에 책이 4권씩 꽂혀 있습니다. 책꽂이 9칸에 꽂혀 있는 책은 모두 몇 권일까요?

식 _____

답 _____

3 바구니 한 개에 귤이 5개씩 들어 있습니다. 바구니 5개에 들어 있는 귤은 모두 몇 개일까요?

식 _____

답 _____

1 2단 곱셈구구

1 그림을 보고 ☐ 안에 알맞은 수를 써넣으세요.

덧셈식 $2+2+2=$ ☐

곱셈식 $2\times3=$ ☐

2 그림을 보고 ☐ 안에 알맞은 수를 써넣으세요.

(1)

$2\times5=$ ☐

(2)

$2\times6=$ ☐

3 ☐ 안에 알맞은 수를 써넣으세요.

(1) $2\times2=$ ☐

(2) $2\times7=$ ☐

4 2×9를 계산하는 방법을 알아보려고 합니다. ☐ 안에 알맞은 수를 써넣으세요.

방법1

2를 ☐ 번 더해서 구할 수 있습니다.

방법2

2×8에 ☐ 를 더하여 구할 수 있습니다.

2 5단 곱셈구구

5 그림을 보고 곱셈식으로 나타내 보세요.

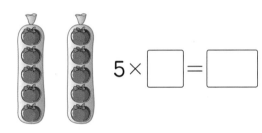

$5\times$ ☐ $=$ ☐

6 과자를 5개씩 묶고, 곱셈식으로 나타내 보세요.

$5\times$ ☐ $=$ ☐

7 ☐ 안에 알맞은 수를 써넣으세요.

(1) $5 \times 1 = $ ☐

(2) $5 \times 9 = $ ☐

8 5×7을 계산하는 방법을 알아보려고 합니다. ☐ 안에 알맞은 수를 써넣으세요.

방법 1

> 5를 ☐ 번 더해서 구할 수 있습니다.

방법 2

> 5×6에 ☐ 를 더하여 구할 수 있습니다.

③ 3단, 6단 곱셈구구

9 그림을 보고 ☐ 안에 알맞은 수를 써넣으세요.

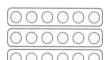 $3 \times $ ☐ $= $ ☐

 $3 \times $ ☐ $= $ ☐

10 개미의 다리는 모두 몇 개인지 곱셈식으로 나타내 보세요.

> 내 다리는 6개야.

$6 \times $ ☐ $= $ ☐

11 그림을 보고 ☐ 안에 알맞은 수를 써넣으세요.

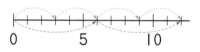

(1) $3 \times 4 = $ ☐

(2) $6 \times 2 = $ ☐

12 그림을 보고 ☐ 안에 알맞은 수를 써넣으세요.

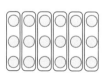

6의 3배

⇨ $6 \times 3 = $ ☐

3의 ☐ 배

1 색 테이프 한 장의 길이는 5 cm입니다. 색 테이프 4장의 길이는 몇 cm일까요?

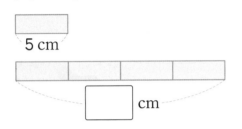

5 cm

☐ cm

2 2단 곱셈구구의 값을 찾아 선으로 이어 보세요.

2×2	2×8	2×4
16	8	4

3 ☐ 안에 알맞은 수를 써넣으세요.

(1) $5 \times \boxed{} = 45$

(2) $3 \times \boxed{} = 6$

4 6단 곱셈구구의 값을 모두 찾아 ◯표 하세요.

24	9	30	27

5 곱의 크기를 비교하여 ◯ 안에 >, =, <를 알맞게 써넣으세요.

$$3 \times 7 \bigcirc 5 \times 8$$

서술형

6 세발자전거 한 대에 바퀴가 3개씩 있습니다. 세발자전거 6대에 있는 바퀴는 모두 몇 개인지 풀이 과정을 쓰고 답을 구해 보세요.

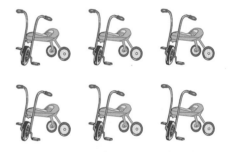

풀이 _____

_____

_____

답 _____

7 바둑돌은 모두 몇 개인지 알아보려고 합니다. 올바른 방법을 모두 찾아 기호를 써 보세요.

| ㉠ 3씩 6번 더해서 구합니다.
| ㉡ 3×4에 3을 더해서 구합니다.
| ㉢ 6×2의 곱으로 구합니다.
| ㉣ 6씩 3번 더해서 구합니다.

(   )

〈 수학 익힘 유형 〉

8 구슬의 수를 구하는 방법을 알아보려고 합니다. ☐ 안에 알맞은 수를 써넣으세요.

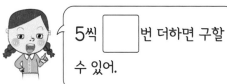

5씩 ☐ 번 더하면 구할 수 있어.

5×2에 ☐ 를 더해서 구할 수 있어.

5× ☐ = ☐ 이므로 모두 ☐ 개야.

9 준우는 풀을 5묶음, 자를 7묶음 샀습니다. 준우가 산 물건은 각각 몇 개일까요?

| 풀 6개씩 1묶음 | 자 5개씩 1묶음 |
| 가위 3개씩 1묶음 | 지우개 2개씩 1묶음 |

풀 (   )
자 (   )

〈 수학 익힘 유형 〉

10 2×6은 2×3보다 얼마나 더 큰지 ○를 그려서 나타내고, ☐ 안에 알맞은 수를 써넣으세요.

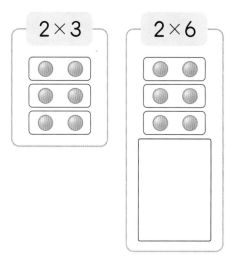

2×6= ☐ 입니다. 2×6은 2×3보다 ☐ 개씩 ☐ 묶음이 더 많으므로 ☐ 만큼 더 큽니다.

4 4단, 8단 곱셈구구

1 곱셈식을 보고 빈 접시에 ◯를 그려 보세요.

$$4 \times 3 = 12$$

2 토마토는 모두 몇 개인지 곱셈식으로 나타내 보세요.

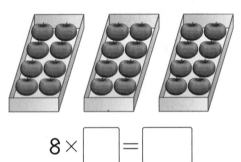

$$8 \times \boxed{} = \boxed{}$$

3 ☐ 안에 알맞은 수를 써넣으세요.

(1) $4 \times 5 = \boxed{}$

(2) $4 \times 8 = \boxed{}$

(3) $8 \times 1 = \boxed{}$

(4) $8 \times 6 = \boxed{}$

4 4단 곱셈구구의 값에는 ◯표, 8단 곱셈구구의 값에는 △표 하세요.

11	12	13	14	15
16	17	18	19	20
21	22	23	24	25
26	27	28	29	30

5 7단 곱셈구구

5 그림을 보고 ☐ 안에 알맞은 수를 써넣으세요.

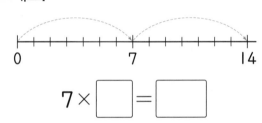

$$7 \times \boxed{} = \boxed{}$$

6 7단 곱셈구구의 값을 찾아 선으로 이어 보세요.

7×4	7×6	7×7
·	·	·
·	·	·
49	42	28

7 달팽이가 이동한 거리는 몇 cm인지 곱셈식으로 나타내 보세요.

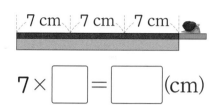

$$7 \times \boxed{} = \boxed{} (cm)$$

8 7×5를 계산하는 방법을 알아보려고 합니다. ☐ 안에 알맞은 수를 써넣으세요.

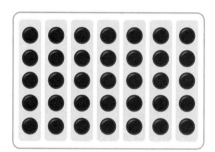

5개씩 ☐ 줄 있으므로

$$5 \times \boxed{} = \boxed{} 입니다.$$

6 **9단 곱셈구구**

9 야구공은 모두 몇 개인지 곱셈식으로 나타내 보세요.

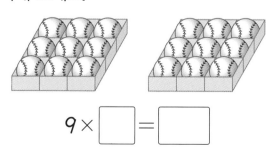

$$9 \times \boxed{} = \boxed{}$$

10 ☐ 안에 알맞은 수를 써넣으세요.

(1) $9 \times 3 = \boxed{}$

(2) $9 \times 6 = \boxed{}$

11 9단 곱셈구구의 값을 모두 찾아 ○표 하세요.

12	36	81

(   ) (   ) (   )

12 9×7을 계산하는 방법을 알아보려고 합니다. ☐ 안에 알맞은 수를 써넣으세요.

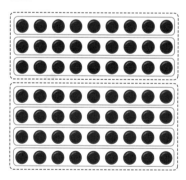

9×3과 9×4를 더해서 계산하면

$$9 \times 7 = \boxed{} 입니다.$$

1 로봇이 이동한 거리는 몇 cm인지 곱셈식으로 나타내 보세요.

9 cm 9 cm 9 cm 9 cm 9 cm

$9 \times$ ☐ $=$ ☐ (cm)

2 곱셈구구의 값을 찾아 선으로 이어 보세요.

| 9×2 | 7×4 | 8×9 |

· · ·

· · ·

| 28 | 72 | 18 |

3 그림을 보고 ☐ 안에 알맞은 수를 써넣으세요.

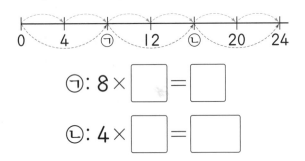

㉠: $8 \times$ ☐ $=$ ☐

㉡: $4 \times$ ☐ $=$ ☐

4 ☐ 안에 알맞은 수를 써넣으세요.

(1) $4 \times$ ☐ $=36$

(2) $7 \times$ ☐ $=35$

5 7단 곱셈구구의 값을 찾아 선으로 이어 보세요.

출발 → 7 6 10 31 63 → 도착
14 15 42 49 56
21 28 35 54 39
17 26 29 38 45

6 은희와 준호가 귤은 모두 몇 개인지 각자의 방법으로 알아보려고 합니다. ☐ 안에 알맞은 수를 써넣으세요.

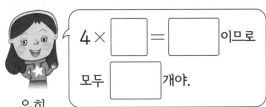

은희 $4 \times$ ☐ $=$ ☐ 이므로 모두 ☐ 개야.

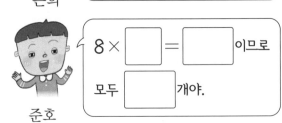

준호 $8 \times$ ☐ $=$ ☐ 이므로 모두 ☐ 개야.

7 9단 곱셈구구의 값을 모두 찾아 색칠해 보세요.

36	16	27	32	63
60	9	81	72	47
54	52	45	24	18

8 공깃돌의 수를 구하는 방법을 <u>잘못</u> 설명한 사람을 찾아 이름을 써 보세요.

승우: 7씩 7번 더하면 구할 수 있어.

민규: 7 × 2에 7을 더해서 구할 수 있어.

지유: 7 × 3 = 21이니까 모두 21개야.

(   )

(수학 익힘 유형)

9 보기와 같이 수 카드를 한 번씩만 사용하여 ☐ 안에 알맞은 수를 써넣으세요.

보기

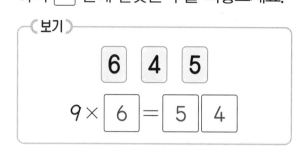

6   4   5

$9 \times \boxed{6} = \boxed{5}\boxed{4}$

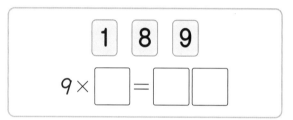

1   8   9

$9 \times \boxed{} = \boxed{}\boxed{}$

서술형

10 공은 모두 몇 개인지 알아보려고 합니다. 2가지 방법으로 설명해 보세요.

방법1 _____

_____

방법2 _____

_____

7 I단 곱셈구구와 0의 곱

1 감은 모두 몇 개인지 곱셈식으로 나타내 보세요.

$1 \times \boxed{} = \boxed{}$

2 상자에 있는 트로피는 모두 몇 개인지 곱셈식으로 나타내 보세요.

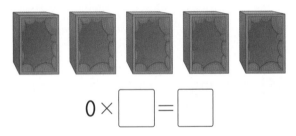

$0 \times \boxed{} = \boxed{}$

3 $\boxed{}$ 안에 알맞은 수를 써넣으세요.

(1) $0 \times 3 = \boxed{}$

(2) $7 \times 0 = \boxed{}$

(3) $6 \times 1 = \boxed{}$

(4) $1 \times 9 = \boxed{}$

4 세호가 원판을 네 번 돌려서 0점만 4번 나왔습니다. 세호가 얻은 점수를 곱셈식으로 나타내 보세요.

$\boxed{} \times \boxed{} = \boxed{}$

8 곱셈표 만들기

5 빈칸에 알맞은 수를 써넣어 곱셈표를 완성해 보세요.

×	0	2	4	6	8
0	0	0		0	0
2	0		8	12	
4	0	8			32
6		12	24		48
8	0	16		48	

(6~8) 곱셈표를 보고 물음에 답하세요.

×	2	3	4	5	6
2	4	6	8	10	
3		9	12	15	18
4	8	12	16		24
5	10		20	25	30
6	12	18		30	36

6 빈칸에 알맞은 수를 써넣어 곱셈표를 완성해 보세요.

7 앞의 곱셈표의 6단에서 곱이 18인 곱셈구구를 찾아 써 보세요.

( )

8 앞의 곱셈표에서 2 × 5와 곱이 같은 곱셈구구를 찾아 써 보세요.

( )

9 곱셈구구를 이용하여 문제 해결하기

9 연필 한 자루의 길이는 7 cm입니다. 연필 2자루의 길이는 몇 cm일까요?

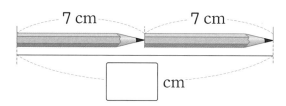

7 cm   7 cm

☐ cm

10 사각형 모양 한 개를 만드는 데 성냥개비가 4개 필요합니다. 사각형 모양 3개를 만드는 데 필요한 성냥개비는 모두 몇 개일까요?

식 _____

답 _____

11 지우개의 수를 구하려고 합니다. 물음에 답하세요.

(1) 2단 곱셈구구를 이용하여 지우개의 수를 구해 보세요.

식 _____

답 _____

(2) 8단 곱셈구구를 이용하여 지우개의 수를 구해 보세요.

식 _____

답 _____

12 의자 한 개에 3명이 앉을 수 있습니다. 의자 5개에 앉을 수 있는 사람은 모두 몇 명일까요?

식 _____

답 _____

1 바나나는 모두 몇 개인지 곱셈식으로 나타내 보세요.

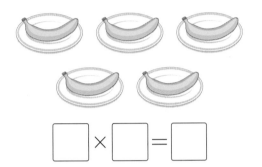

$$\square \times \square = \square$$

2 곱셈표에서 ★과 곱이 같은 곱셈구구를 찾아 ♥표 하세요.

×	3	4	5	6	7
3					
4					
5					
6					
7			★		

3 ☐ 안에 알맞은 수를 써넣으세요.

(1) $8 \times \square = 0$

(2) $1 \times \square = 7$

4 곱셈을 이용하여 빈칸에 알맞은 수를 써넣으세요.

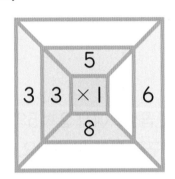

5 핸드볼은 한 팀이 7명의 선수로 구성되어 있습니다. 2팀의 선수는 모두 몇 명일까요?

( )

서술형

6 연희의 나이는 9살입니다. 연희 어머니의 나이는 연희 나이의 5배입니다. 연희 어머니의 나이는 몇 세인지 풀이 과정을 쓰고 답을 구해 보세요.

풀이 _____

_____

_____

_____

답 _____

(7~8) 곱셈표를 보고 물음에 답하세요.

×	1	2	3	4	5
1		2			
2				8	
3	3		9		
4				16	20
5		10			

7 빈칸에 알맞은 수를 써넣어 곱셈표를 완성해 보세요.

8 위의 곱셈표에서 1 × 4와 곱이 같은 곱셈구구를 모두 찾아 써 보세요.

$$\boxed{} \times \boxed{} = \boxed{}$$

$$\boxed{} \times \boxed{} = \boxed{}$$

9 수아가 공을 꺼내어 공에 적힌 수만큼 점수를 얻었습니다. 수아가 얻은 점수는 모두 몇 점일까요?

공에 적힌 수	2	3
공을 꺼낸 횟수(번)	1	0

(   )

10 연결 모형의 수를 2가지 방법으로 구해 보세요.

- 시우: 4×2와 $3 \times \boxed{}$를 더하면

  모두 $\boxed{}$ 개입니다.

- 은영: $5 \times \boxed{}$ 에서 6을 빼면

  모두 $\boxed{}$ 개입니다.

〔 수학 익힘 유형 〕

11 준호가 고리 던지기 놀이를 했습니다. 고리를 걸면 1점, 걸지 못하면 0점입니다. $\boxed{}$ 안에 알맞은 수를 써넣으세요.

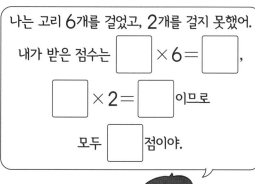

나는 고리 6개를 걸었고, 2개를 걸지 못했어.

내가 받은 점수는 $\boxed{} \times 6 = \boxed{}$,

$\boxed{} \times 2 = \boxed{}$ 이므로

모두 $\boxed{}$ 점이야.

준호

《 수학 익힘 유형 》

1 오이는 한 상자에 6개씩 9상자 있고, 당근은 45개 있습니다. 오이는 당근보다 몇 개 더 많은지 구해 보세요.

( )

3 다음 설명에서 나타내는 수는 얼마인지 구해 보세요.

> • 9단 곱셈구구의 수입니다.
> • 홀수입니다.
> • 십의 자리 숫자는 60을 나타냅니다.

( )

2 수 카드 4장 중에서 2장을 뽑아 한 번씩만 사용하여 곱셈식을 만들 때 가장 큰 곱을 구해 보세요.

[1] [8] [3] [6]

( )

놀이 수학

4 지호와 수영이가 가위바위보를 하여 이기면 4점을 얻는 놀이를 했습니다. 지호가 얻은 점수는 모두 몇 점일까요?

지호	✊	✊	✌	✌
수영	✋	✌	✌	✋

( )

실력 확인 [평가책] 단원 평가 10~15쪽 | 서술형 평가 16~17쪽

3

길이 재기

① cm보다 더 큰 단위

(1~8) ☐ 안에 알맞은 수를 써넣으세요.

1 190 cm = ☐ m ☐ cm

2 3 m 80 cm = ☐ cm

3 470 cm = ☐ m ☐ cm

4 5 m 60 cm = ☐ cm

5 835 cm = ☐ m ☐ cm

6 3 m 46 cm = ☐ cm

7 703 cm = ☐ m ☐ cm

8 9 m 8 cm = ☐ cm

② 자로 길이 재기

(1~5) 자에서 화살표(↓)가 가리키는 눈금을 읽어 보세요.

1
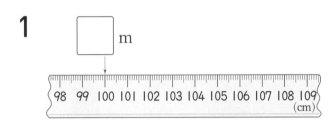

2
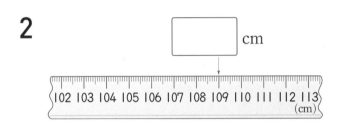

3
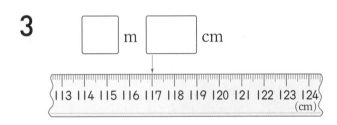

4
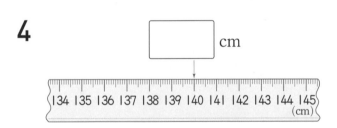

5
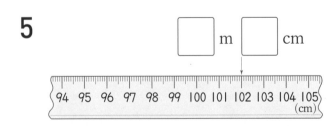

❸ 길이의 합

(1~7) 길이의 합을 구해 보세요.

1

```
    3  m  10  cm
 +  2  m  30  cm
   [  ] m  [  ] cm
```

2

```
    4  m  60  cm
 +  3  m  25  cm
   [  ] m  [  ] cm
```

3

```
    5  m  21  cm
 +  1  m  46  cm
   [  ] m  [  ] cm
```

4 2 m 40 cm + 6 m 20 cm

= [ ] m [ ] cm

5 7 m 15 cm + 2 m 30 cm

= [ ] m [ ] cm

6 4 m 37 cm + 4 m 52 cm

= [ ] m [ ] cm

7 5 m 25 cm + 2 m 31 cm

= [ ] m [ ] cm

❹ 길이의 차

(1~7) 길이의 차를 구해 보세요.

1

```
    6  m  60  cm
 -  4  m  50  cm
   [  ] m  [  ] cm
```

2

```
    8  m  36  cm
 -  5  m  10  cm
   [  ] m  [  ] cm
```

3

```
    7  m  97  cm
 -  2  m  43  cm
   [  ] m  [  ] cm
```

4 3 m 70 cm - 1 m 50 cm

= [ ] m [ ] cm

5 5 m 52 cm - 2 m 30 cm

= [ ] m [ ] cm

6 4 m 85 cm - 2 m 55 cm

= [ ] m [ ] cm

7 9 m 36 cm - 5 m 24 cm

= [ ] m [ ] cm

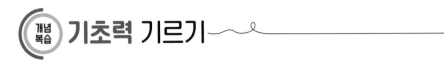

5 길이 어림하기

(1~4) 다음 길이에 해당하는 것을 찾아 ◯표 하세요.

1

| 1 m보다 긴 것 |

분필의 길이　　　　　　(　　)
백두산의 높이　　　　　(　　)
젓가락의 길이　　　　　(　　)

2

| 1 m보다 짧은 것 |

거실 긴 쪽의 길이　　　(　　)
오이의 길이　　　　　　(　　)
국기 게양대의 높이　　　(　　)

3

| 1 m보다 긴 것 |

침대 긴 쪽의 길이　　　(　　)
색연필의 길이　　　　　(　　)
동생의 발 길이　　　　　(　　)

4

| 1 m보다 짧은 것 |

줄넘기의 길이　　　　　(　　)
빌딩의 높이　　　　　　(　　)
수학책 긴 쪽의 길이　　(　　)

(5~10) 알맞은 길이를 골라 문장을 완성해 보세요.

| 1 m | 2 m | 5 m |
| 10 m | 20 m | 60 m |

5 야구 방망이의 길이는 약 □ 입니다.

6 에어컨의 높이는 약 □ 입니다.

7 20층 아파트의 높이는 약 □ 입니다.

8 3층 건물의 높이는 약 □ 입니다.

9 축구 골대 긴 쪽의 길이는 약 □ 입니다.

10 지하철 한 칸의 길이는 약 □ 입니다.

STEP1 유형복습 **기본유형 익히기**

개념책 71~73쪽 | 정답 40쪽

❶ cm보다 더 큰 단위

1 ☐ 안에 알맞은 수를 써넣으세요.

(1) 300 cm = ☐ m

(2) 6 m = ☐ cm

(3) 419 cm = ☐ m ☐ cm

(4) 8 m 52 cm = ☐ cm

2 같은 길이끼리 선으로 이어 보세요.

516 cm ·   · 5 m 16 cm

501 cm ·   · 5 m 10 cm

510 cm ·   · 5 m 1 cm

3 cm와 m 중 알맞은 단위를 ☐ 안에 써넣으세요.

(1) 지우개의 길이는 약 3 ☐ 입니다.

(2) 붓의 길이는 약 15 ☐ 입니다.

(3) 가로등의 높이는 약 8 ☐ 입니다.

❷ 자로 길이 재기

4 체육관 긴 쪽의 길이를 재는 데 알맞은 자에 ◯표 하세요.

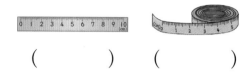

( )   ( )

5 서랍장의 길이를 두 가지 방법으로 나타내 보세요.

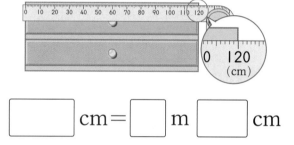

☐ cm = ☐ m ☐ cm

6 한 줄로 놓인 물건들의 길이를 자로 재었습니다. 전체 길이는 몇 m 몇 cm일까요?

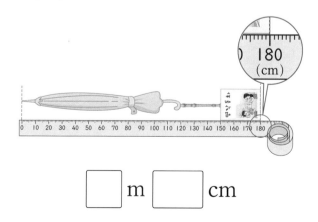

☐ m ☐ cm

3. 길이 재기 **39**

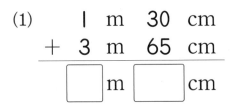

3 길이의 합

7 길이의 합을 구해 보세요.

(1)
```
    1  m   30  cm
+   3  m   65  cm
────────────────────
   [  ] m  [  ] cm
```

(2)
```
    3  m   24  cm
+   5  m    4  cm
────────────────────
   [  ] m  [  ] cm
```

(3) 4 m 20 cm + 3 m 50 cm

= [ ] m [ ] cm

(4) 5 m 5 cm + 1 m 23 cm

= [ ] m [ ] cm

8 두 나무 막대의 길이의 합은 몇 m 몇 cm 일까요?

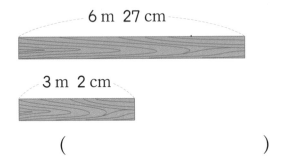

6 m 27 cm

3 m 2 cm

(   )

9 철사를 민호는 4 m 32 cm, 혜림이는 3 m 51 cm 가지고 있습니다. 민호와 혜림이가 가지고 있는 철사의 길이의 합은 몇 m 몇 cm일까요?

식 _____

답 _____

4 길이의 차

10 길이의 차를 구해 보세요.

(1)
```
    4  m   68  cm
−   1  m   20  cm
────────────────────
   [  ] m  [  ] cm
```

(2)
```
    8  m   75  cm
−   2  m    2  cm
────────────────────
   [  ] m  [  ] cm
```

(3) 6 m 90 cm − 3 m 30 cm

= [ ] m [ ] cm

(4) 7 m 64 cm − 5 m 3 cm

= [ ] m [ ] cm

11 두 색 테이프의 길이의 차는 몇 m 몇 cm 일까요?

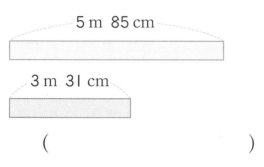

5 m 85 cm

3 m 31 cm

(   )

12 방 긴 쪽의 길이는 3 m 78 cm이고, 짧은 쪽의 길이는 2 m 66 cm입니다. 방 긴 쪽의 길이와 짧은 쪽의 길이의 차는 몇 m 몇 cm일까요?

식 _____

답 _____

⑤ 길이 어림하기

13 영지가 양팔을 벌린 길이가 약 1 m일 때 벽의 긴 쪽의 길이는 약 몇 m일까요?

영지

약 ☐ m

14 보기 에서 알맞은 길이를 골라 문장을 완성해 보세요.

보기
1 m   2 m   5 m   50 m

(1) 방문의 높이는 약 ☐ 입니다.

(2) 수영장 긴 쪽의 길이는
약 ☐ 입니다.

(3) 피아노의 높이는
약 ☐ 입니다.

15 건물의 높이는 약 몇 m일까요?

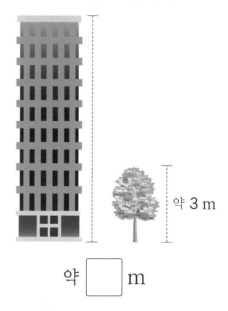

약 3 m

약 ☐ m

1 나무 막대의 길이는 몇 m 몇 cm일까요?

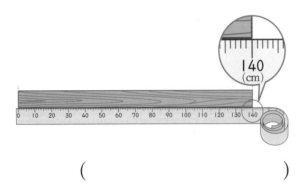

( )

2 윤재의 두 걸음이 1 m라면 문의 짧은 쪽의 길이는 약 몇 m일까요?

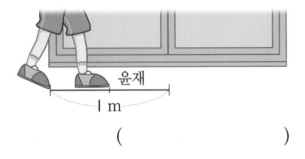

윤재

1 m

( )

3 계산해 보세요.

(1)   4 m 67 cm
    + 1 m 72 cm

(2)   6 m 43 cm
    − 2 m 50 cm

4 길이를 잘못 나타낸 사람의 이름을 쓰고, 잘못된 길이를 바르게 고쳐 보세요.

> • 하나: 5 m 2 cm는 520 cm로 나타낼 수 있습니다.
> • 은지: 8 m 5 cm는 805 cm로 나타낼 수 있습니다.

(,   )

5 가장 긴 길이를 말한 사람을 찾아 이름을 써 보세요.

> • 민규: 4 m 8 cm
> • 시아: 470 cm
> • 진영: 4 m 50 cm

( )

개념 확인 서술형

6 책상의 길이를 160 cm라고 잘못 재었습니다. 길이 재기가 잘못된 이유를 써 보세요.

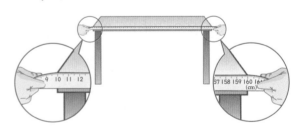

이유 _____

_____

_____

7 선우는 선을 따라 굴렁쇠를 굴렸습니다. 출발점에서 도착점까지 굴렁쇠가 굴러간 거리는 몇 m 몇 cm일까요?

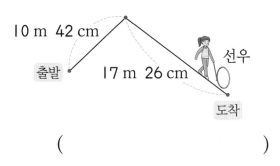

(   )

8 선생님과 희연이가 멀리뛰기를 하였습니다. 선생님은 2 m 45 cm를 뛰었고, 희연이는 1 m 31 cm를 뛰었습니다. 선생님은 희연이보다 몇 m 몇 cm 더 멀리 뛰었을까요?

(   )

9 길이가 10 m보다 더 짧은 것을 모두 찾아 기호를 써 보세요.

┌─────────────────────────────┐
│ ㉠ 시소의 길이 │
│ ㉡ 설악산의 높이 │
│ ㉢ 기차의 길이 │
│ ㉣ 책가방 10개를 이어 놓은 길이 │
└─────────────────────────────┘

(   )

(수학 익힘 유형)

10 더 짧은 길이를 어림한 사람은 누구일까요?

┌─────────────────────────────┐
│ • 승주: 내 7뼘이 약 1 m인데 침대 │
│   의 길이가 14뼘과 같았어. │
│ • 서현: 내 두 걸음이 약 1 m인데 │
│   축구 골대의 길이가 10걸음 │
│   과 같았어. │
└─────────────────────────────┘

(   )

11 가장 긴 길이와 가장 짧은 길이의 합은 몇 m 몇 cm일까요?

  4 m 30 cm   5 m 27 cm

            7 m 9 cm

(   )

(수학 익힘 유형)

12 (보기)를 보고 가로등과 가로등 사이의 거리는 약 몇 m인지 구해 보세요.

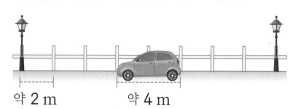

약 2 m   약 4 m

┌─(보기)──────────────────────┐
│ • 자동차의 길이는 약 4 m입니다. │
│ • 울타리 한 칸의 길이는 약 2 m입 │
│   니다. │
└─────────────────────────────┘

약 [   ] m

1 (수학 익힘 유형)
수 카드 5, 1, 7을 한 번씩만 사용하여 가장 긴 길이를 만들어 보세요.

□ m □□ cm

2 혜미의 키는 1 m 41 cm이고 혜미 동생의 키는 혜미의 키보다 20 cm 더 작습니다. 혜미와 혜미 동생의 키의 합은 몇 m 몇 cm인지 구해 보세요.

( )

3 횡단보도 긴 쪽의 길이를 은우의 걸음으로 재었더니 약 16걸음이었습니다. 은우의 4걸음이 3 m라면 횡단보도 긴 쪽의 길이는 약 몇 m인지 구해 보세요.

( )

놀이 수학

4 동물들의 몸길이는 약 몇 m인지 어림하고, 몸길이가 가장 짧은 동물의 이름을 써 보세요.

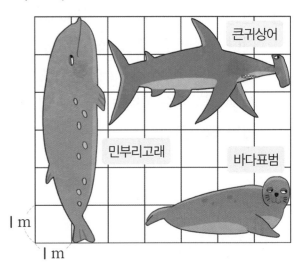

동물	몸길이
민부리고래	약 □ m
큰귀상어	약 □ m
바다표범	약 □ m

( )

실력 확인 [평가책] 단원 평가 18~23쪽 | 서술형 평가 24~25쪽

4

시각과
시간

기초력 기르기

① 5분 단위까지 몇 시 몇 분 읽기

(1~2) 시계를 보고 몇 시 몇 분인지 써 보세요.

1

2

② 1분 단위까지 몇 시 몇 분 읽기

(1~2) 시계를 보고 몇 시 몇 분인지 써 보세요.

1

2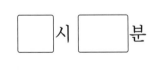

③ 여러 가지 방법으로 시각 읽기

(1~2) 시각을 읽어 보세요.

1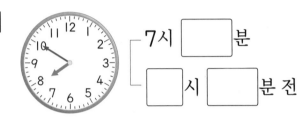

2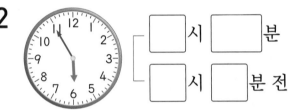

(3~4) 시계에 시각을 나타내 보세요.

3 9시 5분 전

4 4시 10분 전

④ 1시간

(1~3) ☐ 안에 알맞은 수를 써넣으세요.

1 1시간=☐분

2 60분=☐시간

3 2시간=☐분

(4~5) 두 시계를 보고 시간이 얼마나 지났는 지 시간 띠에 색칠하고 구해 보세요.

4

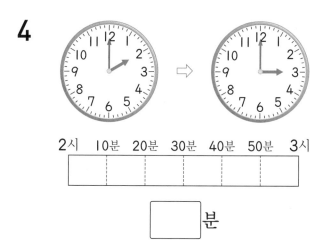

2시 10분 20분 30분 40분 50분 3시

☐분

5

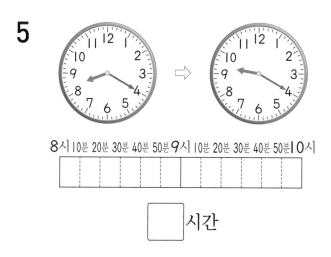

8시 10분 20분 30분 40분 50분 9시 10분 20분 30분 40분 50분 10시

☐시간

⑤ 걸린 시간

(1~3) ☐ 안에 알맞은 수를 써넣으세요.

1 70분=☐시간 ☐분

2 1시간 40분=☐분

3 90분=☐시간 ☐분

(4~5) 두 시계를 보고 시간이 얼마나 지났는 지 시간 띠에 색칠하고 구해 보세요.

4

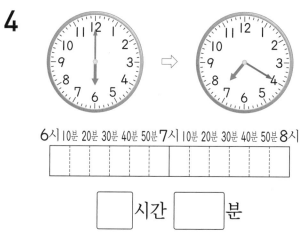

6시 10분 20분 30분 40분 50분 7시 10분 20분 30분 40분 50분 8시

☐시간 ☐분

5

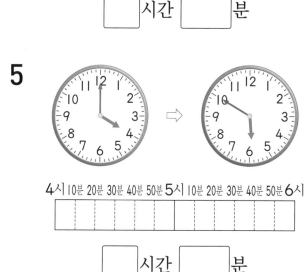

4시 10분 20분 30분 40분 50분 5시 10분 20분 30분 40분 50분 6시

☐시간 ☐분

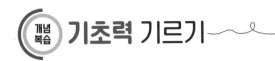

6 하루의 시간

(1~5) ☐ 안에 알맞은 수를 써넣으세요.

1 1일 = ☐ 시간

2 1일 7시간 = ☐ 시간

3 2일 4시간 = ☐ 시간

4 48시간 = ☐ 일

5 57시간 = ☐ 일 ☐ 시간

(6~9) 알맞은 것에 ○표 하세요.

6 아침 7시 (오전 , 오후)

7 저녁 8시 (오전 , 오후)

8 새벽 2시 (오전 , 오후)

9 낮 3시 (오전 , 오후)

7 달력

(1~2) 어느 해의 6월 달력입니다. 달력을 보고 ☐ 안에 알맞은 수나 말을 써넣으세요.

6월

일	월	화	수	목	금	토
				1	2	3
4	5	6	7	8	9	10
11	12	13	14	15	16	17
18	19	20	21	22	23	24
25	26	27	28	29	30	

1 6월의 날수는 ☐ 일입니다.

2 6월 6일 현충일은 ☐ 요일입니다.

(3~4) 날수가 30일인 월은 ○표, 31일인 월은 △표 하세요.

3 | 7월 | **4** | 11월 |

( ) ( )

(5~6) ☐ 안에 알맞은 수를 써넣으세요.

5 14일 = ☐ 주일

6 2년 = ☐ 개월

① 5분 단위까지 몇 시 몇 분 읽기

1 시계를 보고 몇 분을 나타내는지 빈칸에 알맞게 써넣으세요.

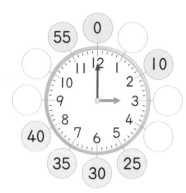

2 시계를 보고 몇 시 몇 분인지 써 보세요.

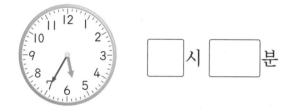

☐ 시 ☐ 분

3 같은 시각을 나타낸 것끼리 선으로 이어 보세요.

② 1분 단위까지 몇 시 몇 분 읽기

4 시계를 보고 몇 분을 나타내는지 빈칸에 알맞게 써넣으세요.

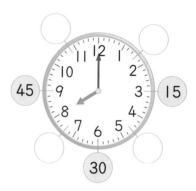

5 시계를 보고 몇 시 몇 분인지 써 보세요.

☐ 시 ☐ 분

6 같은 시각을 나타낸 것끼리 선으로 이어 보세요.

③ 여러 가지 방법으로 시각 읽기

7 시각을 읽어 보세요.

(1)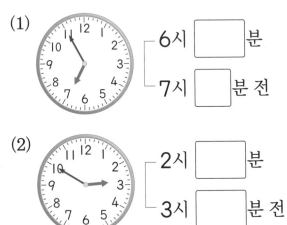

6시 ☐ 분

7시 ☐ 분 전

(2)

2시 ☐ 분

3시 ☐ 분 전

8 ☐ 안에 알맞은 수를 써넣으세요.

(1) 11시 55분은 12시 ☐ 분 전

입니다.

(2) 8시 10분 전은 ☐ 시 ☐ 분

입니다.

9 같은 시각을 나타낸 것끼리 선으로 이어 보세요.

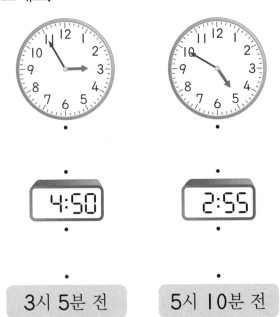

4:50

2:55

3시 5분 전

5시 10분 전

④ 1시간

10 ☐ 안에 알맞은 수를 써넣으세요.

120분= ☐ 시간

11 두 시계를 보고 시간이 얼마나 지났는지 시간 띠에 색칠하고 구해 보세요.

10시 10분 20분 30분 40분 50분 11시 10분 20분 30분 40분 50분 12시

시간은 ☐ (분 , 시간) 지났습니다.

12 공연을 보는 데 걸린 시간은 몇 시간인지 구하려고 합니다. 시계의 긴바늘을 몇 바퀴 돌려야 하는지 알아보세요.

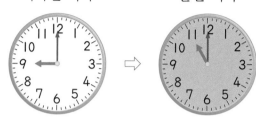

시작한 시각 ⇨ 끝난 시각

시계의 긴바늘을 ☐ 바퀴 돌려야 합니다.

---

⑤ 걸린 시간

13 ☐ 안에 알맞은 수를 써넣으세요.

(1) 2시간 10분= ☐ 분

(2) 80분= ☐ 시간 ☐ 분

---

14 버스를 타고 행복 마을에서 사랑 마을까지 이동하는 데 걸린 시간을 구해 보세요.

행복 마을   사랑 마을

4:20   5:50

(1) 행복 마을에서 사랑 마을까지 이동하는 데 걸린 시간을 시간 띠에 색칠해 보세요.

4시 10분 20분 30분 40분 50분 5시 10분 20분 30분 40분 50분 6시

(2) 행복 마을에서 사랑 마을까지 이동하는 데 걸린 시간을 구해 보세요.

☐ 시간 ☐ 분= ☐ 분

---

15 독서와 걸린 시간이 같은 활동에 ◯표 하세요.

독서
1:00~2:20

미술	수영
5:00~5:50	3:00~4:20

(   )   (   )

1 시계를 보고 몇 시 몇 분인지 써 보세요.

[   ]시 [   ]분

2 ☐ 안에 알맞은 수를 써넣으세요.

4시 55분은 [   ]시 [   ]분 전
입니다.

3 ☐ 안에 알맞은 수를 써넣으세요.

(1) 3시간= [   ]분

(2) 240분= [   ]시간

(3) 2시간 30분= [   ]분

(4) 200분= [   ]시간 [   ]분

4 시계에 시각을 나타내 보세요.

9시 10분 전

5 시계를 보고 주용이가 몇 시 몇 분에 무엇을 하는지 이야기해 보세요.

주용이는 [   ]시 [   ]분에

_____

_____

6 은정이가 운동을 60분 동안 했습니다. 운동을 시작한 시각을 보고 끝난 시각을 나타내 보세요.

시작한 시각   끝난 시각

7 오른쪽 시계를 보고 바르게 말한 사람의 이름을 써 보세요.

- 세윤: 2시 11분이야.
- 정우: 3시가 되려면 5분이 더 지나야 해.

(   )

9 두 사람이 본 시계가 나타내는 시각은 몇 시 몇 분인지 구해 보세요.

- 은솔: 짧은바늘은 5와 6 사이를 가리키고 있어.
- 경훈: 긴바늘은 7에서 작은 눈금으로 4칸 더 간 부분을 가리키고 있어.

(   )

10 읽은 시각이 맞으면 ➡, 틀리면 ⬇로 가서 도착하는 곳의 기호를 써 보세요.

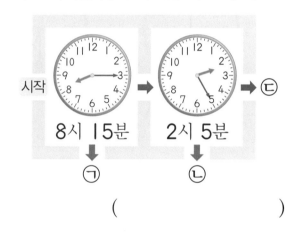

(   )

(개념 확인) 서술형

8 준호가 시각을 잘못 읽었습니다. 잘못 읽은 이유를 쓰고, 바르게 읽은 시각을 써 보세요.

긴바늘이 1을 가리키고 있으므로 8시 1분이야.

준호

답 _____

_____

11 재익이는 1시간 동안 피아노 연습을 하기로 했습니다. 시계를 보고 몇 분 더 해야 하는지 구해 보세요.

시작한 시각   현재 시각

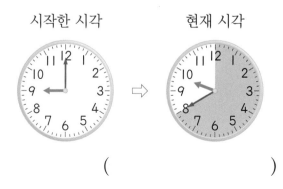

(   )

12 현주는 1시까지 학원에 도착해야 하는데 5분 전에 도착했습니다. 현주가 학원에 도착한 시각은 몇 시 몇 분일까요?

(   )

13 영화가 시작한 시각과 끝난 시각입니다. 영화를 보는 데 걸린 시간은 몇 시간 몇 분일까요?

시작한 시각   끝난 시각

(   )

14 걸린 시간이 같은 것끼리 선으로 이어 보세요.

팽이 만들기	등산
2:40~4:00	10:30~11:00

•   •

•   •

저녁 식사	말 타기
6:00~6:30	2:00~3:20

15 시계가 멈춰서 현재 시각으로 맞추려고 합니다. 긴바늘을 몇 바퀴만 돌리면 될까요?

멈춘 시계   현재 시각

4:20

(   )

(수학 익힘 유형)

16 건후는 30분씩 4번 시험을 봤습니다. 시험이 끝난 시각은 몇 시일까요?

시작한 시각

(   )

(수학 익힘 유형)

17 연주회 시간표를 보고 수지가 연주회장에서 보낸 시간은 몇 시간 몇 분인지 구해 보세요.

연주회 시간표

피아노 연주회	6:00~7:10
쉬는 시간	20분
바이올린 연주회	7:30~8:50

(   )

6 하루의 시간

1 ☐ 안에 알맞은 수를 써넣으세요.

(1) 3일 = ☐ 시간

(2) 29시간 = ☐ 일 ☐ 시간

2 ( ) 안에 오전과 오후를 알맞게 써넣으세요.

(1) 새벽 4시 ( )

(2) 저녁 6시 ( )

3 솔아가 숲에 있었던 시간을 구해 보세요.

숲에 들어간 시각   숲에서 나온 시각

오전   오후

(1) 솔아가 숲에 있었던 시간을 시간 띠에 색칠해 보세요.

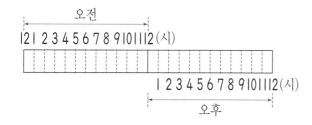

오전

|2|2 3 4 5 6 7 8 9 10 11 12(시)

1 2 3 4 5 6 7 8 9 10 11 12(시)

오후

(2) 솔아가 숲에 있었던 시간은 몇 시간 일까요?

( )

7 달력

4 ☐ 안에 알맞은 수를 써넣으세요.

28일 = ☐ 주일

5 어느 해의 10월 달력입니다. 달력을 보고 ☐ 안에 알맞은 수를 써넣으세요.

10월

일	월	화	수	목	금	토
	1	2	3	4	5	6
7	8	9	10	11	12	13
14	15	16	17	18	19	20
21	22	23	24	25	26	27
28	29	30	31			

⇨ 10월 3일 개천절부터

1주일 후는 10월 ☐ 일입니다.

6 각 월은 며칠인지 표를 완성해 보세요.

월	7	8	9	10	11	12
날수(일)		31		31		31

7 어느 해의 7월 달력을 완성해 보세요.

7월

일	월	화	수	목	금	토
						1
2	3	4	5	6	7	8
9	10	11	12		14	15
16	17	18	19		21	22
23	24	25	26	27	28	29
30						

1 바르게 나타낸 것에 ◯표 하세요.

| |일 6시간＝30시간 ( )

| 44시간＝|일 |2시간 ( )

2 날수가 같은 월끼리 짝 지은 것을 찾아 ◯표 하세요.

| 4월, 7월 ( )

| 6월, |0월 ( )

| 9월, ||월 ( )

3 수지가 말하는 시각을 구해 보세요.

오전 ||시에 친구들을 만나서 4시간 동안 공부를 하고 헤어졌어. 헤어진 시각은 언제일까?

수지

(오전, 오후) ☐ 시

4 어느 해의 |월 달력입니다. 우희는 매주 월요일과 금요일에 도서관에 갑니다. |월 에 도서관에 가는 날은 모두 며칠일까요?

|월

일	월	화	수	목	금	토
					2	3	4
5	6	7	8	9		0			
	2		3		4		5		6		7		8
	9	20	2		22	23	24	25
26	27	28	29	30	3		

( )

서술형

5 수영을 나래는 2년 4개월 동안 배웠고, 동호는 20개월 동안 배웠습니다. 수영 을 더 오래 배운 사람은 누구인지 풀이 과정을 쓰고 답을 구해 보세요.

풀이

답

(6~7) 승현이네 가족의 여행 일정표를 보고 물음에 답하세요.

첫날

시간	할 일
10:00~12:00	설악산으로 이동
12:00~1:00	점심 식사
1:00~4:00	설악산 등산
⋮	⋮

다음날

시간	할 일
8:00~9:00	아침 식사
9:00~12:00	온천 체험
⋮	⋮
6:00~8:00	집으로 이동

6 바르게 말한 사람의 이름을 써 보세요.

> • 은솔: 첫날 오전에 아침 식사를 했어.
> • 태수: 첫날 오후에 설악산을 등산 했어.

(   )

《 수학 익힘 유형 》

7 승현이네 가족이 여행하는 데 걸린 시간은 모두 몇 시간일까요?

첫날 출발한 시각   다음날 도착한 시각

오전 **10:00**   오후 **8:00**

(   )

(8~10) 어느 해의 5월 달력을 보고 물음에 답하세요.

5월

일	월	화	수	목	금	토
1	2	3	4	5	6	7
8	9	10	11	12	13	14
15	16	17	18	19	20	21
22	23	24	25	26	27	28
29	30	31				

8 대화를 읽고 은희가 발표하는 날을 찾아 달력에 ◯표 하세요.

너는 발표를 첫째 화요일에 하니?

아니. 둘째 금요일에 하기로 했어.

민규   은희

9 상혁이의 생일은 5월 5일 어린이날부터 3주일 후입니다. 상혁이의 생일은 몇 월 며칠일까요?

(   )

《 수학 유형 》

10 주희는 매주 화요일에 영어 학원에 갑니다. 6월에 주희가 처음으로 영어 학원에 가는 날은 6월 며칠일까요?

(   )

《 수학 익힘 유형 》

1 현서는 2시간 30분 동안 영어 공부를 하였습니다. 영어 공부를 끝낸 시각이 4시 50분이라면 영어 공부를 시작한 시각은 몇 시 몇 분인지 구해 보세요.

( )

3 주혁이와 윤미가 일기를 쓰기 시작한 시각과 마친 시각입니다. 일기를 더 오래 쓴 사람은 누구인지 구해 보세요.

	시작한 시각	마친 시각
주혁	5시 20분	6시 40분
윤미	4시 30분	6시

( )

2 전시회를 하는 기간은 며칠인지 구해 보세요.

역사 전시회

3월 10일 ~4월 15일

역사 박물관 3월 10일 ~4월 15일

( )

놀이 수학

4 성호와 은재는 자신이 가진 카드 3장이 모두 같은 시각을 나타내면 이기는 놀이를 하고 있습니다. 이긴 사람은 누구인지 구해 보세요.

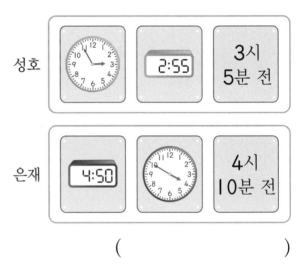

성호

2:55

3시 5분 전

은재

4:50

4시 10분 전

( )

5

표와 그래프

① 자료를 분류하여 표로 나타내기

(1~2) 조사한 자료를 보고 표로 나타내 보세요.

1

현수네 모둠 학생들이 좋아하는 채소

현수	선일	수연	우일
지희	선미	현우	세희
미영	영훈	채은	준서

현수네 모둠 학생들이 좋아하는 채소별 학생 수

채소	오이	감자	당근	피망	합계
학생 수(명)	2				

2

정희네 모둠 학생들이 좋아하는 과일

정희	진우	민정	주원
혜인	다현	유찬	서현
신우	여진	준상	민서

정희네 모둠 학생들이 좋아하는 과일별 학생 수

과일	사과	귤	포도	바나나	합계
학생 수(명)	5				

② 자료를 분류하여 그래프로 나타내기

(1~2) 조사한 자료를 보고 ○를 이용하여 그래프로 나타내 보세요.

1

진우네 반 학생들의 혈액형

A형	B형	O형	O형	A형	B형	AB형
O형	A형	AB형	O형	B형	A형	O형

진우네 반 학생들의 혈액형별 학생 수

5				
4	○			
3	○			
2	○			
1	○			
학생 수(명) / 혈액형	A형	B형	O형	AB형

2

선아네 반 학생들이 기르고 싶은 동물

햄스터	강아지	토끼	고양이	강아지
강아지	고양이	토끼	햄스터	토끼
토끼	강아지	햄스터	강아지	고양이

선아네 반 학생들이 기르고 싶은 동물별 학생 수

고양이					
토끼					
강아지					
햄스터	○	○	○		
동물 / 학생 수(명)	1	2	3	4	5

③ 표와 그래프를 보고 알 수 있는 내용

(1~4) 승호네 반 학생들이 좋아하는 음료수를 조사하여 표와 그래프로 나타냈습니다. 물음에 답하세요.

승호네 반 학생들이 좋아하는 음료수별 학생 수

음료수	주스	우유	콜라	코코아	합계
학생 수(명)	4	5	3	1	13

승호네 반 학생들이 좋아하는 음료수별 학생 수

5		○		
4	○	○		
3	○	○	○	
2	○	○	○	
1	○	○	○	○
학생 수(명) / 음료수	주스	우유	콜라	코코아

1 주스를 좋아하는 학생은 몇 명일까요?

(   )

2 콜라를 좋아하는 학생은 몇 명일까요?

(   )

3 가장 많은 학생이 좋아하는 음료수는 무엇일까요?

(   )

4 가장 적은 학생이 좋아하는 음료수는 무엇일까요?

(   )

(5~6) 어느 해 2월 날씨를 조사하였습니다. 물음에 답하세요.

2월 날씨

일	월	화	수	목	금	토
				1 ☀	2 ☁	3 ☂
4 ☀	5 ☀	6 ☁	7 ☀	8 ☂	9 ☁	10 ☂
11 ❄	12 ☁	13 ☂	14 ☁	15 ☀	16 ☀	17 ❄
18 ☁	19 ☁	20 ❄	21 ☂	22 ☂	23 ☀	24 ☀
25 ☂	26 ☁	27 ☀	28 ☀			

5 조사한 자료를 보고 표로 나타내 보세요.

2월 날씨별 날수

날씨	☀ 맑음	☁ 흐림	☂ 비	❄ 눈	합계
날수(일)					28

6 조사한 자료를 보고 ✕를 이용하여 그래프로 나타내 보세요.

2월 날씨별 날수

8				
7				
6				
5				
4				
3				
2				
1				
날수(일) / 날씨	맑음	흐림	비	눈

---

① 자료를 분류하여 표로 나타내기

(1~2) 민호네 모둠 학생들이 좋아하는 운동을 조사하였습니다. 물음에 답하세요.

민호네 모둠 학생들이 좋아하는 운동

민호	동규	은비	주원	나래
승우	시경	병호	태훈	정아

1 민호가 좋아하는 운동을 찾아 ○표 하세요.

(야구공 , 축구공 , 농구공)

2 조사한 자료를 보고 표로 나타내 보세요.

민호네 모둠 학생들이 좋아하는 운동별 학생 수

운동	야구	축구	농구	합계
학생 수(명)				

3 자료를 조사하여 표로 나타내고 있습니다. 순서대로 기호를 써 보세요.

> ㉠ 조사한 자료를 표로 나타냅니다.
> ㉡ 무엇을 조사할지 정합니다.
> ㉢ 조사할 방법을 정합니다.
> ㉣ 자료를 조사합니다.

㉡ ⇨ ☐ ⇨ ☐ ⇨ ☐

---

② 자료를 분류하여 그래프로 나타내기

(4~7) 윤아네 모둠 학생들이 받고 싶은 선물을 조사하였습니다. 물음에 답하세요.

윤아네 모둠 학생들이 받고 싶은 선물

윤아	아름	수혁	한나
지영	성한	규진	재석

4 조사한 자료를 보고 ✕를 이용하여 그래프로 나타내 보세요.

윤아네 모둠 학생들이 받고 싶은 선물별 학생 수

3				
2				
1				
학생 수(명) / 선물	가방	인형	책	신발

5 위 **4**의 그래프의 세로에 나타낸 것은 무엇일까요?   (   )

6 조사한 자료를 보고 /을 이용하여 그래프로 나타내 보세요.

윤아네 모둠 학생들이 받고 싶은 선물별 학생 수

신발			
책			
인형			
가방			
선물 / 학생 수(명)	1	2	3

7 앞 **6**의 그래프의 세로에 나타낸 것은 무엇일까요?

(   )

③ 표와 그래프를 보고 알 수 있는 내용

(8~11) 유주네 모둠 학생들이 좋아하는 계절을 조사하였습니다. 물음에 답하세요.

유주네 모둠 학생들이 좋아하는 계절

유주	진우	동석
서준	지아	채린
용민	하준	세은
동하	지석	지현

8 조사한 자료를 보고 표로 나타내 보세요.

유주네 모둠 학생들이 좋아하는 계절별 학생 수

계절	봄	여름	가을	겨울	합계
학생 수(명)					

9 앞 **8**의 표를 보고 /을 이용하여 그래프로 나타내 보세요.

유주네 모둠 학생들이 좋아하는 계절별 학생 수

학생 수(명) 계절	봄	여름	가을	겨울
5				
4				
3				
2				
1				

10 겨울을 좋아하는 학생은 몇 명일까요?

(   )

11 가장 적은 학생들이 좋아하는 계절은 무엇일까요?

(   )

(1~2) 경태네 모둠 학생들이 타고 싶은 교통수단을 조사하였습니다. 물음에 답하세요.

경태네 모둠 학생들이 타고 싶은 교통수단

경태	우주	동민	윤서	건우
영민	용수	호빈	나경	유빈

1 🚢를 타고 싶어 하는 학생을 모두 찾아 이름을 써 보세요.

(   )

2 조사한 자료를 보고 표로 나타내 보세요.

경태네 모둠 학생들이 타고 싶은 교통수단별 학생 수

교통수단	기차	비행기	배	합계
학생 수(명)				

3 자료를 분류하여 그래프로 나타내려고 합니다. 순서대로 기호를 써 보세요.

> ㉠ 조사한 자료를 살펴봅니다.
> ㉡ 그래프에 ○, ×, / 중 하나를 선택하여 자료를 나타냅니다.
> ㉢ 가로와 세로에 무엇을 쓸지 정합니다.
> ㉣ 가로와 세로를 각각 몇 칸으로 할지 정합니다.
> ㉤ 그래프의 제목을 씁니다.

㉠ ⇨ ☐ ⇨ ☐ ⇨ ☐ ⇨ ㉤

(4~5) 재효네 모둠 학생들이 사는 곳을 조사하여 표로 나타냈습니다. 물음에 답하세요.

재효네 모둠 학생들이 사는 곳별 학생 수

사는 곳	빌라	주택	아파트	합계
학생 수(명)	4	3	5	12

(개념 확인) 서술형

4 표를 보고 /을 이용하여 그래프로 나타냈습니다. 잘못된 부분을 찾아 이유를 써 보세요.

재효네 모둠 학생들이 사는 곳별 학생 수

아파트	/	/	/	/	/
주택	/		/	/	
빌라	/	/		/	/
사는 곳 / 학생 수(명)	1	2	3	4	5

이유

_____

_____

5 표를 보고 /을 이용하여 그래프로 나타내 보세요.

재효네 모둠 학생들이 사는 곳별 학생 수

빌라		
사는 곳 / 학생 수(명)	1	2

(6~7) 수민이가 6월에 입은 옷의 색깔을 조사하였습니다. 물음에 답하세요.

6월에 입은 옷의 색깔

● : 빨강　● : 노랑　● : 초록　● : 파랑

6 조사한 자료를 보고 표로 나타내 보세요.

6월에 입은 옷의 색깔별 날수

색깔				합계
날수(일)				

〈 수학 유형 〉

7 위 **6**의 표를 보고 /을 이용하여 그래프로 나타내 보세요.

날수(일) \ 색깔				

(8~10) 표와 그래프를 보고 물음에 답하세요.

혜미네 모둠 학생들이 원하는 교실 놀이별 학생 수

놀이	딱지치기	땅따먹기	공기놀이	합계
학생 수(명)	3	2	5	10

혜미네 모둠 학생들이 원하는 교실 놀이별 학생 수

공기놀이	○	○	○	○	○
땅따먹기	○	○			
딱지치기	○	○	○		
놀이 \ 학생 수(명)	1	2	3	4	5

8 3명보다 적은 학생들이 원하는 교실 놀이는 무엇일까요?

(　　　　　　　　)

9 딱지치기를 원하는 학생 수는 공기놀이를 원하는 학생 수보다 몇 명 더 적을까요?

(　　　　　　　　)

〈 수학 익힘 유형 〉

10 표와 그래프를 보고 편지를 완성해 보세요.

수영아! 안녕? 오늘은 우리 모둠 학생들이 원하는 교실 놀이를 조사했어. 표와 그래프로 나타내 보니 우리 모둠 학생 수는 모두 (　　　　)명이고, 가장 많은 학생들이 원하는 교실 놀이는 (　　　　　　　)였어.

– 혜미가 –

1 민지네 모둠 학생들이 좋아하는 꽃을 조사하여 표로 나타냈습니다. 수지가 좋아하는 꽃은 무엇인지 구해 보세요.

민지네 모둠 학생들이 좋아하는 꽃

민지	장미	가인	튤립	성찬	무궁화
동혁	무궁화	지윤	장미	지한	튤립
수지		다현	튤립	고은	장미

민지네 모둠 학생들이 좋아하는 꽃별 학생 수

꽃	장미	튤립	무궁화	합계
학생 수(명)	3	4	2	9

( )

2 혜림이네 반 학생 15명이 사는 마을을 조사하여 그래프로 나타내려고 합니다. 그래프를 완성해 보세요.

혜림이네 반 학생들이 사는 마을별 학생 수

6	×		
5	×		
4	×		×
3	×		×
2	×		×
1	×		×
학생 수(명) / 마을	미소	행복	사랑

3 도현이네 모둠 학생들이 모은 빈 병의 수를 조사하여 표로 나타냈습니다. 정태가 모은 빈 병은 도현이보다 2병 더 많다고 합니다. 윤아가 모은 빈 병은 몇 병인지 구해 보세요.

도현이네 모둠 학생들이 모은 빈 병의 수

이름	도현	정태	재원	윤아	합계
빈 병의 수(병)	3		7		17

( )

놀이 수학

(수학 익힘 유형)

4 처음에 ▲, ■, ◢ 조각별로 5개씩 있었는데 그중 조각 몇 개를 사용하여 다음과 같이 모양을 만들었습니다. 모양을 만드는 데 사용한 조각 수를 표로 나타내고, 남은 조각 수를 구해 보세요.

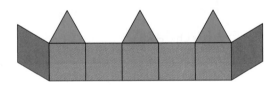

사용한 조각 수

조각	▲	■	◢	합계
조각 수(개)				

• ▲ 조각은 [ ]개 남았습니다.

• ■ 조각은 5개 모두 사용했습니다.

• ◢ 조각은 [ ]개 남았습니다.

실력 확인 [평가책] 단원 평가 34~39쪽 | 서술형 평가 40~41쪽

6
규칙 찾기

1 무늬에서 색깔과 모양의 규칙 찾기

(1~6) 무늬에서 규칙을 찾아 써 보세요.

1

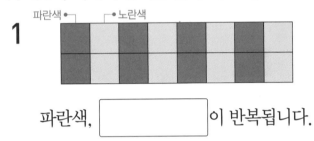

파란색, [ ]이 반복됩니다.

2

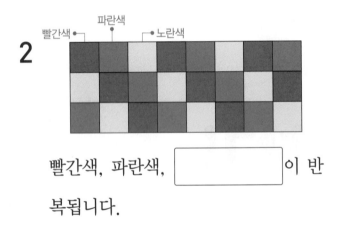

빨간색, 파란색, [ ]이 반복됩니다.

3

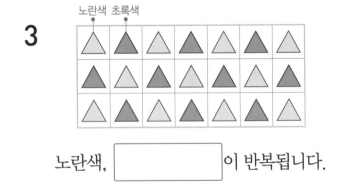

노란색, [ ]이 반복됩니다.

4

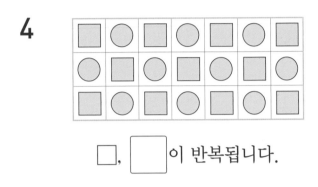

□, [ ]이 반복됩니다.

5

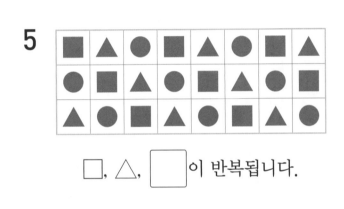

□, △, [ ]이 반복됩니다.

6

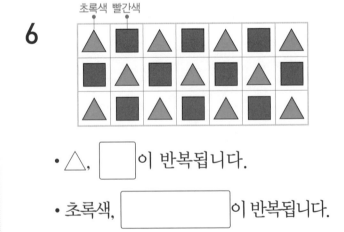

• △, [ ]이 반복됩니다.

• 초록색, [ ]이 반복됩니다.

❷ 무늬에서 방향과 수의 규칙 찾기

(1~3) 색칠된 부분의 규칙을 찾아 알맞은 말에 ◯표 하세요.

1

(시계 방향 , 시계 반대 방향)으로 돌아갑니다.

2

(시계 방향 , 시계 반대 방향)으로 돌아갑니다.

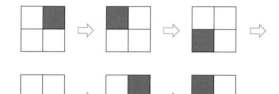

3

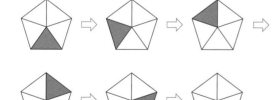

(시계 방향 , 시계 반대 방향)으로 돌아갑니다.

(4~7) 규칙을 찾아 ☐ 안에 알맞은 수를 써 넣으세요.

4

파란색과 빨간색이 각각 ☐ 개씩 늘어나며 반복됩니다.

5

초록색이 ☐ 개씩 늘어나며 노란색과 초록색이 반복됩니다.

6

보라색이 ☐ 개씩 늘어나며 보라색과 파란색이 반복됩니다.

7

빨간색, 파란색, 노란색이 각각 ☐ 개씩 늘어나며 반복됩니다.

❸ 쌓은 모양에서 규칙 찾기

(1~4) 쌓기나무를 쌓은 규칙을 찾아 써 보세요.

1

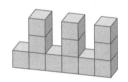

쌓기나무가 왼쪽에서 오른쪽으로

1개, ☐개씩 반복됩니다.

2

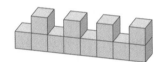

쌓기나무가 왼쪽에서 오른쪽으로

1개, ☐개씩 반복됩니다.

3

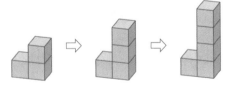

오른쪽에 있는 쌓기나무 위로 쌓기나

무가 ☐개씩 늘어납니다.

4

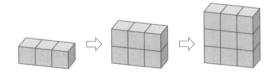

쌓기나무의 수가 ☐개씩 늘어납니

다.

❹ 덧셈표에서 규칙 찾기

(1~4) 덧셈표를 보고 물음에 답하세요.

+	1	2	3	4	5
1	2	3			6
2	3	4			7
3	4	5	6	7	8
4	5	6	7	8	9
5	6	7	8	9	10

1 위 덧셈표의 빈칸에 알맞은 수를 써넣으세요.

2 ▨으로 색칠한 수는 오른쪽으로 갈수록 몇씩 커질까요?

( )

3 ▨으로 색칠한 수는 아래로 내려갈수록 몇씩 커질까요?

( )

4 ▨으로 색칠한 수는 ＼ 방향으로 갈수록 몇씩 커질까요?

( )

⑤ 곱셈표에서 규칙 찾기

(1~3) 곱셈표를 보고 물음에 답하세요.

×	2	3	4	5	6
2	4	6	8	10	12
3	6	9	12		
4	8	12	16		
5	10	15	20	25	
6	12	18	24	30	36

1 위 곱셈표의 빈칸에 알맞은 수를 써넣으세요.

2 ▨으로 색칠한 수는 오른쪽으로 갈수록 몇씩 커질까요?

( )

3 ▨으로 색칠한 수는 아래로 내려갈수록 몇씩 커질까요?

( )

⑥ 생활에서 규칙 찾기

(1~2) 어느 해의 4월 달력입니다. ☐ 안에 알맞은 수를 써넣으세요.

4월

일	월	화	수	목	금	토
						1
2	3	4	5	6	7	8
9	10	11	12	13	14	15
16	17	18	19	20	21	22
23	24	25	26	27	28	29
30						

1 같은 줄에서 오른쪽으로 갈수록 ☐ 씩 커집니다.

2 같은 줄에서 아래로 내려갈수록 ☐ 씩 커집니다.

3 전자계산기 숫자판의 수에 있는 규칙을 찾아 써 보세요.

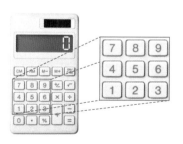

같은 줄에서 위로 올라갈수록 ☐ 씩 커집니다.

① 무늬에서 색깔과 모양의 규칙 찾기

1 그림을 보고 물음에 답하세요.

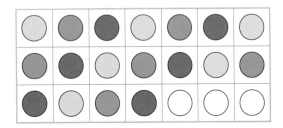

(1) 반복되는 무늬를 찾아 색칠해 보세요.

(2) 위의 그림에서 ◯ 안을 알맞게 색칠해 보세요.

2 규칙을 찾아 빈칸에 알맞은 모양을 그리고 색칠해 보세요.

3 그림을 보고 물음에 답하세요.

(1) 규칙을 찾아 빈칸에 알맞은 모양을 그리고 색칠해 보세요.

(2) 위의 그림에서 ♠은 l, ●은 2, ♥은 3으로 바꾸어 나타내 보세요.

l	2	3	l	2

② 무늬에서 방향과 수의 규칙 찾기

4 규칙을 찾아 빈칸에 알맞은 모양을 그리고 색칠해 보세요.

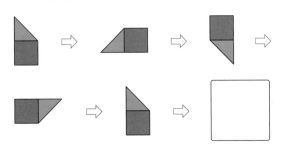

5 규칙을 찾아 ●을 알맞게 그려 보세요.

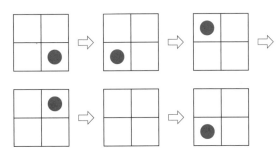

6 규칙을 찾아 그림을 완성해 보세요.

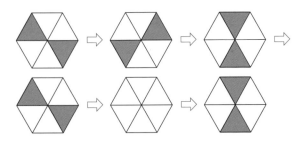

7 팔찌의 규칙을 찾아 알맞게 색칠해 보세요.

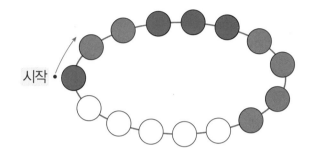

시작 •

③ 쌓은 모양에서 규칙 찾기

(8~9) 규칙에 따라 쌓기나무를 쌓았습니다. 쌓기나무를 쌓은 규칙을 찾아 써 보세요.

8

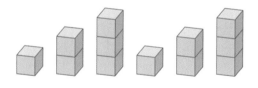

쌓기나무가 1층, ☐층, ☐층으로 반복됩니다.

9

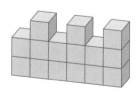

쌓기나무의 수가 왼쪽에서 오른쪽으로

 ☐개, ☐개씩 반복됩니다.

10 규칙에 따라 쌓기나무를 쌓았습니다. 쌓기나무를 쌓은 규칙을 찾아 써 보세요.

뒤에 있는 쌓기나무 오른쪽에 쌓기나무가 ☐개씩 늘어납니다.

11 규칙에 따라 쌓기나무를 쌓았습니다. 규칙을 바르게 말한 사람에 ◯표 하세요.

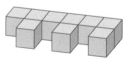

 쌓기나무가 1개, 2개씩 반복되고 있어.　(　　)

쌓기나무가 1개, 2개, 1개씩 반복되고 있어.　(　　)

1 규칙을 찾아 빈칸에 알맞은 모양을 그리고 색칠해 보세요.

2 규칙에 따라 쌓기나무를 쌓았습니다. 다음에 쌓을 모양에 ○표 하세요.

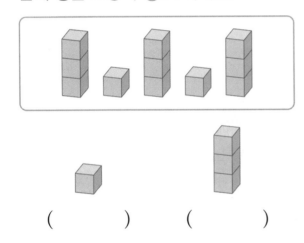

(   )   (   )

3 규칙을 찾아 빈칸에 알맞은 모양을 그리고 색칠해 보세요.

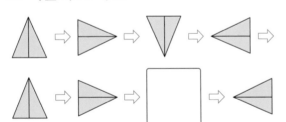

4 규칙을 찾아 그림을 완성해 보세요.

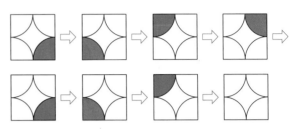

5 그림을 보고 물음에 답하세요.

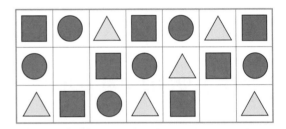

(1) 반복되는 무늬를 찾아 색칠해 보세요.

(2) 위의 그림에서 빈칸을 완성해 보세요.

6 규칙에 따라 쌓기나무를 쌓았습니다. 쌓기나무를 쌓은 규칙을 찾아 써 보세요.

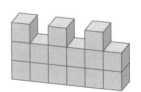

7 목걸이의 규칙을 찾아 알맞게 색칠해 보세요.

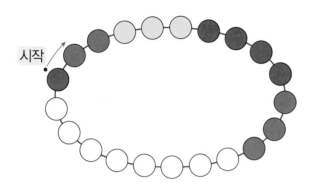

8 규칙에 따라 쌓기나무를 쌓았습니다. 다음에 이어질 모양에 쌓을 쌓기나무는 모두 몇 개인지 풀이 과정을 쓰고 답을 구해 보세요.

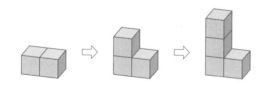

풀이

답

9 빵을 그림과 같이 진열해 놓았습니다. 물음에 답하세요.

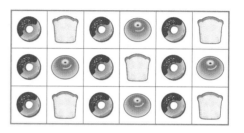

(1) 위 그림에서 🍩은 1, 🍩은 2, 🍞은 3으로 바꾸어 나타내 보세요.

(2) 위 (1)에서 찾은 규칙을 써 보세요.

_____

_____

(수학 익힘 유형)

10 규칙에 따라 쌓기나무를 쌓았습니다. 빈칸에 들어갈 모양을 만드는 데 필요한 쌓기나무는 모두 몇 개일까요?

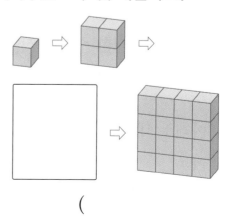

( )

④ 덧셈표에서 규칙 찾기

(1~4) 덧셈표를 보고 물음에 답하세요.

+	1	2	3	4	5
1	2	3	4	5	6
2	3	4	5	6	7
3	4	5	6	7	8
4	5			8	9
5	6			9	10

1 위 덧셈표의 빈칸에 알맞은 수를 써넣으세요.

2 ⬜로 색칠한 수의 규칙을 찾아 써 보세요.

> 오른쪽으로 갈수록 ⬜씩 커집니다.

3 ⬜으로 색칠한 수의 규칙을 찾아 써 보세요.

> 아래로 내려갈수록 ⬜씩 커집니다.

4 ⬜으로 색칠한 수의 규칙을 찾아 써 보세요.

> ↘ 방향으로 갈수록 ⬜씩 커집니다.

⑤ 곱셈표에서 규칙 찾기

(5~8) 곱셈표를 보고 물음에 답하세요.

×	5	6	7	8	9
5	25	30	35	40	45
6	30	36	42		
7	35	42	49		
8	40	48	56		
9	45	54	63		

5 위 곱셈표의 빈칸에 알맞은 수를 써넣으세요.

6 ⬜으로 색칠한 수의 규칙을 찾아 써 보세요.

> 오른쪽으로 갈수록 ⬜씩 커집니다.

7 [ ]으로 색칠한 수의 규칙을 찾아 써 보세요.

> 아래로 내려갈수록 [ ]씩 커집니다.

8 곱셈표의 8단 곱셈구구에 있는 규칙을 찾아 써 보세요.

> 8단 곱셈구구에 있는 수는 아래로 내려갈수록 [ ]씩 커집니다.

⑥ 생활에서 규칙 찾기

9 벽 무늬에서 규칙을 찾아 빈칸에 알맞은 모양을 그리고 색칠해 보세요.

> ▲ 과 [ ] 이 반복됩니다.

10 달력에서 규칙을 찾아 써 보세요.

6월

일	월	화	수	목	금	토
		1	2	3	4	5
6	7	8	9	10	11	12
13	14	15	16	17	18	19
20	21	22	23	24	25	26
27	28	29	30			

> • 수요일은 [ ]일마다 반복됩니다.
>
> • 모든 요일은 [ ]일마다 반복됩니다.

11 신발장 번호에 있는 규칙을 찾아 떨어진 번호판의 숫자를 써 보세요.

·1	2·	·3·		·5	6·	·7
·8		·10	11·	·12·	·13·	14
·15·	16·	·17	18·	·19·	·20·	
·22	·23·	·24·	·25·	·26·		·28

1 삼척행 버스 출발 시간표에서 규칙을 찾아 써 보세요.

	출발 시각
삼척행	7:30
	8:30
	9:30
	10:30

삼척행 버스는 ☐ 시간 간격으로 출발합니다.

2 빈칸에 알맞은 수를 써넣고, 바르게 설명한 것의 기호를 써 보세요.

+	0	2	4	6	8
0	0				8
2	2	4		8	
4			8		12
6	6	8			14
8			12	14	

┌─────────────────────────┐
│ ㉠ 아래로 내려갈수록 **2**씩 커집니 │
│ 다.   │
│ ㉡ 덧셈표에 있는 수들은 모두 홀 │
│ 수입니다.   │
└─────────────────────────┘

( )

3 승강기 숫자판의 수에 있는 규칙을 찾아 써 보세요.

16 17 18
13 14 15
10 11 12
7 8 9
4 5 6
1 2 3

_____

_____

서술형

4 곱셈표에서 ▨으로 색칠한 곳과 규칙이 같은 곳을 찾아 색칠하려고 합니다. 풀이 과정을 쓰고 답을 구해 보세요.

×	4	5	6	7
4	16	20	24	28
5	20	25	30	35
6	24	30	36	42
7	28	35	42	49

풀이

_____

_____

_____

_____

5 곱셈표의 빈칸에 알맞은 수를 써넣고, 곱셈표에서 규칙을 찾아 써 보세요.

×	1		5	
1	1	3		7
3	3		15	21
5	5		25	
	7	21	35	49

_____

_____

〔 수학 익힘 유형 〕

6 어느 공연장의 자리를 나타낸 그림입니다. 물음에 답하세요.

무대

1 2 3 4 5 6 7 8 9 10
11 12 13 14 15 16 17 18 19 20
21 22 23 24 25 26 27 28 29 30
31 32 33 34 35 36 37 38 39 40

(1) 규칙을 찾아 써 보세요.

같은 줄에서 뒤로 갈수록

[ ] 씩 커집니다.

(2) 여희의 의자 번호는 37번입니다.
여희의 자리를 찾아 ○표 하고,
찾아가는 방법을 써 보세요.

무대 앞 [ ] 번째 줄의 왼쪽에서

[ ] 번째 자리를 찾아갑니다.

7 덧셈표에서 규칙을 찾아 빈칸에 알맞은 수를 써넣으세요.

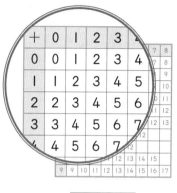

13	14
	14

8 곱셈표에서 규칙을 찾아 빈칸에 알맞은 수를 써넣으세요.

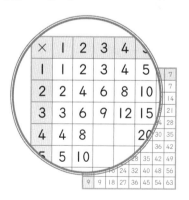

12	16
15	

1 달력의 일부분이 찢어져 보이지 않습니다. 이달의 셋째 금요일은 며칠인지 구해 보세요.

일	월	화	수	목	금	토
		1	2	3	4	5	6
7	8	9				

( )

2 바둑돌을 규칙에 따라 한 줄로 늘어놓았습니다. 계속해서 바둑돌을 늘어놓는다면 18번째에는 무슨 색 바둑돌을 놓는지 구해 보세요.

흰색
검은색
( )

3 규칙에 따라 쌓기나무를 쌓았습니다. 9개를 사용하여 쌓은 모양은 몇 번째인지 구해 보세요.

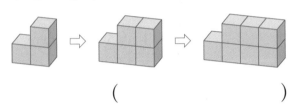

( )

놀이 수학 (수학 유형)

4 주희가 (보기)와 같은 동작으로 소리 규칙을 만드는 놀이를 하고 있습니다. 소리 규칙을 찾아 빈칸에 알맞은 동작의 번호를 써넣으세요.

(보기)
① ② ③

?

①						

실력 확인   [평가책] 단원 평가 42~47쪽 | 서술형 평가 48~49쪽

개념+유형

평가책

● 단원평가 2회
● 서술형평가
● 학업 성취도평가 2회

개념과 유형이 하나로

초등 수학

2·2

우리는 남다른 상상과 혁신으로
교육 문화의 새로운 전형을 만들어
모든 이의 행복한 경험과 성장에 기여한다

ABOVE IMAGINATION

우리는 남다른 상상과 혁신으로
교육 문화의 새로운 전형을 만들어
모든 이의 행복한 경험과 성장에 기여한다

개념➕유형

평가책

초등 수학

2·2

1 ☐ 안에 알맞은 수를 써넣으세요.

100이 10개이면 ☐ 입니다.

2 수 모형이 나타내는 수를 써 보세요.

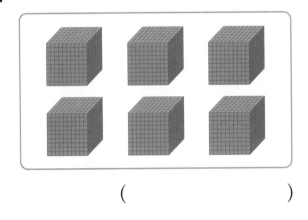

( )

3 ☐ 안에 알맞은 수를 써넣으세요.

1000이 3개
100이 5개
10이 9개
1이 6개 ⟹ ☐

4 1000을 나타내는 수가 아닌 것에 ×표 하세요.

999보다 1만큼 더 큰 수	990보다 10만큼 더 작은 수
( )	( )

5 ☐ 안에 알맞은 수를 써넣으세요.

4817에서 8은 백의 자리 숫자이고, ☐ 을 나타냅니다.

● 시험에 꼭 나오는 문제

6 관계있는 것끼리 선으로 이어 보세요.

백 모형 40개 ·

천 모형 2개, 백 모형 10개 ·

· 4000

· 3000

· 5000

7 (보기)와 같이 ☐ 안에 알맞은 수를 써넣으세요.

(보기)
2975＝2000＋900＋70＋5

8324＝ ☐ ＋ ☐

＋ ☐ ＋ ☐

8 10씩 뛰어 세어 보세요.

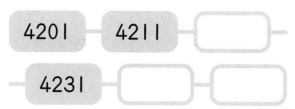

| 4201 | 4211 | |
| 4231 | | |

9 두 수의 크기를 비교하여 ◯ 안에 > 또는 <를 알맞게 써넣으세요.

6714 ◯ 6712

● 시험에 꼭 나오는 문제

10 9027을 바르게 읽은 사람에 ◯표 하세요.

구천이십칠   구천이백칠

(   )   (   )

11 숫자 3이 30을 나타내는 수를 찾아 ◯표 하세요.

3721 5703 4139 9325

12 2418부터 100씩 뛰어 세면서 선으로 이어 보세요.

● 잘 틀리는 문제

13 10씩 거꾸로 뛰어 세어 보세요.

| 8063 | | 8043 |
| 8033 | | |

14 현주네 학교 학생들이 모은 딱지 수입니다. 딱지를 더 많이 모은 학년은 몇 학년일까요?

학년	딱지 수(장)	학년	딱지 수(장)
1학년	1246	2학년	1239

(   )

15 구슬이 한 상자에 100개씩 들어 있습니다. 20상자에 들어 있는 구슬은 모두 몇 개일까요?

(   )

16 큰 수부터 차례대로 써 보세요.

| 5361 | 4075 | 5428 |

( )

17 수 카드 4장을 한 번씩만 사용하여 가장 작은 네 자리 수를 만들어 보세요.

9 6 0 8

( )

● 잘 틀리는 문제
18 1부터 9까지의 수 중에서 □ 안에 들어갈 수 있는 수를 모두 써 보세요.

3□08 < 3324

( )

● 서술형 문제
19 색종이가 한 상자에 1000장씩 들어 있습니다. 8상자에 들어 있는 색종이는 모두 몇 장인지 풀이 과정을 쓰고 답을 구해 보세요.

풀이 _____

_____

_____

답 _____

20 ㉠이 나타내는 값과 ㉡이 나타내는 값의 합은 얼마인지 풀이 과정을 쓰고 답을 구해 보세요.

2 7 5 5
㉠ ㉡

풀이 _____

_____

_____

답 _____

1. 네 자리 수

점수 | 확인

1 □ 안에 알맞은 수를 써넣으세요.

1000은 700보다 □ 만큼 더 큰 수입니다.

2 그림이 나타내는 수를 바르게 읽은 것에 ○표 하세요.

(삼천 , 사천)

3 수 모형을 보고 □ 안에 알맞은 수를 써넣으세요.

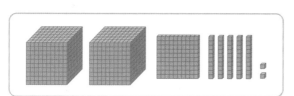

2152=2000+□

+50+□

4 그림이 나타내는 수를 써 보세요.

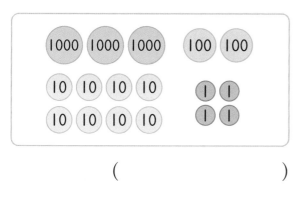

( )

5 밑줄 친 숫자는 얼마를 나타낼까요?

6418

( )

6 두 수의 크기를 비교하여 ○ 안에 > 또는 <를 알맞게 써넣으세요.

5438 ◯ 5461

7 뛰어 세어 보세요.

7889 | 7890 |

 | | 7894

8 십의 자리 숫자가 0인 수를 모두 찾아 기호를 써 보세요.

> 시험에 꼭 나오는 문제

㉠ 8420   ㉡ 오천칠십육
㉢ 구천오백팔   ㉣ 4401

( )

9 한 묶음에 1000장씩 묶여 있는 도화지 9묶음은 모두 몇 장일까요?

( )

10 나타내는 수가 다른 하나를 찾아 기호를 써 보세요.

> ㉠ 1000이 7개인 수
> ㉡ 100이 70개인 수
> ㉢ 1이 700개인 수

( )

11 3870에서 100씩 5번 뛰어 센 수는 얼마일까요?

( )

12 숫자 5가 나타내는 값이 가장 작은 수에 ○표 하세요.

| 1560 3859 5012 8405 |

13 더 작은 수에 ○표 하세요.

> 육천구십팔 ( )

> 1000이 6개, 100이 3개, 1이 5개인 수 ( )

14 수로 썼을 때 0의 개수가 가장 많은 것을 찾아 기호를 써 보세요.

> ㉠ 사천오백칠
> ㉡ 육천삼십
> ㉢ 이천백구

( )

15 4086부터 10씩 뛰어 센 수 카드가 아닌 것을 모두 찾아 ✕표 하세요.

> 4086   4096   4097
> 4228   4106
> 4136   4126   4116

16 5178보다 크고 5200보다 작은 수를 모두 찾아 기호를 써 보세요.

> ㉠ 5090 ㉡ 5180
> ㉢ 5194 ㉣ 5230

( )

17 1000원짜리 지폐 3장을 모두 100원짜리 동전으로 바꾸면 동전은 몇 개일까요?

( )

● 잘 틀리는 문제

18 수 카드 4장을 한 번씩만 사용하여 천의 자리 숫자가 5이고, 백의 자리 숫자가 600을 나타내는 네 자리 수를 2개 만들어 보세요.

> 6 0 3 5

5 □ □ □ ,

5 □ □ □

● 서술형 문제

19 사탕이 1000개씩 9상자, 100개씩 3상자, 낱개로 5개가 있습니다. 사탕은 모두 몇 개인지 풀이 과정을 쓰고 답을 구해 보세요.

풀이 _____

_____

_____

답 _____

20 지후의 통장에는 7월에 3960원이 있습니다. 8월부터 12월까지 한 달에 1000원씩 저금한다면 12월에는 얼마가 되는지 풀이 과정을 쓰고 답을 구해 보세요.

풀이 _____

_____

_____

답 _____

연습 1 나래는 1000원짜리 공책을 사려고 합니다. 100원짜리 동전 7개를 가지고 있다면 얼마가 더 있어야 공책을 살 수 있는지 풀이 과정을 쓰고 답을 구해 보세요. |5점|

❶ 나래가 가지고 있는 돈은 얼마인지 구하기

풀이 _____

_____

❷ 얼마가 더 있어야 공책을 살 수 있는지 구하기

풀이 _____

_____

답 _____

연습 2 숫자 4가 나타내는 값이 가장 큰 수는 어느 것인지 풀이 과정을 쓰고 답을 구해 보세요. |5점|

| 1347 9468 4251 |

❶ 각 수에서 숫자 4가 나타내는 값 알아보기

풀이 _____

_____

❷ 숫자 4가 나타내는 값이 가장 큰 수 구하기

풀이 _____

_____

답 _____

실전 **3** 옷핀이 4000개 필요합니다. 한 상자에 1000개씩 들어 있는 옷핀을 몇 상자 사야 하는지 풀이 과정을 쓰고 답을 구해 보세요. |5점|

(풀이)

(답)

실전 **4** 우정이는 7650원을 가지고 있고 윤서는 7780원을 가지고 있습니다. 돈을 더 많이 가지고 있는 사람은 누구인지 풀이 과정을 쓰고 답을 구해 보세요. |5점|

(풀이)

(답)

1 2×5를 나타내는 그림에 ◯표 하세요.

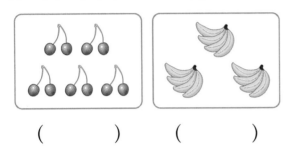

(   )   (   )

2 그림을 보고 ☐ 안에 알맞은 수를 써 넣으세요.

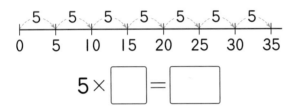

$5 \times \boxed{} = \boxed{}$

3 ☐ 안에 알맞은 수를 써넣으세요.

$9 \times 2 = 18$

$9 \times 3 = \boxed{}$ $+\boxed{}$

$9 \times 4 = \boxed{}$ $+\boxed{}$

4 버섯을 3개씩 묶고, 곱셈식으로 나타내 보세요.

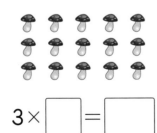

$3 \times \boxed{} = \boxed{}$

5 그림을 보고 ☐ 안에 알맞은 수를 써 넣으세요.

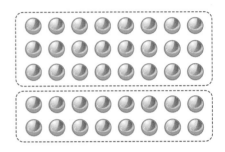

8×5는 8×3과 $8 \times \boxed{}$를 더합니다.

6 곱셈구구의 값을 찾아 선으로 이어 보세요.

6×7 ·   · 30

6×5 ·   · 42

6×9 ·   · 54

7 그림을 보고 ☐ 안에 알맞은 수를 써 넣으세요.

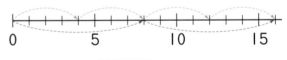

(1) $4 \times 4 = \boxed{}$

(2) $8 \times 2 = \boxed{}$

(8~10) 곱셈표를 보고 물음에 답하세요.

×	1	2	3	4	5
1		2			5
2	2		6	8	
3		6	9		15
4	4			16	
5	5	10		20	

8 빈칸에 알맞은 수를 써넣어 곱셈표를 완성해 보세요.

9 5단 곱셈구구에서는 곱이 얼마씩 커질까요?

(   )

10 위의 곱셈표에서 4 × 2와 곱이 같은 곱셈구구를 찾아 써 보세요.

(   )

11 8단 곱셈구구의 값을 모두 찾아 색칠해 보세요.

7	20	56	25	62
35	72	63	48	12
8	52	30	18	24

12 곱셈을 이용하여 빈칸에 알맞은 수를 써넣으세요.

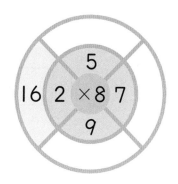

13 곱이 <u>다른</u> 하나는 어느 것일까요?

(   )

① 2 × 3   ② 1 × 6   ③ 6 × 1
④ 3 × 2   ⑤ 0 × 6

14 예지는 귤을 하루에 9개씩 먹습니다. 예지가 5일 동안 먹는 귤은 모두 몇 개일까요?

(   )

15 동호는 풀을 4묶음, 자를 2묶음 샀습니다. 동호가 산 물건은 각각 몇 개일까요?

지우개 4개씩 1묶음	풀 3개씩 1묶음
가위 8개씩 1묶음	자 7개씩 1묶음

풀 (   )

자 (   )

16 수 카드를 한 번씩만 사용하여 □ 안에 알맞은 수를 써넣으세요.

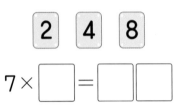

$7 \times \boxed{} = \boxed{}\boxed{}$

17 4×5는 4×3보다 얼만큼 더 큰지 ○를 그려서 나타내 보세요.

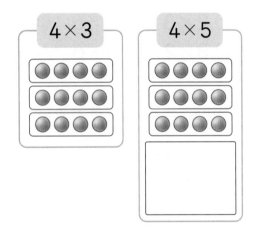

18 사과는 한 봉지에 6개씩 4봉지 있고, 감은 20개 있습니다. 사과는 감보다 몇 개 더 많을까요?

(   )

● **서술형 문제**

19 초콜릿을 한 사람에게 3개씩 8명에게 나누어 주었습니다. 나누어 준 초콜릿은 모두 몇 개인지 풀이 과정을 쓰고 답을 구해 보세요.

풀이 _____

_____

_____

답 _____

20 연주의 나이는 7살입니다. 연주 이모의 나이는 연주의 나이의 3배입니다. 연주 이모의 나이는 몇 살인지 풀이 과정을 쓰고 답을 구해 보세요.

풀이 _____

_____

_____

답 _____

1 만두는 모두 몇 개인지 곱셈식으로 나타내 보세요.

$4 \times \boxed{} = \boxed{}$

(2~4) 곱셈표를 보고 물음에 답하세요.

×	3	4	5	6	7
3	9		15		21
4	12	16		24	28
5		20	25	30	
6	18		30	36	42
7		28	35		49

2 빈칸에 알맞은 수를 써넣어 곱셈표를 완성해 보세요.

3 알맞은 말에 ○표 하세요.

곱셈표를 점선(---)을 따라 접었을 때 만나는 곱셈구구의 곱이 (같습니다 , 다릅니다).

4 위의 곱셈표에서 3×6과 곱이 같은 곱셈구구를 찾아 써 보세요.

(   )

5 문어 한 마리의 다리는 8개입니다. 문어의 다리는 모두 몇 개인지 곱셈식으로 나타내 보세요.

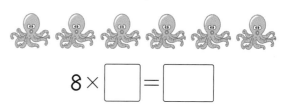

$8 \times \boxed{} = \boxed{}$

6 9×8을 계산하는 방법을 알아보려고 합니다. ☐ 안에 알맞은 수를 써넣으세요.

9×7에 ☐ 를 더하여 구할 수 있습니다.

7 로봇이 이동한 거리는 몇 cm인지 곱셈식으로 나타내 보세요.

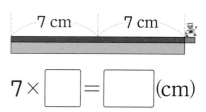
7 cm   7 cm

$7 \times \boxed{} = \boxed{}$ (cm)

8 5단 곱셈구구의 값을 모두 찾아 ○표 하세요.

12	20	35	46

9 3×0과 곱이 같은 것을 모두 찾아 기호를 써 보세요.

> ㉠ 5×1 ㉡ 0×7
> ㉢ 8×0 ㉣ 1×9

( )

10 곱의 크기를 비교하여 ○ 안에 >, =, <를 알맞게 써넣으세요.

6×8 ○ 7×7

11 3단 곱셈구구의 값을 찾아 선으로 이어 보세요.

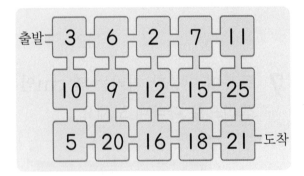

12 지우개는 모두 몇 개인지 □ 안에 알맞은 수를 써넣으세요.

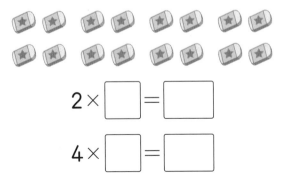

2×□=□

4×□=□

13 진열대에 통조림이 한 줄에 9개씩 7줄로 놓여 있습니다. 진열대에 놓여 있는 통조림은 모두 몇 개일까요?

( )

14 세희가 공을 꺼내어 공에 적힌 수만큼 점수를 얻었습니다. 세희가 얻은 점수는 모두 몇 점일까요?

공에 적힌 수	2	4
공을 꺼낸 횟수(번)	1	0

( )

15 민규가 고리 던지기 놀이를 했습니다. 고리를 걸면 1점, 걸지 못하면 0점입니다. □ 안에 알맞은 수를 써넣으세요.

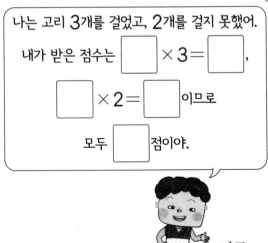

나는 고리 3개를 걸었고, 2개를 걸지 못했어.

내가 받은 점수는 □×3=□,

□×2=□ 이므로

모두 □ 점이야.

민규

16 모형의 수를 두 가지 방법으로 구하려고 합니다. ☐ 안에 알맞은 수를 써넣으세요.

- 소희: 6 × 2와 4 × ☐ 을 더하면 모두 ☐ 개야.
- 희주: 6 × ☐ 에서 2를 빼면 모두 ☐ 개야.

17 수 카드 4장 중에서 2장을 뽑아 한 번씩만 사용하여 곱셈식을 만들 때 가장 큰 곱을 구해 보세요.

4 8 5 7

(   )

18 다음 설명에서 나타내는 수는 얼마인지 구해 보세요.

- 5단 곱셈구구의 수입니다.
- 홀수입니다.
- 십의 자리 숫자는 20을 나타냅니다.

(   )

● 서술형 문제

19 공은 모두 몇 개인지 풀이 과정을 쓰고 답을 구해 보세요.

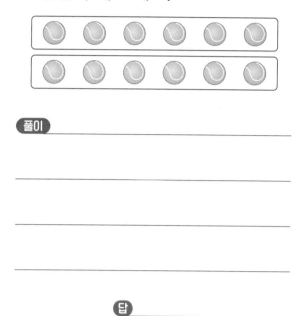

풀이 _____

_____

_____

_____

답 _____

20 7 × 6을 계산하려고 합니다. 두 가지 방법으로 설명해 보세요.

방법 1 _____

_____

방법 2 _____

_____

연습 1 사탕이 한 봉지에 7개씩 들어 있습니다. 6봉지에 들어 있는 사탕은 모두 몇 개인지 풀이 과정을 쓰고 답을 구해 보세요. |5점|

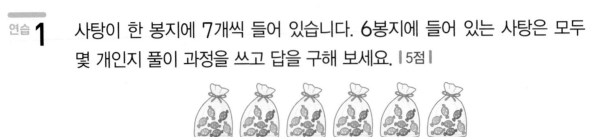

❶ 문제에 알맞은 식 만들기

풀이 _____

_____

❷ 6봉지에 들어 있는 사탕의 수 구하기

풀이 _____

_____

답 _____

연습 2 연우의 나이는 8살입니다. 연우 아버지의 나이는 연우의 나이의 4배입니다. 연우 아버지의 나이는 몇 살인지 풀이 과정을 쓰고 답을 구해 보세요. |5점|

❶ 문제에 알맞은 식 만들기

풀이 _____

_____

❷ 연우 아버지의 나이 구하기

풀이 _____

_____

답 _____

실전 **3** 주어진 수 중에서 3단 곱셈구구의 값은 모두 몇 개인지 풀이 과정을 쓰고 답을 구해 보세요. |5점|

| 16 | 25 | 24 | 18 | 32 |

풀이

답

실전 **4** 과일 가게에 수박이 9통씩 4상자 있고, 멜론이 33통 있습니다. 수박은 멜론보다 몇 통 더 많은지 풀이 과정을 쓰고 답을 구해 보세요. |5점|

풀이

답

1 ☐ 안에 알맞은 수나 말을 써넣으세요.

☐ cm는 1 m와 같고,

1 m는 1 ☐ 라고 읽습니다.

2 ☐ 안에 알맞은 수를 써넣으세요.

283 cm = ☐ m ☐ cm

3 길이의 합을 구해 보세요.

$$
\begin{array}{r}
2\ \text{m}\ \ 30\ \text{cm} \\
+\ 4\ \text{m}\ \ 50\ \text{cm} \\
\hline
\boxed{}\ \text{m}\ \boxed{}\ \text{cm}
\end{array}
$$

4 길이를 m 단위로 나타내기에 알맞은 것에 ◯표 하세요.

건물의 높이	포크의 길이
( )	( )

5 나무 막대의 길이는 몇 m 몇 cm일까요?

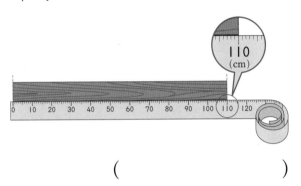

(   )

6 야구 방망이의 길이가 1 m일 때 탑의 높이는 약 몇 m일까요?

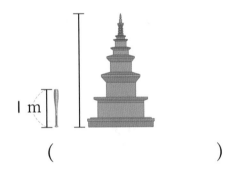

(   )

● 시험에 꼭 나오는 문제

7 같은 길이끼리 선으로 이어 보세요.

920 cm	·	·	9 m 7 cm
902 cm	·	·	9 m 2 cm
907 cm	·	·	9 m 20 cm

8 길이의 차를 구해 보세요.

9 m 65 cm − 2 m 40 cm

= ☐ m ☐ cm

9 지민이의 두 걸음이 1 m라면 줄넘기의 길이는 약 몇 m일까요?

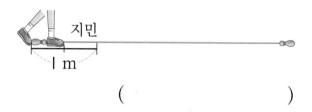

지민

1 m

(   )

10 두 길이의 합은 몇 m 몇 cm일까요?

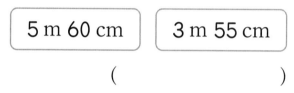

| 5 m 60 cm | 3 m 55 cm |

(   )

11 길이를 비교하여 ◯ 안에 >, =, <를 알맞게 써넣으세요.

755 cm ◯ 7 m 5 cm

12 ☐ 안에 알맞은 수를 써넣으세요.

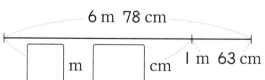

6 m 78 cm

☐ m ☐ cm   1 m 63 cm

13 길이가 1 m보다 더 긴 것을 모두 찾아 기호를 써 보세요.

    ㉠ 클립의 길이
    ㉡ 교실 문의 높이
    ㉢ 실내화의 길이
    ㉣ 기차의 길이

(   )

14 파란색 끈의 길이는 3 m 25 cm이고, 빨간색 끈의 길이는 4 m 20 cm입니다. 파란색 끈과 빨간색 끈의 길이의 합은 몇 m 몇 cm일까요?

(   )

● 잘 틀리는 문제

15 책장의 길이는 약 몇 m일까요?

내 7뼘이 약 1 m인데 책장의 길이가 35뼘과 같았어.

(   )

3
단원

16 집에서 문구점을 거쳐 학교까지 가는 거리는 몇 m 몇 cm일까요?

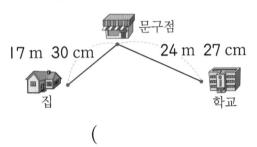

17 m 30 cm   24 m 27 cm

집   문구점   학교

(   )

17 수 카드 4, 8, 1 을 한 번씩만 사용하여 가장 짧은 길이를 만들어 보세요.

☐ m ☐ ☐ cm

18 보람이와 민영이가 종이비행기 날리기를 했습니다. 종이비행기를 보람이는 2 m 38 cm 날렸고, 민영이는 2 m 89 cm 날렸습니다. 민영이는 보람이보다 종이비행기를 몇 cm 더 멀리 날렸을까요?

(   )

19 책상의 길이를 170 cm라고 잘못 재었습니다. 길이 재기가 <u>잘못된</u> 이유를 써 보세요.

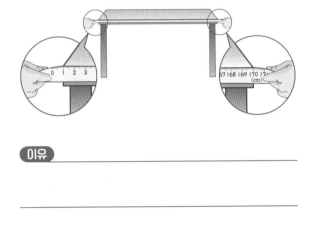

이유 _____

_____

_____

_____

20 민수는 색 테이프 15 m 95 cm 중에서 6 m 25 cm를 사용했습니다. 남은 색 테이프는 몇 m 몇 cm인지 풀이 과정을 쓰고 답을 구해 보세요.

풀이 _____

_____

_____

_____

답 _____

1 ☐ 안에 알맞은 수를 써넣으세요.

$$400\ cm=\boxed{}\ m$$

2 cm와 m 중 알맞은 단위를 ☐ 안에 써넣으세요.

필통의 길이는 약 20 ☐ 입니다.

3 나무의 높이는 몇 m 몇 cm일까요?

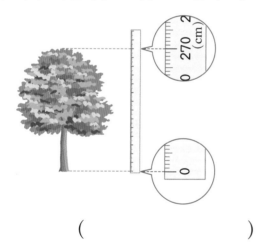

(   )

4 주어진 1 m로 끈의 길이를 어림하였습니다. 끈의 길이는 약 몇 m일까요?

├ 1 m ┤

(   )

5 길이의 차를 구해 보세요.

$$
\begin{array}{r}
6\ m\quad 70\ cm \\
-\ 3\ m\quad 24\ cm \\
\hline
\boxed{}\ m\ \boxed{}\ cm
\end{array}
$$

6 옳지 <u>않은</u> 것을 찾아 기호를 써 보세요.

> ㉠ 209 cm=2 m 9 cm
> ㉡ 7 m 80 cm=708 cm
> ㉢ 536 cm=5 m 36 cm

(   )

● 시험에 꼭 나오는 문제

7 길이를 나타낼 때 cm와 m 중 알맞은 단위를 선으로 이어 보세요.

책의 길이 ·

가로등의 높이 ·   · cm

젓가락의 길이 ·   · m

8 악어의 몸길이는 521 cm입니다. 악어의 몸길이는 몇 m 몇 cm일까요?

(   )

● 시험에 꼭 나오는 문제

9 알맞은 길이를 골라 문장을 완성해 보세요.

| I m   3 m   20 m |

농구대의 높이는 약 [ ] 입니다.

10 두 나무 막대를 겹치지 않게 이어 붙였을 때 이어 붙인 나무 막대는 몇 m 몇 cm일까요?

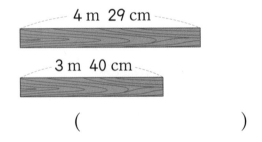

4 m 29 cm

3 m 40 cm

( )

11 두 길이의 합과 차를 각각 구해 보세요.

| 6 m 67 cm | | 3 m 15 cm |

합 ( )

차 ( )

● 잘 틀리는 문제

12 두 길이의 합은 몇 m 몇 cm일까요?

•726 cm
•3 미터 54 센티미터

( )

13 건우와 영호가 멀리뛰기를 하였습니다. 건우는 I m 45 cm를 뛰었고, 영호는 154 cm를 뛰었습니다. 건우와 영호 중에서 더 멀리 뛴 사람은 누구일까요?

( )

14 길이가 더 짧은 것의 기호를 써 보세요.

㉠ 3 m 16 cm + 2 m 40 cm
㉡ 6 m 73 cm − I m 21 cm

( )

15 민지는 두 상자를 포장하는 데 끈을 각각 2 m 58 cm, I m 90 cm 사용했습니다. 민지가 두 상자를 포장하는 데 사용한 끈은 모두 몇 m 몇 cm일까요?

( )

16 초록색 털실의 길이는 386 cm이고, 노란색 털실의 길이는 7 m 45 cm 입니다. 노란색 털실은 초록색 털실 보다 몇 m 몇 cm 더 길까요?

(   )

17 길이가 1 m 62 cm인 고무줄이 있습니다. 이 고무줄을 양쪽에서 잡아당겼더니 2 m 74 cm가 되었습니다. 처음보다 더 늘어난 길이는 몇 m 몇 cm일까요?

(   )

● 잘 틀리는 문제

18 아버지의 키는 1 m 76 cm이고 지우의 키는 아버지의 키보다 50 cm 더 작습니다. 아버지와 지우의 키의 합은 몇 m 몇 cm일까요?

(   )

● **서술형 문제**

19 방 긴 쪽의 길이를 혜정이의 걸음으로 재었더니 약 10걸음이었습니다. 혜정이의 두 걸음이 1 m라면 방 긴 쪽의 길이는 약 몇 m인지 풀이 과정을 쓰고 답을 구해 보세요.

> 풀이 _____

_____

_____

> 답 _____

20 가장 긴 변과 가장 짧은 변의 길이의 차는 몇 m 몇 cm인지 풀이 과정을 쓰고 답을 구해 보세요.

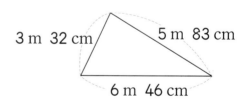

3 m 32 cm   5 m 83 cm   6 m 46 cm

> 풀이 _____

_____

_____

> 답 _____

연습 1 우주의 키는 1 m 32 cm이고 세호의 키는 119 cm입니다. 누구의 키가 더 큰지 풀이 과정을 쓰고 답을 구해 보세요. |5점|

❶ 우주의 키는 몇 cm인지 알아보기

풀이 _____

_____

❷ 누구의 키가 더 큰지 구하기

풀이 _____

_____

답 _____

연습 2 가장 긴 길이와 가장 짧은 길이의 합은 몇 m 몇 cm인지 풀이 과정을 쓰고 답을 구해 보세요. |5점|

| 5 m 30 cm | 4 m 18 cm | 5 m 6 cm |

❶ 가장 긴 길이와 가장 짧은 길이 각각 구하기

풀이 _____

_____

❷ 가장 긴 길이와 가장 짧은 길이의 합 구하기

풀이 _____

_____

답 _____

실전 **3** 책상의 길이는 약 2 m입니다. 교실 게시판 긴 쪽의 길이는 약 몇 m인지 풀이 과정을 쓰고 답을 구해 보세요. |5점|

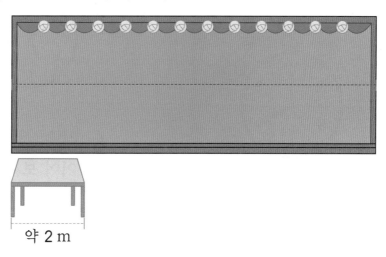

약 2 m

풀이

답

실전 **4** 수진이네 집에서 도서관과 수영장 중 어느 곳이 몇 m 몇 cm 더 가까운 지 풀이 과정을 쓰고 답을 구해 보세요. |5점|

수진이네 집

24 m 42 cm   39 m 82 cm

도서관   수영장

풀이

답   ,

1 시계를 보고 몇 분을 나타내는지 빈 칸에 알맞게 써넣으세요.

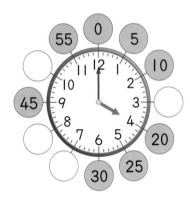

2 시계를 보고 몇 시 몇 분인지 써 보세요.

☐시 ☐분

3 ☐ 안에 알맞은 수를 써넣으세요.

75분= ☐시간 ☐분

4 ( ) 안에 오전 또는 오후를 알맞게 써넣으세요.

새벽 3시

( )

5 시각을 읽어 보세요.

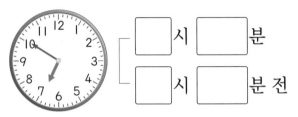

☐시 ☐분

☐시 ☐분 전

6 같은 시각을 나타낸 것끼리 선으로 이어 보세요.

(7~8) 어느 해의 3월 달력입니다. 달력을 보고 물음에 답하세요.

3월

일	월	화	수	목	금	토
			1	2	3	4
5	6	7	8	9	10	11
12	13	14	15	16	17	18
19	20	21	22	23	24	25
26	27	28	29	30	31	

7 3월은 목요일이 모두 몇 번 있을까요?

( )

● 시험에 꼭 나오는 문제

8 3월 1일 삼일절은 무슨 요일일까요?

( )

9 시계에 시각을 나타내 보세요.

2시 5분 전

10 오른쪽 시계를 보고 바르게 말한 사람의 이름을 써 보세요.

• 종서: 3시 10분이야.
• 나래: 4시 10분 전이야.

(   )

11 날수가 다른 월은 어느 것인가요?

(   )

① 1월   ② 3월   ③ 5월
④ 8월   ⑤ 9월

● 잘 틀리는 문제

12 틀린 것을 찾아 기호를 써 보세요.

㉠ 1시간 5분=65분
㉡ 22개월=1년 10개월
㉢ 110분=1시간 10분

(   )

13 그림 그리기를 60분 동안 했습니다. 그림 그리기를 시작한 시각을 보고 끝난 시각을 구해 보세요.

시작한 시각

(   )

14 축구를 성재는 1시간 20분 동안 했고, 태우는 70분 동안 했습니다. 축구를 더 오래 한 사람은 누구일까요?

(   )

● 시험에 꼭 나오는 문제

15 채아가 도서관에 들어간 시각과 도서관에서 나온 시각입니다. 채아가 도서관에 있었던 시간은 몇 시간일까요?

들어간 시각   나온 시각

(   )

16 시계가 멈춰서 현재 시각으로 맞추려고 합니다. 긴바늘을 몇 바퀴만 돌리면 될까요?

멈춘 시계   현재 시각

2:20

(   )

17 정아가 텔레비전을 1시간 10분 동안 봤더니 5시 30분이 되었습니다. 정아가 텔레비전을 보기 시작한 시각은 몇 시 몇 분일까요?

(   )

🔵 잘 틀리는 문제

18 민재와 진아가 피아노 치기를 시작한 시각과 마친 시각입니다. 피아노를 더 오래 친 사람은 누구일까요?

	시작한 시각	마친 시각
민재	4시 40분	6시
진아	3시 30분	4시 40분

(   )

● 서술형 문제

19 다혜는 11시 11분이라고 시각을 잘못 읽었습니다. 잘못 읽은 이유를 쓰고, 바르게 읽은 시각을 써 보세요.

답 _____

_____

_____

_____

20 주원이네 가족은 오전 9시에 집에서 출발하여 여행을 갔습니다. 다음날 오후 7시에 집에 돌아왔다면 주원이네 가족이 여행하는 데 걸린 시간은 모두 몇 시간인지 풀이 과정을 쓰고 답을 구해 보세요.

풀이 _____

_____

_____

_____

답 _____

1 시계를 보고 몇 시 몇 분인지 써 보세요.

☐시 ☐분

2 ☐ 안에 오전과 오후를 알맞게 써넣으세요.

경석이는 ☐ 9시에 학교에 도착했고, ☐ 2시에 집으로 돌아갔습니다.

3 시각을 몇 시 몇 분 전으로 읽어 보세요.

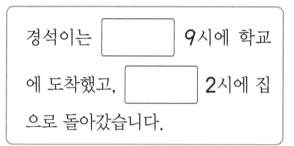

( )

4 같은 시각을 나타낸 것끼리 선으로 이어 보세요.

· 7시 20분

· 5시 37분

· 4시 35분

5 ☐ 안에 알맞은 수를 써넣으세요.

2년 4개월 = ☐개월

6 왼쪽 시계가 나타내는 시각에 맞게 오른쪽 시계에 시각을 나타내 보세요.

7 각 월의 날수를 빈칸에 알맞게 써넣으세요.

월	5	6	7	8
날수(일)	31			31

● 잘 틀리는 문제

8 시계의 긴바늘을 한 바퀴 돌렸을 때 나타내는 시각을 구해 보세요.

오전

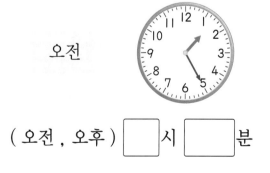

(오전 , 오후) ☐시 ☐분

(9~10) 어느 해의 7월 달력입니다. 달력을 보고 물음에 답하세요.

7월

일	월	화	수	목	금	토
						1
2	3	4	5	6	7	8
9	10	11	12	13	14	15
16	17	18		20	21	22
23	24	25		27	28	29
30						

9 위의 달력을 완성해 보세요.

● 시험에 **꼭** 나오는 문제

10 지완이의 생일은 7월 마지막 날이고, 현주는 지완이보다 하루 먼저 태어났습니다. 현주의 생일은 무슨 요일일까요?

( )

11 도훈이는 오전 11시부터 2시간 동안 영어 공부를 했습니다. 영어 공부를 마친 시각을 구해 보세요.

영어 공부를 마친 시각은

(오전 , 오후) ☐ 시입니다.

12 시계의 짧은바늘은 하루에 시계를 몇 바퀴 돌까요?

( )

13 한별이는 30분 동안 자전거를 탔습니다. 한별이가 4시 40분에 자전거를 타기 시작했다면 자전거 타기를 끝낸 시각은 몇 시 몇 분일까요?

( )

● 시험에 **꼭** 나오는 문제

14 은빈이가 한옥 체험을 시작한 시각은 9시 20분이고, 마친 시각은 11시입니다. 한옥 체험을 하는 데 걸린 시간은 몇 시간 몇 분일까요?

( )

15 윤호는 10월 10일부터 10월 25일까지 콩나물을 관찰했습니다. 콩나물을 관찰한 기간은 며칠일까요?

( )

16 승우는 어젯밤 10시에 잠이 들어서 오늘 아침 7시에 일어났습니다. 승우가 잠을 잔 시간은 몇 시간일까요?

( )

● **잘 틀리는 문제**

17 공연 시간표를 보고 민규가 공연장에서 보낸 시간은 몇 시간 몇 분인지 구해 보세요.

공연 시간표

1부	6:00~7:10
쉬는 시간	20분
2부	7:30~8:20

☐ 시간 ☐ 분

18 어느 해의 11월 달력의 일부분입니다. 11월의 마지막 날은 무슨 요일일까요?

11월

일	월	화	수	목	금	토
	1	2	3	4	5	6

( )

● **서술형 문제**

19 3월과 9월의 날수는 모두 며칠인지 풀이 과정을 쓰고 답을 구해 보세요.

풀이 _____

_____

_____

답 _____

20 영화관에서 영화가 시작하는 시각과 끝나는 시각을 나타낸 표입니다. '동물 왕국'과 '우주 탐험' 중에서 상영 시간이 더 긴 것은 무엇인지 풀이 과정을 쓰고 답을 구해 보세요.

	시작하는 시각	끝나는 시각
동물 왕국	8시 30분	10시
우주 탐험	10시 50분	12시 30분

풀이 _____

_____

_____

답 _____

연습 1 어느 해의 9월 달력입니다. 이 달에 월요일은 모두 몇 번 있는지 풀이 과정을 쓰고 답을 구해 보세요. |5점|

9월

일	월	화	수	목	금	토
		1	2	3	4	5
6	7	8	9	10	11	12
13	14	15	16	17	18	19
20	21	22	23	24	25	26
27	28	29	30			

❶ 월요일인 날짜 모두 구하기

풀이

❷ 월요일은 모두 몇 번 있는지 구하기

풀이

답

연습 2 4시 30분에서 시계의 긴바늘이 2바퀴 돌았을 때의 시각은 몇 시 몇 분인지 풀이 과정을 쓰고 답을 구해 보세요. |5점|

❶ 시계의 긴바늘이 2바퀴 도는 데 걸리는 시간 알아보기

풀이

❷ 4시 30분에서 시계의 긴바늘이 2바퀴 돌았을 때의 시각 구하기

풀이

답

실전 3 발레를 수진이는 2년 3개월 동안 배웠고, 연재는 28개월 동안 배웠습니다. 발레를 더 오래 배운 사람은 누구인지 풀이 과정을 쓰고 답을 구해 보세요. |5점|

(풀이) _____

_____

_____

(답) _____

실전 4 시훈이가 공원에 도착한 시각과 공원에서 나온 시각입니다. 시훈이가 공원에 있었던 시간은 몇 시간 몇 분인지 풀이 과정을 쓰고 답을 구해 보세요. |5점|

공원에 도착한 시각

오전

공원에서 나온 시각

오후

(풀이) _____

_____

_____

(답) _____

(1~4) 경우네 모둠 학생들이 좋아하는 주스를 조사하였습니다. 물음에 답하세요.

경우네 모둠 학생들이 좋아하는 주스

경우	문주	윤혁	우진
진홍	주희	진교	가영
상훈	서연	준서	재호

1 경우가 좋아하는 주스를 찾아 ◯표 하세요.

(, , ,)

2 를 좋아하는 학생의 이름을 써 보세요.

( )

● 시험에 꼭 나오는 문제

3 경우네 모둠 학생은 모두 몇 명일까요?

( )

4 조사한 자료를 보고 표로 나타내 보세요.

경우네 모둠 학생들이 좋아하는 주스별 학생 수

주스	딸기	포도	오렌지	사과	합계
학생 수(명)					

(5~7) 동하네 모둠 학생들의 취미를 조사하여 표로 나타냈습니다. 물음에 답하세요.

동하네 모둠 학생들의 취미별 학생 수

취미	독서	게임	운동	요리	합계
학생 수(명)	3	2	1	2	8

5 취미가 요리인 학생은 몇 명일까요?

( )

6 표를 보고 /을 이용하여 그래프로 나타내려고 합니다. 순서대로 기호를 써 보세요.

┌──────────────────────────┐
│ ㉠ 그래프에 취미별 학생 수를 /으로 나타냅니다. │
│ ㉡ 가로와 세로를 각각 몇 칸으로 할지 정합니다. │
│ ㉢ 그래프의 제목을 씁니다. │
│ ㉣ 가로와 세로에 무엇을 쓸지 정합니다. │
└──────────────────────────┘

☐ ⇨ ☐ ⇨ ☐ ⇨ ㉢

7 표를 보고 /을 이용하여 그래프로 나타내 보세요.

동하네 모둠 학생들의 취미별 학생 수

학생 수(명) \ 취미	독서	게임	운동	요리
3				
2				
1				

(8~11) 지예네 모둠 학생들이 좋아하는 운동을 조사하여 표로 나타냈습니다. 물음에 답하세요.

지예네 모둠 학생들이 좋아하는 운동별 학생 수

운동	야구	축구	농구	합계
학생 수(명)	1	3	4	8

8 표를 보고 ◯를 이용하여 그래프로 나타내 보세요.

지예네 모둠 학생들이 좋아하는 운동별 학생 수

4			
3			
2			
1			
학생 수(명) / 운동	야구	축구	농구

9 위 **8**의 그래프의 세로에 나타낸 것은 무엇일까요? (   )

10 표를 보고 ✕를 이용하여 그래프로 나타내 보세요.

지예네 모둠 학생들이 좋아하는 운동별 학생 수

농구			
축구			
야구			
운동 / 학생 수(명)	1	2	3	4

11 위 **10**의 그래프의 세로에 나타낸 것은 무엇일까요? (   )

(12~15) 주호가 가지고 있는 구슬을 조사하였습니다. 물음에 답하세요.

주호가 가지고 있는 구슬

12 조사한 자료를 보고 표로 나타내 보세요.

주호가 가지고 있는 색깔별 구슬 수

색깔	빨강	파랑	노랑	초록	합계
구슬 수(개)					

13 조사한 자료를 보고 ◯를 이용하여 그래프로 나타내 보세요.

4				
3				
2				
1				
구슬 수(개) / 색깔	빨강	파랑	노랑	초록

● 시험에 꼭 나오는 문제

14 빨간색 구슬은 노란색 구슬보다 몇 개 더 많을까요? (   )

15 가장 적은 구슬의 색깔은 무엇일까요?
(   )

(16~17) 주사위를 17번 굴려서 나온 눈의 횟수를 조사하여 그래프로 나타냈습니다. 물음에 답하세요.

나온 눈의 횟수

5					×	
4			×		×	
3		×	×		×	
2	×	×	×		×	
1	×	×	×		×	×
횟수(번) / 눈	⚀	⚁	⚂	⚃	⚄	⚅

16 그래프를 완성해 보세요.

● 잘 틀리는 문제

17 ⚄이 나온 횟수와 ⚄가 나온 횟수의 합은 몇 번인지 구해 보세요.

(   )

18 나래네 모둠 학생들이 좋아하는 채소를 조사하여 표로 나타냈습니다. 준호가 좋아하는 채소는 무엇인지 구해 보세요.

나래네 모둠 학생들이 좋아하는 채소

나래	감자	준호		다영	당근
효진	당근	수지	감자	강우	오이

나래네 모둠 학생들이 좋아하는 채소별 학생 수

채소	감자	당근	오이	합계
학생 수(명)	3	2	1	6

(   )

● 서술형 문제

19 가은이네 모둠 학생들이 가지고 있는 공책 수를 조사하여 표로 나타냈습니다. 표를 보고 알 수 있는 내용을 2가지 써 보세요.

학생별 가지고 있는 공책 수

이름	가은	호준	지수	민영	합계
공책 수(권)	3	4	3	1	11

답

20 위 **19**의 표를 보고 그래프로 나타냈습니다. 잘못된 부분을 찾아 이유를 써 보세요.

학생별 가지고 있는 공책 수

4		○	○	
3	○	○	○	
2	○	○	○	
1	○	○		○
공책 수(권) / 이름	가은	호준	지수	민영

이유

(1~4) 영우네 모둠 학생들이 좋아하는 떡을 조사하였습니다. 물음에 답하세요.

영우네 모둠 학생들이 좋아하는 떡

영우	정호	민서	혜진	은성
지훈	동규	연지	원정	수민

1 지훈이와 같은 떡을 좋아하는 학생은 누구일까요? (   )

2 조사한 자료를 보고 표로 나타내 보세요.

영우네 모둠 학생들이 좋아하는 떡별 학생 수

떡	인절미	시루떡	꿀떡	절편	합계
학생 수(명)					

● 시험에 꼭 나오는 문제

3 시루떡을 좋아하는 학생은 몇 명일까요? (   )

4 위 **2**의 표를 보고 알 수 있는 내용을 모두 찾아 기호를 써 보세요.

> ㉠ 영우네 모둠의 학생 수를 알 수 있습니다.
> ㉡ 가장 많은 학생이 좋아하는 떡이 무엇인지 알 수 있습니다.
> ㉢ 영우가 어떤 떡을 좋아하는지 알 수 있습니다.

(   )

(5~7) 선아네 모둠 학생들이 가 보고 싶은 나라를 조사하였습니다. 물음에 답하세요.

선아네 모둠 학생들이 가 보고 싶은 나라

선아	재우	민호	가연
아영	도형	윤선	진현

5 조사한 자료를 보고 표로 나타내 보세요.

선아네 모둠 학생들이 가 보고 싶은 나라별 학생 수

나라	미국	프랑스	독일	합계
학생 수(명)				

6 조사한 자료를 보고 ○를 이용하여 그래프로 나타내 보세요.

선아네 모둠 학생들이 가 보고 싶은 나라별 학생 수

3			
2			
1			
학생 수(명) / 나라	미국	프랑스	독일

7 조사한 자료를 보고 /을 이용하여 그래프로 나타내 보세요.

프랑스		
미국		
나라 / 학생 수(명)	1	2

(8~11) 찬희네 모둠 학생 11명이 좋아하는 텔레비전 프로그램을 조사하여 그래프로 나타냈습니다. 물음에 답하세요.

찬희네 모둠 학생들이 좋아하는 프로그램별 학생 수

뉴스					
드라마	×				
예능	×	×	×	×	×
만화 영화	×	×	×		
프로그램 / 학생 수(명)	1	2	3	4	5

● 시험에 꼭 나오는 문제

8 예능을 좋아하는 학생은 드라마를 좋아하는 학생보다 몇 명 더 많을까요?

( )

9 뉴스를 좋아하는 학생은 몇 명일까요?

( )

10 그래프를 보고 표로 나타내 보세요.

찬희네 모둠 학생들이 좋아하는 프로그램별 학생 수

프로그램	만화 영화	예능	드라마	뉴스	합계
학생 수(명)					

11 찬희네 모둠 학생들이 가장 좋아하는 텔레비전 프로그램은 무엇이고, 몇 명이 좋아할까요?

(,)

(12~15) 준서네 모둠 학생들이 일주일 동안 컴퓨터를 사용한 시간을 조사하여 표와 그래프로 나타냈습니다. 물음에 답하세요.

준서네 모둠 학생별 컴퓨터를 사용한 시간

이름	준서	규림	병준	정민	합계
시간 (시간)	2		3		10

준서네 모둠 학생별 컴퓨터를 사용한 시간

4		/		
3		/		
2				
1		/		/
시간(시간) / 이름	준서	규림	병준	정민

12 규림이가 일주일 동안 컴퓨터를 사용한 시간은 몇 시간일까요?

( )

13 정민이가 일주일 동안 컴퓨터를 사용한 시간은 몇 시간일까요?

( )

14 표와 그래프를 완성해 보세요.

● 잘 틀리는 문제

15 일주일 동안 컴퓨터를 오래 사용한 학생부터 차례대로 이름을 써 보세요.

(, , ,)

16 여러 조각으로 모양을 만들었습니다. 사용한 조각 수를 표로 나타내 보세요.

사용한 조각 수

조각	▲	■	◆	합계
조각 수(개)				

(17~18) 재인이네 모둠 학생들이 수학 문제를 각각 푼 후 맞힌 문제 수를 조사하여 그래프로 나타냈습니다. 각 문제의 점수가 5점일 때 물음에 답하세요.

재인이네 모둠 학생별 맞힌 문제 수

3				○
2	○	○		○
1	○	○	○	○
맞힌 문제 수(개) / 이름	재인	제동	진호	민주

17 재인이의 점수는 몇 점일까요?

(   )

◐ 잘 틀리는 문제

18 점수가 가장 높은 사람은 몇 점일까요?

(   )

● 서술형 문제

19 봄을 좋아하는 학생은 겨울을 좋아하는 학생보다 몇 명 더 많은지 풀이 과정을 쓰고 답을 구해 보세요.

좋아하는 계절별 학생 수

계절	봄	여름	가을	겨울	합계
학생 수(명)	6	2	4	3	15

풀이 _____

_____

_____

답 _____

20 사과를 좋아하는 학생이 망고를 좋아하는 학생보다 2명 더 많습니다. 조사한 학생이 모두 8명일 때, 배를 좋아하는 학생은 몇 명인지 풀이 과정을 쓰고 답을 구해 보세요.

좋아하는 과일별 학생 수

3				
2			○	
1		○	○	
학생 수(명) / 과일	망고	사과	포도	배

풀이 _____

_____

_____

답 _____

연습 **1** 지희네 반 학생들이 좋아하는 색깔을 조사하여 표로 나타냈습니다. 파란색을 좋아하는 학생과 보라색을 좋아하는 학생은 모두 몇 명인지 풀이 과정을 쓰고 답을 구해 보세요. |5점|

지희네 반 학생들이 좋아하는 색깔별 학생 수

색깔	빨강	파랑	노랑	보라	합계
학생 수(명)	4	3	5	4	16

❶ 파란색을 좋아하는 학생 수와 보라색을 좋아하는 학생 수 각각 구하기

풀이

❷ 파란색을 좋아하는 학생과 보라색을 좋아하는 학생은 모두 몇 명인지 구하기

풀이

답

연습 **2** 송이가 지난달에 읽은 책을 조사하여 그래프로 나타냈습니다. 송이가 지난달에 읽은 책은 모두 몇 권인지 풀이 과정을 쓰고 답을 구해 보세요. |5점|

송이가 지난달에 읽은 종류별 책 수

책 수(권) \ 종류	위인전	동화책	만화책	과학책
3		×	×	
2		×	×	×
1	×	×	×	×

❶ 종류별 읽은 책 수 구하기

풀이

❷ 송이가 지난달에 읽은 책은 모두 몇 권인지 구하기

풀이

답

실전 3 영채네 반 학생들이 좋아하는 채소를 조사하여 표로 나타냈습니다. 양배추를 좋아하는 학생은 호박을 좋아하는 학생보다 3명 더 많습니다. 오이를 좋아하는 학생은 몇 명인지 풀이 과정을 쓰고 답을 구해 보세요. |5점|

영채네 반 학생들이 좋아하는 채소별 학생 수

채소	호박	오이	양배추	시금치	합계
학생 수(명)	5			4	20

풀이

답

실전 4 우성이가 4월부터 7월까지 월별 수영장에 간 날수를 조사하여 그래프로 나타냈습니다. 수영장에 가장 많이 간 월은 가장 적게 간 월보다 며칠 더 많이 갔는지 풀이 과정을 쓰고 답을 구해 보세요. |5점|

우성이가 4월부터 7월까지 월별 수영장에 간 날수

월 \ 날수(일)	1	2	3	4	5	6	7	8	9	10	11
7	○	○	○	○	○	○	○	○			
6	○	○	○	○	○	○	○	○	○	○	○
5	○	○	○								
4	○	○	○	○	○	○	○				

풀이

답

(1~3) 덧셈표를 보고 물음에 답하세요.

+	0	1	2	3
0	0	1	2	3
1	1	2	3	
2	2		4	
3	3	4	5	6

1 위 덧셈표의 빈칸에 알맞은 수를 써넣으세요.

2 ▨으로 색칠한 수의 규칙을 찾아 써 보세요.

> 오른쪽으로 갈수록 ☐씩 커집니다.

3 ▨으로 색칠한 수의 규칙을 찾아 써 보세요.

> 아래로 내려갈수록 ☐씩 커집니다.

4 규칙을 찾아 빈칸에 알맞은 모양을 그리고 색칠해 보세요.

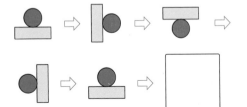

5 벽지의 무늬에서 규칙을 찾아 바르게 설명한 사람의 이름을 써 보세요.

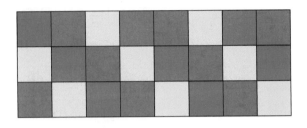

> • 혜원: 파란색, 빨간색, 노란색, 파란색이 반복되는 규칙이 있어.
> • 현수: ↘ 방향으로 똑같은 색깔이 반복되는 규칙이 있어.

(   )

(6~7) 곱셈표를 보고 물음에 답하세요.

×	2	4	6	8
2	4	8	12	16
4	8	16	24	32
6	12	24	36	48
8	16			

6 위 곱셈표의 빈칸에 알맞은 수를 써넣으세요.

7 곱셈표에서 규칙을 찾아 알맞은 말에 ○표 하세요.

> 곱셈표에 있는 수들은 모두 (홀수 , 짝수)입니다.

● 정답 62쪽

8 승강기 숫자판의 일부입니다. 규칙을 찾아 써 보세요.

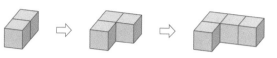

_____

_____

(9~11) 그림을 보고 물음에 답하세요.

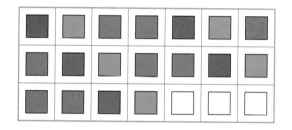

9 반복되는 무늬를 찾아 색칠해 보세요.

10 위의 그림에서 빈칸을 완성해 보세요.

11 ■은 1, ■은 2, ■은 3으로 바꾸어 나타내 보세요.

1	2	3	3	1	2

(12~13) 규칙에 따라 쌓기나무를 쌓았습니다. 물음에 답하세요.

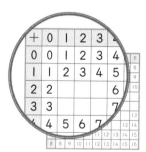

12 쌓은 규칙을 찾아 써 보세요.

_____

_____

13 다음에 이어질 모양에 쌓을 쌓기나무는 모두 몇 개일까요?

(   )

(14~15) 덧셈표에서 규칙을 찾아 빈칸에 알맞은 수를 써넣으세요.

+	0	1	2	3	
0	0	1	2	3	4
1	1	2	3	4	5
2	2				6
3	3				7
	4	5	6	7	

14

3	4	5
4		

15

9	10	
10	11	
	12	

16 규칙을 찾아 알맞게 색칠해 보세요.

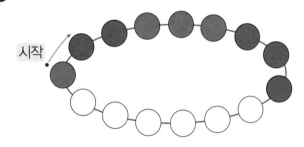

17 규칙에 따라 쌓기나무를 쌓았습니다. 빈칸에 들어갈 모양을 만드는 데 필요한 쌓기나무는 모두 몇 개일까요?

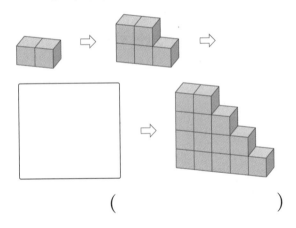

(   )

18 달력의 일부분이 찢어져 보이지 않습니다. 이달의 셋째 금요일은 며칠일까요?

4월

일	월	화	수	목	금	토
						1
2	3	4	5	6	7	8

(   )

● **서술형 문제**

19 규칙을 찾아 그림을 완성하려고 합니다. 풀이 과정을 쓰고 답을 구해 보세요.

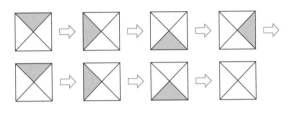

풀이

20 곱셈표에서 [   ]으로 색칠한 곳과 규칙이 같은 곳을 찾아 색칠하려고 합니다. 풀이 과정을 쓰고 답을 구해 보세요.

×	3	4	5	6
3	9	12	15	18
4	12	16	20	24
5	15	20	25	30
6	18	24	30	36

풀이

6. 규칙 찾기

점수 | 확인

1 반복되는 색으로 알맞은 것에 ○표 하세요.

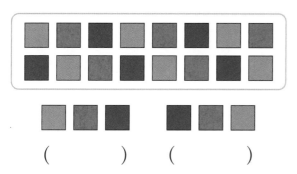

(   )   (   )

(2~4) 덧셈표를 보고 물음에 답하세요.

+	0	2	4	6	8
0	0	2	4	6	8
2	2	4	6	8	10
4	4	6	8	10	
6	6	8		12	
8	8	10		14	16

2 위 덧셈표의 빈칸에 알맞은 수를 써 넣으세요.

3 ▨으로 색칠한 수는 아래로 내려갈 수록 몇씩 커질까요?

(   )

4 ▨으로 색칠한 수는 ＼ 방향으로 갈 수록 몇씩 커질까요?

(   )

(5~8) 곱셈표를 보고 물음에 답하세요.

×	1	2	3	4	5
1	1	2	3	4	5
2	2	4	6	8	
3	3	6	9	12	
4	4	8		16	20
5	5			20	25

5 위 곱셈표의 빈칸에 알맞은 수를 써 넣으세요.

6 ▨으로 색칠한 수는 아래로 내려갈 수록 몇씩 커질까요?

(   )

7 ▨으로 색칠한 수는 오른쪽으로 갈 수록 몇씩 커질까요?

(   )

8 3단 곱셈구구에서는 곱이 몇씩 커질 까요?

(   )

6 단원

9 규칙에 따라 쌓기나무를 쌓았습니다. 규칙을 찾아 써 보세요.

오른쪽 쌓기나무 앞에 쌓기나무가 ☐개씩 늘어납니다.

10 규칙에 따라 구슬을 늘어놓았습니다. 규칙을 찾아 써 보세요.

파란색과 초록색이 반복되면서 초록색 구슬이 ☐개씩 늘어납니다.

11 규칙을 찾아 그림을 완성해 보세요.

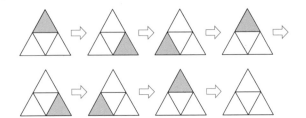

12 쌓기나무를 쌓은 규칙을 찾아 써 보세요.

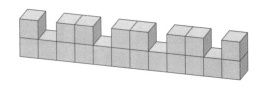

_____

_____

13 규칙을 찾아 빈칸에 알맞은 모양을 그리고 색칠해 보세요.

(14~15) 곱셈표에서 규칙을 찾아 빈칸에 알맞은 수를 써넣으세요.

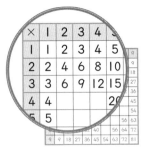

14

8	12
	15

15

30	35	
36	42	48
48		

16 현우의 사물함 번호는 20번입니다. 현우의 사물함 번호를 찾는 방법을 써 보세요.

_____

_____

19 규칙을 찾아 빈칸에 알맞은 모양을 그리고 색칠하려고 합니다. 풀이 과정을 쓰고 답을 구해 보세요.

● ▲ ▲ ▲ ● ▲ ▲ ● ☐

풀이 _____

_____

17 규칙에 따라 노란색 풍선과 파란색 풍선을 늘어놓았습니다. 계속해서 풍선을 늘어놓는다면 16번째에는 어떤 색 풍선을 놓을까요?

(   )

20 규칙에 따라 쌓기나무를 쌓았습니다. 다음에 이어질 모양에 쌓을 쌓기나무는 모두 몇 개인지 풀이 과정을 쓰고 답을 구해 보세요.

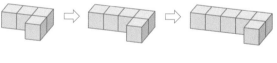

풀이 _____

_____

_____

18 규칙에 따라 쌓기나무를 쌓았습니다. 9개를 사용하여 쌓은 모양은 몇 번째 인지 구해 보세요.

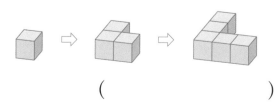

(   )

답 _____

연습 1 전자계산기 숫자판의 수를 보고 찾을 수 있는 규칙을 2가지 써 보세요. |5점|

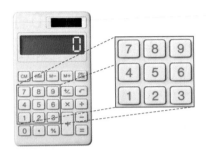

❶ 한 가지 규칙 찾기

답 _____

_____

❷ 다른 한 가지 규칙 찾기

답 _____

_____

연습 2 규칙에 따라 쌓기나무를 쌓았습니다. 다음에 이어질 모양에 쌓을 쌓기나무는 모두 몇 개인지 풀이 과정을 쓰고 답을 구해 보세요. |5점|

 ⇨ 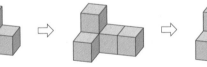 ⇨

❶ 쌓기나무를 쌓은 규칙 찾기

풀이 _____

_____

❷ 다음에 이어질 모양에 쌓을 쌓기나무는 모두 몇 개인지 구하기

풀이 _____

_____

답 _____

실전 3 덧셈표에서 찾을 수 있는 규칙을 2가지 써 보세요. |5점|

+	0	2	4	6	8
0	0	2	4	6	8
2	2	4	6	8	10
4	4	6	8	10	12
6	6	8	10	12	14
8	8	10	12	14	16

답 _____

_____

실전 4 규칙을 찾아 빈칸에 알맞은 모양을 그리고 색칠하려고 합니다. 풀이 과정을 쓰고 답을 구해 보세요. |5점|

풀이 _____

_____

_____

1. 네 자리 수

1 □ 안에 알맞은 수를 써넣으세요.

700보다 300만큼 더 큰 수는

[   ] 입니다.

(2~3) 승호네 모둠 학생들이 좋아하는 꽃을 조사하였습니다. 물음에 답하세요.

승호네 모둠 학생들이 좋아하는 꽃

승호	영규	희주	한진
재영	준상	민선	은정

5. 표와 그래프

2 조사한 자료를 보고 표로 나타내 보세요.

승호네 모둠 학생들이 좋아하는 꽃별 학생 수

꽃	장미	튤립	국화	백합	합계
학생 수(명)					

5. 표와 그래프

3 가장 많은 학생들이 좋아하는 꽃은 무엇일까요?

(   )

4. 시각과 시간

4 □ 안에 알맞은 수를 써넣으세요.

1시간 20분= [   ] 분

3. 길이 재기

5 우체통의 높이가 1 m일 때 나무의 높이는 약 몇 m일까요?

(   )

2. 곱셈구구

6 곱이 같은 것끼리 선으로 이어 보세요.

4×4 ·   · 9×2

6×2 ·   · 3×4

3×6 ·   · 2×8

3. 길이 재기

7 막대의 길이는 몇 m 몇 cm일까요?

(   )

1. 네 자리 수

8 뛰어 세어 보세요.

| 8261 | 8271 | [   ] |

| 8291 | [   ] | [   ] |

9 같은 시각을 나타내는 것끼리 알맞게 선으로 이어 보세요.

· 3시 10분 전

· 8시 5분 전

· 3시 5분 전

(10~11) 덧셈표를 보고 물음에 답하세요.

+	1	2	3	4
1	2		4	5
2	3	4	5	
3	4	5	6	7
4		6	7	

10 위 덧셈표의 빈칸에 알맞은 수를 써넣으세요.

11 ▨으로 색칠한 수의 규칙을 찾아 써 보세요.

_____

_____

12 곱의 크기를 비교하여 ○ 안에 >, =, <를 알맞게 써넣으세요.

6×9 ◯ 8×8

13 지우네 모둠 학생들이 좋아하는 색깔을 조사하여 그래프로 나타냈습니다. 분홍색을 좋아하는 학생은 보라색을 좋아하는 학생보다 몇 명 더 많을까요?

지후네 모둠 학생들이 좋아하는 색깔별 학생 수

3	○		○	
2	○	○	○	
1	○	○	○	○
학생 수(명) / 색깔	분홍	초록	파랑	보라

(   )

14 규칙에 따라 쌓기나무를 쌓았습니다. 다음에 이어질 모양에 쌓을 쌓기나무는 모두 몇 개일까요?

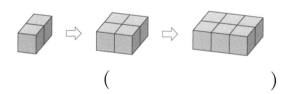

(   )

15 ☐ 안에 알맞은 수를 써넣으세요.

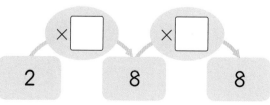

6. 규칙 찾기

16 규칙을 찾아 ☐ 안에 알맞은 도형을 그리고 색칠해 보세요.

4. 시각과 시간

17 연극이 시작한 시각과 끝난 시각입니다. 연극의 공연 시간은 몇 시간 몇 분일까요?

시작한 시각   끝난 시각

(   )

1. 네 자리 수

18 1부터 9까지의 수 중에서 ☐ 안에 들어갈 수 있는 수를 모두 구해 보세요.

$$7\boxed{}16 < 7404$$

(   )

● 서술형 문제

1. 네 자리 수

19 숫자 9가 나타내는 값이 가장 큰 수는 어느 것인지 풀이 과정을 쓰고 답을 구해 보세요.

| 2193 | 8259 | 3906 |

풀이 _____

_____

_____

답 _____

3. 길이 재기

20 가장 긴 길이와 가장 짧은 길이의 차는 몇 m 몇 cm인지 풀이 과정을 쓰고 답을 구해 보세요.

| 196 cm | 1 m 40 cm |
| 2 m 54 cm | |

풀이 _____

_____

_____

_____

답 _____

2. 곱셈구구

1 손가락은 모두 몇 개인지 곱셈식으로 나타내 보세요.

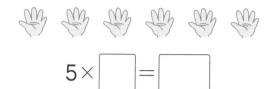

$5 \times \boxed{} = \boxed{}$

1. 네 자리 수

2 수로 써 보세요.

> 칠천이백오십팔

( )

3. 길이 재기

3 ☐ 안에 알맞은 수를 써넣으세요.

$205 \, cm = \boxed{} \, m \, \boxed{} \, cm$

4. 시각과 시간

4 시계에 시각을 나타내 보세요.

2시 34분

4. 시각과 시간

5 ( ) 안에 오전과 오후를 알맞게 써넣으세요.

> 아침 8시

( )

(6~8) 수지네 모둠 학생들이 좋아하는 간식을 조사하여 표로 나타냈습니다. 물음에 답하세요.

수지네 모둠 학생들이 좋아하는 간식별 학생 수

간식	김밥	피자	떡	과자	합계
학생 수(명)	3	4	3	2	

5. 표와 그래프

6 수지네 모둠 학생은 모두 몇 명일까요?

( )

5. 표와 그래프

7 표를 보고 ✕를 이용하여 그래프로 나타내 보세요.

수지네 모둠 학생들이 좋아하는 간식별 학생 수

학생 수(명) 간식	김밥	피자	떡	과자
4				
3				
2				
1				

5. 표와 그래프

8 가장 적은 학생들이 좋아하는 간식은 무엇이고, 몇 명일까요?

(,)

1. 네 자리 수

9 숫자 8이 800을 나타내는 수를 모두 찾아 써 보세요.

| 2583 1859 8164 9872 |

(   )

3. 길이 재기

10 길이의 차를 구해 보세요.

10 m 50 cm − 8 m 20 cm

= ☐ m ☐ cm

2. 곱셈구구

11 개미의 다리는 6개입니다. 개미 7마리의 다리는 모두 몇 개일까요?

(   )

6. 규칙 찾기

12 규칙을 찾아 ★을 알맞게 그려 보세요.

(13~14) 곱셈표를 보고 물음에 답하세요.

×	2	3	4	5	6
2	4	6	8	10	12
3	6	9		15	18
4	8	12		20	
5	10	15	20	25	30
6	12	18	24	30	

6. 규칙 찾기

13 위 곱셈표의 빈칸에 알맞은 수를 써 넣으세요.

6. 규칙 찾기

14 ▨으로 색칠한 곳과 규칙이 같은 곳을 찾아 색칠해 보세요.

3. 길이 재기

15 성수의 키는 130 cm이고, 지윤이의 키는 1 m 41 cm입니다. 성수와 지윤이 중에서 키가 더 큰 사람은 누구일까요?

(   )

16 수 카드 4장을 한 번씩만 사용하여 가장 작은 네 자리 수를 만들어 보세요.

1. 네 자리 수

$$\boxed{7}\ \boxed{6}\ \boxed{4}\ \boxed{1}$$

(   )

17 민서는 한 상자에 8개씩 들어 있는 사과 3상자와 파인애플 4개를 샀습니다. 민서가 산 사과와 파인애플은 모두 몇 개일까요?

2. 곱셈구구

(   )

18 철사의 길이는 1 m 35 cm이고, 끈의 길이는 철사의 길이보다 11 cm 더 짧습니다. 철사와 끈의 길이의 합은 몇 m 몇 cm일까요?

3. 길이 재기

(   )

● **서술형 문제**

19 은재와 선호가 오늘 아침에 일어난 시각입니다. 더 일찍 일어난 사람은 누구인지 풀이 과정을 쓰고 답을 구해 보세요.

4. 시각과 시간

- 은재: 7시 40분
- 선호: 8시 10분 전

풀이 _____

_____

_____

답 _____

20 더 큰 수를 말한 사람은 누구인지 풀이 과정을 쓰고 답을 구해 보세요.

1. 네 자리 수

- 영주: 6513
- 규빈: 1000이 6개, 100이 4개, 10이 9개인 수

풀이 _____

_____

_____

답 _____

메모

개념부터 유형별 문제 풀이까지 한 번에!
수준에 따라 단계별 학습이 가능한 개념+유형!

라이트 찬찬히 익힐 수 있는 개념과 **기본 유형 복습** 시스템으로 **기본 완성!**
파 워 빠르게 학습할 수 있는 개념과 **단계별 유형 강화** 시스템으로 **응용 완성!**
최상위 탑 핵심 개념 설명과 잘 나오는 **상위권 유형 복습** 시스템으로 **최고수준 완성!**

라이트 초등 1~6학년 / 파워, 최상위 탑 초등 3~6학년

✦ 개념·플러스·유형·시리즈 개념과 유형이 하나로! 가장 효과적인 수학 공부 방법을 제시합니다.

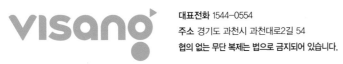
대표전화 1544-0554
주소 경기도 과천시 과천대로2길 54
협의 없는 무단 복제는 법으로 금지되어 있습니다.